Word Excel PPT

从入门到精通

曾焱◎编著

SPM 南方出版传媒 广东人民出版社

·广州·

图书在版编目（CIP）数据

Word/Excel/PPT从入门到精通 / 曾焱编著. —广州：广东
人民出版社，2019.1（2021.9重印）
ISBN 978-7-218-13001-9

Ⅰ. ①W… Ⅱ. ①曾… Ⅲ. ①办公自动化—应用软件
②Word③Excel④PPT Ⅳ. ①TP317.1

中国版本图书馆CIP数据核字（2018）第139010号

Word/Excel/PPT CONG RUMEN DAO JINGTONG

Word/Excel/PPT从入门到精通

曾焱 编著

出 版 人：肖风华

责任编辑：严耀峰
封面设计：钱国标
内文设计：奔流文化
责任技编：吴彦斌

出版发行：广东人民出版社
网　　址：http://www.gdpph.com
地　　址：广州市海珠区新港西路204号2号楼（邮政编码：510300）
电　　话：（020）85716809（总编室）
传　　真：（020）85716872
天猫网店：广东人民出版社旗舰店
网　　址：https://gdrmcbs.tmall.com
印　　刷：广东鹏腾宇文化创新有限公司
开　　本：787毫米×1092毫米　1/16
印　　张：19.75　　字　数：250千
版　　次：2019年1月第1版
印　　次：2021年9月第14次印刷
定　　价：49.80元

前　言

零壹快学微信小程序
扫一扫，免费获取随书视频教程

　　Office是那种拿起来就可以用的软件。凡是会打字的人，打开任何一个Office组件，基本都可以操作。

　　当你看到某人在Word文档上迅速点击几次，各种操作就变得更加快捷，文档也变得工整规范，版面变得更加漂亮时；当你看到有人在同样一个Excel表格上进行一些设置，数据的统计、关联和调整就变得十分到位，表格变得非常工整，繁杂的统计计算变得自动化时；或者当你在某个演讲会或晚会上看到他人做的PPT幻灯片那么漂亮、那么灵动时——那种惊艳的感觉油然而生——"哇，Office还能这么用啊！"你会由衷地感叹道。

　　用好Office，使我们能够轻松、高效并且更加惬意地进行各种文字工作，也使我们的文稿、表格或者演讲幻灯片变得更加工整、漂亮，甚至令人耳目一新，让每一个学生或者职场人士的工作更加有意义。本书的出发点就在于此。

　　本书将以用好Office最常用的办公组件Word、Excel和PowerPoint（简称PPT）为目标，采用图文并茂的方式，不仅介绍这些软件的基本功能，而且给出提高效率的方法，更重要的是，结合现代办公和职场的要求，教会读者优化和美化文稿、表格或者演讲幻灯片，使你在学习和工作中脱颖而出，占尽先机。

　　在内容安排上，本书将以Word、Excel和PowerPoint的核心功能和操作模式为内容，不对具体的Office版本进行约束，但在实例上，本书采用Office 2016版本，对于使用具有Modern UI特征的Office 2010及以后的版本的用户，软件的整体安排、运用方式和界面总体相同。因此，本书可以成为各个版本的Word、Excel和PowerPoint，特别是Office 2010及以后版本的通用教程。

　　另外，国内的金山软件股份有限公司推出的WPS办公套件包括了WPS文字（对应Office的Word）、WPS表格（对应Office的Excel）和WPS演示（对应Office的PowerPoint）。WPS的各个组件完全兼容Office对应的应用系统，操作模式几乎相同，并具有自身的诸多优势，为我们选用办公软件提供了另一个良好的选项。并且，WPS 2016版本已经完整实现了Modern UI的操作模式。本书介绍的内容绝大部分适用于WPS的各个组件。本书也可作为掌握WPS办公组件应用系统的使用教程。

在叙述方式上，本书力求简洁实用，编排赏心悦目，以保证本书既可成为一本从入门到精通的教程，也可成为一本简洁、实用和高效的Office速查手册。

本书练习安排在"高手进阶"标题下，主要内容来源于历年全国计算机等级考试的计算机二级考试MS Office高级应用中"Word的功能和使用""Excel的功能和使用"和"PowerPoint的功能和使用"的全真题，内容上已略作调整。阅读本书也会对读者顺利通过计算机二级考试起到很好的帮助作用。

有一位计算机专家说过：Office是使用最广泛的应用软件，也属于世界上最复杂的应用软件之一。希望本书能够帮助你将Office的核心办公组件的基本功能用好，从根本上提升应用技能。

本书除了在附录中提供了"Office 主要快捷键"供读者速查以外，还为读者奉上以下赠品：

一、视频：包括了本书的实例操作演示和讲解，希望给读者一个更为直观的媒介进行学习。

二、网上微课程：本书在重点、难点操作部分，提供了视频微课程，读者可以通过手机扫描二维码观看相关课程。

三、练习文档：与本书每一个章节配套的练习文档，都是规范、实用的办公文档范例，使读者在阅读过程中自然掌握大量的实际商务办公文档框架与内容。

四、实用漂亮的模板：除了与各个章节实操配套的练习文档以外，本书还配套附赠了2300多个实用漂亮的Word、Excel和PowerPoint模板，方便读者套用。

由于水平有限，时间仓促，本书难免存在一些错漏之处，我们欢迎读者指正发现的问题，并对此表示衷心感谢！

华南理工大学　曾焱

目 录
CONTENTS

第 1 章　Office 的通用操作

本章导读　/2

1.1　熟悉 Office 用户界面　/3

1.1.1　开始窗　/3

1.1.2　编辑界面（Modern UI）　/4

1.1.3　文件窗和功能多入口设计　/6

1.2　Office 文档操作，处理"月度工作计划"　/8

1.2.1　新建文档　/9

1.2.2　利用模板新建文档　/11

1.2.3　文档保存　/12

1.2.4　文档保存设置　/13

1.2.5　另存为　/14

1.2.6　打开文件　/15

1.2.7　文件信息　/16

1.2.8　文件保护　/18

1.2.9　文件打印　/25

1.2.10　页面设置　/25

技巧提升：关于自定义纸张大小　/29

技巧提升：自定义页边距　/31

1.2.11　关闭文档　/33

高手进阶——文档综合操作　/33

1.3 Office 文字及字体的操作 / 34

1.3.1 文字选中 / 34

1.3.2 字体、字号设置 / 35

1.3.3 复制、剪切与粘贴 / 38

1.3.4 粘贴选项 / 40

1.3.5 查找与替换 / 42

高手进阶——文字、字符操作 / 44

第2章 熟练使用 Word

本章导读 / 46

2.1 建立 Word 文档，制作"放假通知" / 47

2.1.1 新建 Word 文档 / 47

2.1.2 文本录入，高效操作 / 47

技巧提升：全角、半角字符差别与特殊字符录入 / 49

2.1.3 调整文字字体字号 / 52

2.1.4 设置默认字体 / 52

2.1.5 段落格式：对齐、缩进与行间距 / 53

2.1.6 特殊页面：封面、换页与分节 / 58

技巧提升：自定义文本样式 / 58

2.1.7 保存文档 / 62

2.1.8 打印文档 / 62

高手进阶——整个文档的建立流程操作 / 63

2.2 文档浏览：浏览"爱情日记" / 65

2.2.1 五种视图 / 65

2.2.2 页面显示比例与缩放 / 67

2.2.3 导航栏，实现快速跳转 / 69

2.2.4 网格线 / 70

2.2.5 新建窗口与拆分 / 70

2.2.6　关于状态栏　/ 71

高手进阶——文档封面、换页、背景、布局综合操作　/ 73

2.3　图文混排、表格与特殊的图文工具　/ 74

2.3.1　文本效果，制作"个人简历（求职信）"　/ 75

2.3.2　插入图片，制作"产品介绍"　/ 77

2.3.3　图片布局与叠放层次　/ 78

2.3.4　图片格式　/ 82

2.3.5　文本框与首字下沉　/ 88

2.3.6　设置页面背景，制作"精品菜单"　/ 96

2.3.7　水印　/ 97

2.3.8　表格编辑与美化，编制"年终庆典活动流程表"　/ 98

2.3.9　表格与文本的转换　/ 107

2.3.10　插入图表，制作"公司销售年终总结"　/ 109

2.3.11　利用"形状"等绘图工具，制作"业务流程图"　/ 110

2.3.12　利用 SmartArt 编制"组织结构图"　/ 111

2.3.13　对象的选择与组合　/ 112

2.3.14　利用分栏与公式编辑器，编写"科技论文"　/ 113

高手进阶——图文混编、文档背景与表格　/ 115

2.4　从段落到篇章，编制"商业计划书"　/ 117

2.4.1　按篇章结构开始写作　/ 118

2.4.2　页面的完整理解与段落　/ 119

技巧提升：Word 深度页面设置　/ 119

2.4.3　文档主题与文档样式　/ 122

2.4.4　项目符号与编号　/ 124

2.4.5　使用多级编号，高效设置文档结构　/ 126

技巧提示：样式应用，制作"商业计划书"　/ 128

2.4.6　页眉页脚　/ 129

2.4.7　目录　/ 131

2.4.8　再谈导航栏，高效调整文档篇章结构　/ 132

高手进阶——大型文档的结构、文档样式、标题编号、页眉页脚　/ 133

2.5 文件审阅，修订"商业合同" / 134

2.5.1 修订 / 134

2.5.2 批注 / 135

2.5.3 脚注 / 136

2.5.4 邮件合并应用 / 136

高手进阶——修订、批注，信函类文档动态生成 / 138

第**3**章   熟练使用 Excel

本章导读 / 140

3.1 Excel 工作簿、工作表和单元格 / 141

3.2 Excel 单元格操作，创建"办公用品清单" / 144

3.2.1 选中单元格 / 144

3.2.2 单元格数据录入，高效复制单元格 / 144

3.2.3 合并单元格 / 145

3.2.4 单元格数字格式 / 147

3.2.5 单元格字体、字号 / 149

3.2.6 单元格对齐设置 / 149

3.2.7 单元格自动换行设置 / 151

3.2.8 单元格边框 / 152

3.2.9 填充设置 / 154

3.2.10 基本的数据关联：函数 / 154

3.2.11 单元格格式复制 / 155

3.2.12 数据的有效性，创建具有数据验证功能的"报销单" / 156

3.2.13 区域的快速复制 / 159

3.2.14 条件格式 / 160

高手进阶——单元格综合操作 / 162

3.3　Excel 工作表，创建"月度销售情况表"　/ 163

　3.3.1　新建工作表　/ 163

　3.3.2　关于表格标题　/ 163

　3.3.3　复制工作表　/ 165

　3.3.4　插入行、插入列或删除行、删除列　/ 165

　3.3.5　行高、列宽对工作表格式的影响　/ 166

　3.3.6　隐藏行、隐藏列　/ 168

　3.3.7　数据排序与筛选　/ 169

　3.3.8　数据的分类汇总与分级显示　/ 170

　3.3.9　拆分和冻结窗口　/ 172

　3.3.10　创建多个窗口　/ 174

　3.3.11　套用表格格式，使用快速样式　/ 174

　3.3.12　获取外部数据，导入"沪深 300 指数"数据　/ 176

　3.3.13　页面设置、打印区域与打印标题　/ 178

　高手进阶——工作表操作练习（1）　/ 180

3.4　Excel 表，设置"学生成绩登记表"　/ 182

　3.4.1　Excel 表　/ 182

　3.4.2　Excel 表的表格样式　/ 183

　3.4.3　页面主题与配色方案　/ 184

　3.4.4　Excel 表——数据排序与筛选　/ 185

　3.4.5　Excel 表的操作——数据切片器　/ 185

　高手进阶——工作表操作练习（2）　/ 186

3.5　数据透视表，分析"企业维修保养费用"　/ 188

　3.5.1　创建数据透视表　/ 188

　3.5.2　数据透视表的快捷使用　/ 190

　3.5.3　使用"数据透视表字段"列表　/ 192

　3.5.4　数据透视表排序与筛选　/ 193

　3.5.5　数据透视表值计算方法——求均值、最大值、最小值等　/ 195

　3.5.6　数据透视表设计　/ 197

　3.5.7　数据透视表分析　/ 198

3.5.8 数据透视表数字格式 / 200

3.5.9 数据透视表的刷新与删除 / 201

高手进阶——计算列、表格样式和数据透视表应用 / 201

3.6 图表分析工具的使用，分析"公司损益表" / 203

3.6.1 Excel 图表创建 / 203

3.6.2 图表设计 / 205

3.6.3 图表格式修改 / 208

高手进阶——条件格式、函数、图表综合应用 / 209

3.7 公式和函数简介，销售订单管理 / 210

3.7.1 公式创建 / 210

3.7.2 相对引用与绝对引用 / 211

3.7.3 函数使用 / 211

3.7.4 Excel 常用函数 / 216

高手进阶——函数综合应用 / 223

第4章　熟练使用 PowerPoint

本章导读 / 226

4.1 创建演示文稿，建立"新项目策划方案" / 227

4.1.1 纵横比 / 227

4.1.2 演示文稿标题及幻灯片中的文字 / 228

4.1.3 封面的要素 / 229

4.1.4 新建幻灯片 / 230

4.1.5 幻灯片的要素 / 231

4.1.6 文本框建立与编辑 / 232

4.1.7 形状的插入与复制 / 235

4.1.8 图片的插入 / 236

4.1.9 图表的插入与调整 / 237

4.1.10　表格的插入与调整　/ 238

技巧提升：Excel 表格的导入，再谈粘贴选项　/ 240

4.1.11　SmartArt 图形的插入与调整　/ 243

4.1.12　视频的插入　/ 244

高手进阶——创建演示文稿，主要元素的综合　/ 244

4.2　分节、主题与版式，制作"项目阶段总结汇报"　/ 246

4.2.1　演示文稿组织——分节　/ 246

4.2.2　幻灯片主题　/ 247

4.2.3　自定义幻灯片背景　/ 248

4.2.4　创建自己的主题　/ 249

4.2.5　幻灯片版式　/ 250

高手进阶——分节设置主题，创建特色版式　/ 251

4.3　幻灯片母版，编制"年度工作总结"　/ 252

4.3.1　幻灯片母版设置，高效操作　/ 252

4.3.2　使用多个幻灯片母版样式　/ 254

高手进阶——多幻灯片母版样式应用：综合背景、主题、图片　/ 257

4.4　幻灯片美化，改进"五四青年节活动策划"　/ 259

4.4.1　文本框的美化　/ 259

4.4.2　文本框特效　/ 261

4.4.3　艺术字样式　/ 263

4.4.4　自制艺术字效果　/ 264

4.4.5　形状的编辑与美化　/ 265

技巧提升：形状特效——透视效果、顶点编辑及合并形状　/ 267

4.4.6　三维形状设置　/ 269

4.4.7　图片美化　/ 270

4.4.8　图片版式　/ 272

技巧提升：图片特效　/ 272

高手进阶——综合文本框、艺术字特效，形状美化与特效　/ 273

4.5　动画与多媒体　/ 275

4.5.1　幻灯片对象的动画方式　/ 275

4.5.2　插入音频及音频设置　/ 276

高手进阶——配置幻灯片对象的动画模式和演示文稿背景音乐　/ 278

4.6　审阅与批注　/ 279

4.7　切换与放映　/ 280

4.7.1　幻灯片的切换方式　/ 280

4.7.2　幻灯片放映　/ 281

4.7.3　放映设置与自动放映　/ 282

4.7.4　跳转与放映快捷键　/ 285

高手进阶——综合配置幻灯片动画与放映　/ 287

第5章　通用功能

5.1　超链接的使用　/ 290

5.2　格式刷　/ 293

5.3　SmartArt 图形的使用　/ 295

5.3.1　SmartArt 的插入与转换　/ 295

5.3.2　SmartArt 的设计与调整　/ 297

附录—— Office 主要快捷键　/ 298

第 1 章

OFFICE

Office 的通用操作

本 章 导 读

    MS Office最具优势的特点就是各个应用之间的相似性，最为明显之处就是用户界面。MS Office作为一个整体性的办公系统，设计与开发时即进行了界面和操作方式的统一和规范，而这些界面和操作方式又与Windows的操作模式保持一致。这一特点给用户带来了极大的方便，我们只要掌握了其中一个应用，其他应用的界面和操作模式都是大同小异的。由于各个应用解决的问题和处理的对象不同，我们只需着重关注那些与所解决问题与处理对象相关的要点，即可顺利地使用这些应用。例如，如果我们已经熟练掌握了Word的使用，则Excel和PPT在文档的基本操作和文字的基本操作方面，如文档的新建、保存、另存为和打印，文字的复制、粘贴、查找、替换、字体设置等，与Word是完全相同的。由此，在使用Excel时只需重点关注其数据的处理功能，在使用PPT时只需重点关注幻灯片的处理功能，即可保证我们能够更为高效地学习与办公。

    也就是说，Office各个组件之间的相似性不仅给我们的使用带来了极大的便利，也给Office的学习提供了一条捷径：首先掌握Office的通用功能与方法。

    本章，我们将介绍Office的通用应用方法，主要包括：Modern UI用户界面、文件操作、文字操作、应用选项以及其他一些通用功能和操作方式。

    这一章可以说是Windows操作系统的模式介绍，所以，初学者应该反复练习，这不仅会促进初学者熟练运用Office，也会给用户使用Windows系统下的其他应用软件带来帮助。

零壹快学微信小程序

扫一扫，免费获取随书视频教程

1.1 熟悉Office用户界面

图形用户界面（GUI）的特点是直观，即按照"所见即所得"的思想设计。而现在稍微复杂一点的计算机应用系统就可能会有大量的操作。因此，使用的难点之一是需要熟悉用户界面。在不熟悉用户界面时，可能存在着实现一个操作的按钮或功能就在页面上，但我们就是找不到或者不会用的情况，深有"不识庐山真面目，只缘身在此山中"的感慨。只有在熟悉了用户界面后，这些操作才会变得得心应手。

Office从2010版开始重新规划了各组件的操作方式，引入了"开始窗""文件窗"，并重新设计了编辑排版界面，引入Metro UI（又称为Modern UI），既美化了操作界面，又给操作带来了极大的便利。

1.1.1　开始窗

无论是从Windows开始菜单还是其他位置的Word、Excel或者PowerPoint快捷方式打开软件，首先看到的就是如图1-1所示的开始窗。这一开始窗又可以看作是一个"打开和新建文档"窗口。

图1-1　Word、Excel和PowerPoint
的"开始窗"

可以看到，Office各个组件的"开始窗"具有相同的结构，其中包含的主要操作要素有：

- 最近使用的文档：列出了按照"今天""昨天""本周"模式组织的最近使用的文档的列表，点击任何"最近使用的文档"之一，系统即会打开这一文档进入文档编辑页。
- 登录入口：单击"登录以充分利用Office"，系统即会提示"此功能需要连接到Internet。是否允许Office连接到Internet"，如果选择"确定"，即会进入Microsoft账号的登录界面，让用户登录自己的账号。
- 搜索联机模板：登录互联网后，可以搜索微软或其他第三方提供的文档模板。
- 模板选择：以视图的模式列出本地或者搜索到的各种应用模板，可以通过拉动滚动条来查找需要的模板，选中模板后单击，即打开了这一模板。我们编辑修改后，通过"另存为"功能，即可建立自己的文档。

1.1.2　编辑界面（Modern UI）

无论是打开一个已经建立的文档，还是新建一个文档后，Office都自然而然进入了"编辑界面"。这是最重要的工作界面，日常的编辑、排版、修改、审阅等工作均在这一界面上进行。

图1-2　Word、Excel和PowerPoint的编辑工作界面，Modern UI，Ribbon功能区

可以看到，Office各个组件的工作界面也非常相似。从Office 2010开始，微软引入了Metro UI。UI是User Interface（用户界面）的缩写，是用户接触系统、处理信息的界面的统称。自Windows 8到Windows 10，Windows本身的资源管理器也采用了Metro UI。

具备Ribbon功能区的Metro UI除了美学意义上的优化以外，主要的提升是可视化的进一步发展：将深藏于菜单中的操作图标显示到主窗口的各个选项卡内，甚至将最常用的功能放入跟随在选定对象旁边的迷你工具栏内，由此，极大地提高了操作的便捷性，不会像以往那样感到一些常用功能"千呼万唤始出来，犹抱琵琶半遮面"了。

这种可视化的发展来源于手持终端的广泛应用，例如我们的智能手机。这种界面将"所见即所得"的理念发挥到了极致。而Office的操作是非常复杂的，涉及文字、文本框、图片和其他对象的格式，还涉及整个文档的格式。因此，需要基于系统处理的对象的特点，仔细规划工作界面的布局。

微软目前多数产品都统一采用起源于被称为Metro UI的这一新的用户界面，并将这一风格的界面统称为"新Windows 用户界面（New Windows UI）"或"现代用户界面（Modern UI）"。

以Word为例，具有Modern UI的编辑主界面如图1-3所示。

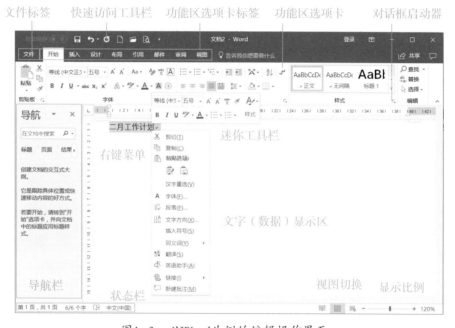

图1-3 以Word为例的编辑操作界面

这一界面提供了文档浏览、编辑与各种操作控件选择与切换的窗口。不夸张地说，这个窗口可能是Windows应用中最丰富、最复杂而又规范得最好的窗口了。

- 文字（数据）显示区：位于窗口中间的是文字显示区，这是工作的主空间，这个区域文字或图片等其他对象的显示比例受缩放比例的影响。

- 迷你工具栏：这是Modern UI的一大特点，即在文字显示区选定文字或其他对象时，Office自动弹出一个跟随式工具栏，这个工具栏由与选定对象相关的常用选项的操作控件构成。

- 右键菜单：点击鼠标右键，系统即会弹出与选中的对象或光标停留处相匹配的操作菜单，其中包含了更为丰富的常用选项功能。同时也弹出了迷你工具栏。

一般而言，跟随式迷你工具栏、功能区各个选项卡、右键菜单或者其他特殊格式设置的操作都只对选中的文字、表格、文本框或其他对象起作用。选中文字、表格、文本框或其他对象一般是按住鼠标左键拖动即可，也可在键盘上，按住Shift键用上下左右键或者Page Up、Page Down键实现。

- 文件标签：这是一个引导进入Office汇集了"文件信息与操作功能"的"文件窗"的标签。"文件窗"不仅提供正在操作的Office文档的基本信息展示，还给出了"新建""保存""另存为""打印"等操作，并且提供了"文档保护""文档检查""文档管理"以及组件"选项"等操作的入口。

- 快速访问工具栏：包括"保存""撤销"等按钮，可自定义。当用户点击旁边的下拉按钮时即可新增"新建""打开""打印预览"等功能，实现了这些操作的"一键式服务"。

- 功能区选项卡：提供各种快捷操作功能按钮、选择框等，以便用户进行更为复杂的操作和设置。文字、段落、数据或者其他对象的操作设置是相当多的，因此，这个区具有丰富的内容，这些各式各样的控件被仔细分类和分组后放在了不同的选项卡中，我们点击相应的"功能区选项卡标签"（或简称为"选项卡标签"），即可打开拥有不同功能控件的选项卡。由于功能区占用了四行多的显示空间，一般采用"自动隐藏"模式。因此，如果功能区中某个功能常用，可以在其上单击鼠标右键，将其"添加到快速访问工具栏"，从而简化操作。

- 对话框启动器：点击后弹出一个详细的相关选项设置窗口，显示选项卡相关模块更多的选项。选项卡的大多数"组"都具有自己的对话框启动器。

- 导航栏：一方面提供了一个在文档中快捷搜索文字的途径，更重要的是，会根据文档的标题，以树形结构的方式显示文档结构，并且点击文档结构的任何位置，系统就自动将"文字（数据）显示区"的内容切换到这个位置。这对于处理大型文档特别有用。

- 状态栏：显示文档或其他被选定的对象的状态，主窗口页面设置状态。

- 视图切换：切换文字（数据）显示区的视图模式。

- 显示比例：可以调整文字（数据）显示区的显示比例，便于阅读与编辑。

我们会在后面各个应用系统的介绍中，详细讨论各种工具和控件的具体用法。

1.1.3　文件窗和功能多入口设计

"文件窗"是一个Office文档操作的集成平台。进入"文件窗"的方法是在编辑界面上点击窗口左上角的"文件"标签。

图1-4　Word、Excel和PowerPoint的
"文件窗"

可以看到，Office各个组件的"文件窗"同样非常相似。该页面不仅提供正在操作的Office文档的属性信息，还给出了"新建""保存""另存为""打印"等操作，并且提供了"文档保护""文档检查""文档管理"以及组件"选项"等操作的入口。

从前文可以看出，Office对文档的操作被规划成了两个层面：第一，"开始"窗口和"文件"窗口，这是总体操作和处理Office文档的地方；第二，"编辑"窗口，这是工作窗口，在这里可以完成对各类文档的录入、编辑、排版等工作。

编辑窗的各种操作一般被规划成了三个途径：第一，跟随式迷你工具栏或右键菜单，这是进入操作的最简捷途径；第二，功能区。Office处理的对象不仅包括文字，还包括图片、文本框、表格等，不同的对象有不同的操作方式或选项，因此，功能区是一个操作功能丰富的区域。功能区的规划为两级：1. 通过"标签"可以打开大的选项卡。2. 大部分的功能又被放在一个个"组"内，例如主要以操作文字为对象的Word的"开始"选项卡，就被分组为"剪贴板""字体""段落""样式"和"编辑"几个组。由于功能区毕竟空间有限，只能开放地放入最主要的功能或选项，有些详细的设置功能或选项就必须通过对话框启动器来打开，这就需要第三个途径，即通过对话框启动器或者右键菜单等方式，打开一个设置窗口，完成详细设置。这三个途径的简捷程度为：迷你工具栏>选项卡>对话窗口，而功能或选项的丰富程度则正好相反。

一般而言，大部分设置功能采用了这三个途径中的前两个已经基本可以完成，第三个途径只有在进行较为细致的设置时使用。当然，第三个途径并不是多余的、没用的，最典型的是行间距的设置。Office在功能区提供的"预设行间距"选项实在有限，我们往往需要打开"段落"设置窗进行细致的设置。

Office的这种"功能多入口设计"是常年广泛应用沉淀下来的一种操作方式，作为世界上应用最广泛的应用软件，Office的这种设计既为用户提供了方便，也给Office注入了活力。

1.2 Office文档操作，处理"月度工作计划"

首先，在计算机或其他智能终端（如我们的智能手机）上，数据信息的主要形式大致有两种：第一种是以某种编码方式在网络上或器件之间流动的"数据流"，另一种是能够以一定格式保存到外部存储器上的文件数据。Office处理的当然是以文件（files）形式保存在存储器中的有一定格式的信息。

Windows上的应用系统非常多，几乎每一个应用系统都有自己能够处理的相应的各种文件，并且，Windows实现了各种应用系统与特定文件之间的关联，因此，只要是实现了这种关联的文件，在Windows的资源管理器中被选定后，双击鼠标左键即会用默认关联的应用系统打开这一文件。

重要提示

Windows的文件关联是一项非常严谨的工作，除非你非常了解文件的打开方式，否则，不要轻易修改文件的扩展名，因为这可能将导致文件无法打开。在强行修改文件扩展名后，即便用应用程序打开了文件，由于应用系统无法识别文件的格式，可能也只是显示出一堆乱码。

为了保护文件扩展名不会被轻易修改，在默认状态下，Windows资源管理器不显示扩展名。如果资源管理器设置被修改为显示文件扩展名，那么，我们即可清晰地看到文件类型。

一般而言，最经常使用的Word文件类型有两个：一是扩展名为doc的"Microsoft Word 97–2003文档"，二是扩展名为docx的"Microsoft Word文档"。类似地，最经常使用的Excel文件类型也有两个：一是扩展名为xls的"Microsoft Excel 97–2003工作表"，二是扩展名为xlsx的"Microsoft Excel 2007工作表"。同样，最经常使用的PowerPoint文件类型也是两个：一是扩展名为ppt的"Microsoft PowerPoint 97–2003演讲稿"，二是扩展名为pptx的"Microsoft PowerPoint演示文稿"。

下面，我们以Word或Excel为例，介绍Office的文档操作方式。

需要着重指出的是，本节和1.3节"Office文字及字体的操作"虽然都是以一个Word文档《二月工作计划》为例，但是，所介绍的方法适用于整个Office的三大基础组件Word、Excel和PowerPoint，因为文档处理和文字处理在这些组件中是最基本的功能，操作方式是完全相同的。

1.2.1　新建文档

方法一：通过Windows资源管理器新建文档

图1-5　资源管理器下新建Word文档　　　图1-6　资源管理器下文件重命名

操作步骤

Step 1：在Windows资源管理器中选定的文件夹下空白处，点击鼠标右键。

Step 2：选择"新建"。

Step 3：单击"Microsoft Word文档"，资源管理器即新建了一个以"新建Microsoft Word文档.docx"为名的文件。

Step 4：对新建文档进行改名操作。

方法二：利用Word、Excel或PPT的"开始窗"新建文档

操作步骤

Step 1：从Windows的"开始菜单"或"桌面快捷方式"或"任务栏快捷方式"进入应用系统，来到"开始窗"。例如，进入Excel的"开始窗"。

Step 2：单击右侧的"空白工作簿"，或者某个选定的模板，系统则会在这一模板的基础上新建一个Excel文档。

 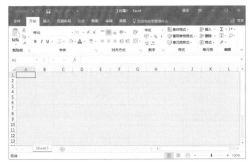

图1-7　Excel开始窗　　　　　图1-8　Excel新建空白工作簿

方法三：在应用系统编辑界面中新建文档

在任意组件的编辑工作界面中，可以自定义左上角的"快速访问工具栏"，定义方法非常简捷。以Word为例，操作步骤如下。

操作步骤

Step 1：单击"快速访问工具栏"的下拉按钮。

Step 2：单击选定下拉菜单中的"新建"功能。

由此，"快速访问工具栏"中就会出现新增按钮 。

如图1-10，在Word中，如果左上角的"快速访问工具栏"已经自定义了"新增"按钮，则可以点击此按钮直接新增一个文档。

图1-9 自定义"快速访问工具栏"

图1-10 点击"新增"按钮

图1-11 直接新建空白文档

方法四：在Word、Excel或PPT的"文件窗"新建文档

在Office的任意一个组件Word、Excel和PPT的编辑界面中，点击窗口左上角的"文件"标签，系统即切换到"文件窗"，然后新建文档。

同样，以Word为例，操作步骤如下。

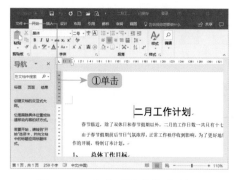

图1-12 点击"文件"标签

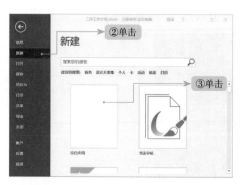

图1-13 在"文件窗"新建空白文档

操 作 步 骤

Step 1：在编辑窗口单击"文件"标签，系统即切换到"文件窗"。

Step 2：在"文件窗"中单击"新建"。

Step 3：然后点击"空白文档"模板或者某个选定的模板。

1.2.2 利用模板新建文档

从1.2.1一节的操作中可以看出，在"新建文档"的方法二或者方法四中，我们都可以选择一个模板来进行新建文档。

"模板"是指具有一定格式的Office文档。

利用模板，可以迅速创建带有格式的文档，在某一模板的基础上进行文档的编辑和排版，就可大大加快我们排版编辑的速度，获得规范、漂亮的文档，这是利用Office提高效率的好方法。

微软公司为Office提供了许多基础模板，互联网上也有大量的模板，我们自己在工作中也会积累一些模板。本书还配套附赠了2300多个常用的Office文档模板。

下面，我们以Word为例来说明利用模板新建文档的方法，Excel和PPT的操作与Word类似，读者可自行练习。

方法一：利用Office"开始窗"选择模板建立新文档

图1-14　利用Word的"开始窗"
选择模板建立新文档

操 作 步 骤

Step 1：从Windows"开始"菜单或桌面快捷方式进入Word系统的"开始窗"。

Step 2：选择某个模板，单击选中的模板。这时，可能需要登录微软账号。

Step 3：在弹出的模板介绍窗口中点击"创建"按钮，则系统会下载或者打开选定的模板。

方法二：利用Office"文件窗"选择模板建立新文档

在Office组件的"文件窗"进行模板选择及操作，与"开始窗"基本相同，这里不再赘述。

可见，利用模板提供的格式，我们就可以高效快捷地建立一个具有特定格式的新文档。

实用技巧

利用以往的文档来新建一个文档是一条很好的捷径。例如，我们每月或者每周都需要制作的"工作总结与计划"，就可以在上一个文档的基础上来生成，这样不但保持了文档格式的一致性，相关工作内容的文字还具有参照性。建立方法：可以在Windows资源管理器下复制出文件副本，然后通过改名获得，也可用1.2.5节要介绍的"另存为"方法获得。

1.2.3 文档保存

文件建立以后，通过编辑、调整、排版等操作，即获得了由具有某种格式的文字、表格或图像等内容组成的文档，这时候，必须通过点击"保存"按钮将文件内容保存到硬盘上，退出系统或者关闭电脑时文件内容才不会丢失。

方法一：快捷保存

点击窗口左上角"快速访问工具栏"中的"保存"按钮🖫，或者在键盘上按Ctrl+S键，这是最为快捷的方法。

方法二：在文件窗操作保存

点击"文件"标签，回到"文件窗"，此时，点击"保存"，则系统保存文档后自动回到编辑页面。

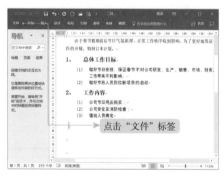

图1-15　点击"文件"标签

图1-16　在"文件窗"点击"保存"

另外，只要文档被修改过，在关闭应用程序时，系统会询问是否保存，一般直接点击"保存"按钮或按回车键即可。

1.2.4 文档保存设置

Office的各个组件，包括Word、Excel和PowerPoint等，都有一个涉及面非常广泛的系统设置功能，即被称为系统的"选项（Options）"。系统"选项"定义了系统的一些默认行为方式，内容较多，概念复杂。因此，我们将在相关的章节予以分别介绍。

与文档保存相关的系统选项即"保存"。以Word为例，系统选项与文档保存相关的内容与操作如下。

图1-17 点击"文件窗"的"选项"

图1-18 弹出"自定义文档保存方式"窗口

操作步骤

Step 1：在编辑窗口点击"文件"标签，系统即切换到"文件窗"。

Step 2：在"文件窗"中单击"选项"，系统弹出"Word选项"窗口；这时，我们可以进行Word的各种选项设置。

Step 3：在"Word选项"窗口中，单击"保存"选项，并进行与保存相关的设置。

主要设置内容有：

- 文档保存格式：默认为Word文档（*.docx）即可。

- 保存自动恢复信息时间间隔：这是指自动进行可以恢复的文档缓存保存间隔时间，如果电脑环境稳定，取默认的10分钟即可，或者可以将这个间隔时间调小，例如，调到2分钟，这样，即使电脑出现死机等意外状况，系统也可恢复较新的编辑信息。

- 如果没保存就关闭，请保留上次自动恢复的版本：一般打钩选上。

- 自动恢复文件位置：默认在C盘各个用户的应用程序数据文件夹下，可以更改到其他你自定义的文件夹中。

- 默认本地文件位置：一般为C:\Users\用户名\Documents\，即C盘各用户的文档文件夹。由于C盘一般为系统盘，有时系统崩溃可能会导致需要重装系统，这时，由于硬盘引导与目录区被覆盖，会导致C盘上的所有文件丢失。所以，建议将"默认本地文件位置"改为D:\MyDocuments\。

1.2.5 另存为 • • •

要保存文件的副本或者是另存为其他文件名，一般有两个方法。

方法一：在Windows"资源管理器"下获得副本

在Windows的"资源管理器"中，选中需要另存副本的文件，然后点击鼠标右键，选择"复制"（或者选中后按Ctrl+C），再在空白处或者其他文件夹点击鼠标右键，选择"粘贴"（或者按Ctrl+V）。

 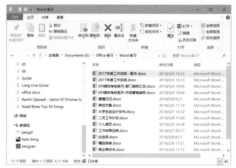

图1-19　在资源管理器下"粘贴"　　　　图1-20　粘贴后获得文件副本

实用技巧

Windows有一个快捷复制包括文件、文字或图片等任何对象的副本的方法，即：选中对象，然后按住键盘的Ctrl键，再用鼠标拖拉这个选中的对象，则系统自动复制出了这个对象的副本。

方法二：在"文件窗"上进行"另存为"操作

点击"文件"标签，回到"文件窗"，此时，点击"另存为"，则可以选择你所需要另存的文件夹及编辑另存的文件名进行文件副本保存。

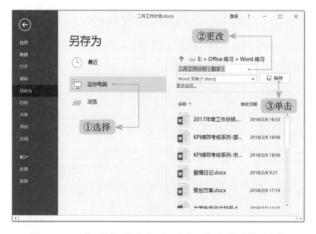

图1-21　在"文件窗"上进行"另存为"操作

操作步骤

Step 1：选择另存文件的位置。

Step 2：更改文件名。

Step 3：点击"保存"按钮。

实用技巧

对于Office的各个组件，Word、Excel、PowerPoint等，在操作过程中，在键盘上按功能键F12，系统就会立即执行"另存为"操作。这时，只要选择我们需要另存的文件夹及编辑另存的文件名，即可将正在编辑的文档另存。

1.2.6 打开文件

方法一：在Windows资源管理器打开文件

在Windows"资源管理器"中直接用鼠标左键双击选中的文件，Windows即会利用默认关联的程序打开这一文档。

方法二：在Word、Excel或PowerPoint的"文件窗"中打开文件

在Office各个组件的"文件窗"，选择"打开"，然后在文档列表中单击选中的文档。以Excel为例：

图1-22　在Excel的"文件窗"打开文档

操作步骤

Step 1：功能选择。在"文件窗"中点击"打开"功能。

Step 2：文件位置选择。选择打开文件的位置，系统默认列出最近打开过的文档。也可以通过以下途径选择文档：

（1）在局域网上的共享文件夹中选择；

（2）在"OneDrive—个人"，即微软提供的个人云盘中选择文档，这需要Office已经登录了微软账号；

（3）在本地电脑硬盘或其他存储器上选择。

Step 3：选中文档。在文档列表中点击想打开的文档，系统即打开该文档并切换到文件编辑窗口。

方法三：通过Office各个组件的快捷方式打开文件

这也是一个常用的实用技巧：在Windows开始菜单或者任务栏的Word、Excel或PowerPoint快捷键上，点击鼠标右键，Windows即会列出最近打开过的文档，我们只需选择其中一个，应用系统即会打开该文档。

图1-23　在Windows开始菜单或任务栏上的Excel快捷方式上打开文档

实用技巧

对于Office的各个组件，最简捷的打开文档的方式是：在各个应用组件的操作过程中，在键盘上按组合键Ctrl+O，系统就会立即切换到上述方法二中介绍的"文件窗"界面以打开文档。

1.2.7　文件信息

如上所述，在文件编辑窗口，点击左上角的"文件"标签，系统即会进入一个简洁的集成文件信息与操作的窗口"文件窗"。

图1-24　Word的文件信息与操作窗口——"文件窗"

从上图右侧列出的文档属性可以清楚地看到文档的信息，包括：大小、页数、字数、编辑时间总计等。

我们还可以查看文档的更多属性。

图1-25　Word文档的高级属性

其中，摘要里的信息是可修改的。至于"作者"属性，是取自Windows登录用户的名称，可以修改。

操作步骤

Step 1：在"文件窗"上点击"属性"下拉按钮选择"高级属性：查看更多文档属性"。这时，系统会弹出由多个页面组成的高级属性窗口。

Step 2：在高级属性窗口上选择不同的页面，可以看到文档的"常规""摘要""统计"等信息。

温馨提示

文档的"标题""主题""作者""主管""单位"乃至"备注"等信息并不会直接在文档中显示，只是作为文件的属性被记录在"文件头"或XML文件中。

1.2.8 文件保护

一个Office文档，分享给别人看时，如果担心别人会修改你的文档内容，就需要对这个文档进行保护，让别人只能看不能修改。Office的Word、Excel和PowerPoint提供了模式相同的文件保护方式，我们以Word为例进行介绍。

1. 文档保护

点击"保护文档"功能按钮，可以看到Word提供的四个文档保护措施：

- 标记为最终状态：让文档阅读者知晓此文档是最终版本，并将其设为只读。
- 用密码进行加密：用密码保护此文档。
- 限制编辑：控制其他人可以做的更改类型。
- 添加数字签名：通过添加不可见的数字签名来确保文档的完整性。

具体操作步骤和用法介绍如下。

（1）标记为最终状态：

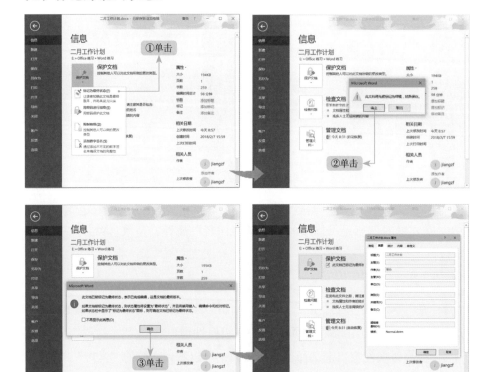

图1-26　Word文档保护——"标记为最终状态"

操作步骤

Step 1：在"保护文档"下拉菜单中单击"标记为最终状态"，系统弹出警告窗。

Step 2：在警告窗中点"确定"按钮，系统弹出提示窗。

Step 3：在提示窗中点击"确定"按钮，则文档被标记为最终状态了。点击"高级属性"可以看到，此时文档的摘要信息也不可更改了。

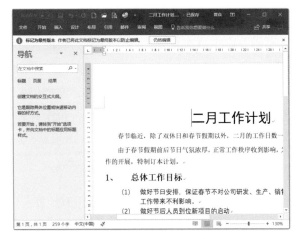

图1-27 被标记为最终状态的文档

温馨提示

文档被"标记为最终状态"一般只对微软Office组件有效，例如，在Word中被标记为最终版本的文档，用WPS文字仍然可以正常打开编辑。

（2）用密码进行加密：

图1-28 用密码保护文档

操作步骤

Step 1：在"保护文档"下拉菜单中选择"用密码进行加密"，系统弹出密码录入窗。

Step 2：录入密码后点击"确定"或者按回车键，系统弹出"确认密码"窗口。

Step 3：在"确认密码"窗中再次录入密码，点击"确定"或者按回车键。可以看到，文档被密码保护了。

注意：录入密码后，由于我们仍然在系统中，此时，文档仍处于打开状态，所以，仍然可以进行编辑排版等操作。当关闭当前编辑窗口后，再次打开文档时，就会看到系统提示文档需要密码才能打开。

温馨提示

　　加密和解密是一对永远的盾和矛的关系，所以，我们对任何文档的保护或者加密方法都需谨慎使用。第一，加密本身会给自己的操作带来麻烦；第二，有加密就有解密，而任何一个层面的加密，都有可能会被解密。因此，要保证文档在交换过程中不被修改或者因修改留下痕迹，一般用导出PDF文件的方式进行，严谨的方法就是加入数字签名。

（3）限制编辑

有时某些文档不能被别人编辑，以防文档编辑带来对原文的损坏，这时就可以采用文档的"限制编辑"功能。

设置文档"限制编辑"有两个入口，进入的功能是相同的。入口一：在"文件窗"中的"保护文档"功能下，选择"限制编辑"功能；入口二：在编辑窗口的"审阅"标签下的选项卡中的右侧，可以看到"保护—限制编辑"按钮，点击进入。

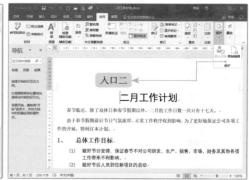

图1-29　设置文档"限制编辑"的两个入口

进入"限制编辑"功能后，在编辑窗口右侧即会打开一个设置侧栏，包括"格式化限制""编辑限制"和"启动强制保护"。具体作用和设置方法分别如图1-30所示。

● "格式化限制"是对文档中格式操作的限制，选中该选项后，即启用对文档格式的限制编辑功能。

"1. 格式化限制" 操作步骤:

图1-30 "格式化限制"设置

Step 1: 在"1. 格式化限制"下选中单选项,可以看到,选中后,"3. 启动强制保护"即变成可操作了。

Step 2: 点击"设置…",系统弹出列有允许格式化限制的各类样式的"格式化限制窗口"。

Step 3: 在"格式化限制"窗口下,选定将会受到限制的格式。

Step 4: 最后在"复选框"中选择格式限制方式。

Step 5: 单击"确定"按钮。

● "限制编辑"是指设置可对文档本身进行编辑的限制。

"2. 限制编辑" 操作步骤:

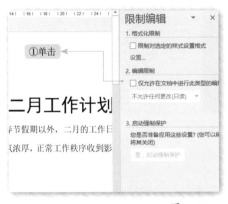 

图1-31 "限制编辑"设置

Step 1: 在"2. 编辑限制"下选中单选项"仅允许在文档中进行此类型的编辑"。

Step 2: 在下拉列表中选择允许的操作,例如,若为"不允许任何更改(只读)",则只允许阅读文档,依此类推;若为"修订",那么,本文档就只可进行修订了。除了对这些编辑限制外,还可以指定例外的用户。

● 要上述"1. 格式化限制"或者"2. 编辑限制"发挥作用必须进行第三项设

置——"3. 启动强制保护"。具体操作如下。

"3. 启动强制保护"操作步骤：

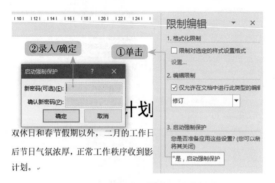

图1-32　"启动强制保护"设置

下拉菜单中选择"用密码进行加密"，系统弹出密码录入窗。

Step 1：点击"是，启动强制保护"按钮，系统弹出"启动强制保护"密码录入窗。

Step 2：在密码窗中输入密码，并确认密码，点击"确定"或者按回车键。此时，文档的编辑即被密码保护了。

（4）添加数字签名

"添加数字签名"的方法如下。

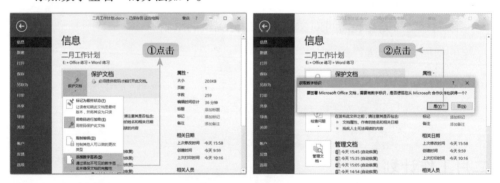

图1-33　添加数字签名

操 作 步 骤

Step 1：在"文件窗"点击"保护文档"模块按钮，然后选择"添加数字签名"，系统弹出数字签名提示。

Step 2：在数字签名提示窗中点击"是"或者直接按回车键，系统即会打开微软的数字签名服务网页。

2. 文档检查

很多时候，我们需要与同事或者其他合作伙伴分享Office文档，而在共享之前，需要注意这些文档中所包含的某些隐藏信息，如创建者、编辑者、编辑时间等隐私信息。这时候，我们可以利用Word、Excel或PowerPoint 的"检查文档"来发现这些信息，你可以方便地删除这些隐藏的信息。

以Word为例，操作方法如下。

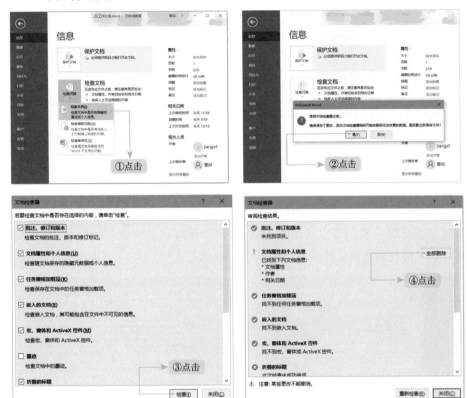

图1-34　"检查文档"操作步骤

操作步骤

Step 1：在"文件窗"点击"检查问题"，然后选择"检查文档"，如果文档被修改过，系统会弹出文档保存提示窗口，需要在检查前保存文档。

Step 2：在保存提示窗点击"是"或者直接按回车键，系统即保存文档并弹出"文件检查器"提供检查项目内容列表，我们可以选择需要检查的项目。

Step 3：点击"文件检查器"的"检查"按钮，"文件检查器"就会对所选项目进行检查，并列出检查结果。

Step 4：点击需要去除的文档属性项目删除按钮，就会删除相关项目。注意，删除后需再次保存，删除了的项目才算最终确认。例如，删除了所选练习文档的个人信息后再次打开，如图1-35所示，我们发现个人编辑信息被去除了。

图1-35　去除了编辑操作隐私后的文档信息

其他辅助检查功能在此不再赘述。

3．文档管理

文档管理是指当Office发生意外退出，或者计算机因为断电或其他原因在文档未保存的情况下丢失时，我们可以从Office组件的自动保存机制所保存的临时文件中找回某些编辑信息，抢救数据的一个措施。操作方法如下。

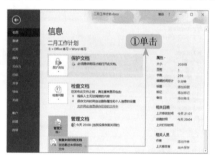

图1-36　恢复未保存的文件

Step 1：点击"文件窗"中的"管理文档"模块按钮，下面实际上只有一个"恢复未保存的文档"功能，选择之，系统即弹出缓存文件列表窗。

Step 2：我们可以选择某个文件打开，可以看到这是相关文档过去的版本。

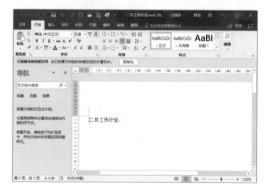

图1-37　打开了缓存中的未保存的文件历史记录

重要提示

无论系统提供了多么方便的自动保存或缓存文件抢救机制，都不应忽视及时保存的重要性。只有及时存盘了，你的工作信息才被保存到了硬盘上。并且，对于重要文档，最好阶段性地用U盘或移动硬盘备份，隔离到工作系统以外，才不至于发生"追悔莫及"的数据丢失现象。

另一方面，上传到云端不失为一个备份的好办法，但是，这有两个风险：第一，信息泄密；第二，云盘停止服务。所以，使用需谨慎。

1.2.9　文件打印

如果需要打印一个文件，至少有两个入口：第一，可以在编辑窗口点击窗口左上角"快速访问工具栏"中的"打印预览与打印"，第二，点击"文件"标签切换到"文件窗"，再选择"打印"功能，或者在键盘上按组合键Ctrl+P，均会打开文档"打印及预览窗口"，或简称"打印窗口"。

我们可以进行页面设置，选择适当的打印机，然后点击"打印"按钮，系统就会打印出文档。

图1-38　Word的文档"打印窗口"

打印的具体设置，跟打印机的型号规格有关，关键需要注意文档页面设置与打印机纸张设置是否匹配，打印模式是单面还是双面等。

说明：Windows 10内置了"Microsoft Print to PDF"的虚拟打印机，可以将任何文档输出为一个PDF文件。其他版本的Windows可以尝试安装单独的功能组件实现。另外，WPS Office各版本都内置了输出为PDF文件的功能。

实用技巧

对于Office的各个组件，最简捷的切换到打印页面的方式是：在操作过程中，在键盘上按组合键Ctrl+P，系统就会立即切换到"打印窗口"。

1.2.10　页面设置

如果把文字处理比喻为"纸张上的耕耘"，那么纸张就是耕耘的土地，土地的布局影响着耕耘的效果。

　　页面设置就是确定文档幅面大小、幅面方向、页面上图文资料所占区域、页面四周的空白区域，页边距等选项又决定了可以将多少特殊项目放在页眉、页脚中，其格式是怎样的。

　　Office的组件Word和Excel的页面设置基本相同，所以，我们作为共通内容在此介绍。

　　PowerPoint由于主要用于演讲幻灯片的制作，页面方面主要涉及页面的纵横比和横向/纵向选择，对此，我们放到PowerPoint的讲解时再予以介绍。

　　Word和Excel的页面设置在两个位置可以操作：第一，打印窗口下面的各个项目；第二，编辑窗口的"布局"选项卡中。

图1-39　打印窗口和编辑窗口中的页面设置

　　可以看到，无论是打印窗口中的页面设置还是"布局"选项卡中的"页面设置"工具组，直接的可视化操作的页面设置主要有"纸张方向""纸张大小"和"页边距"，这三项内容是页面设置最常用的功能。我们首先讨论这些功能。

1. 纸张方向

　　纸张方向的选择非常简单：有"纵向"与"横向"两种。纵向是指如普通书籍这样的"左右较窄，上下较长"的布局方式；横向则相反，为"左右较宽，上下较短"。操作方法如图1-40所示：

方法一：在"文件窗"的打印预览功能下设置纸张方向

操作步骤

Step 1：在"文件窗"选择"打印"功能。

Step 2：点击"纵向"选择纸张方向，默认为"纵向"，可以更改。

图1-40 在"文件窗"的打印预览功能下设置纸张方向

方法二：在"编辑窗"的"布局"选项卡中设置纸张方向

操作步骤

Step 1：在"编辑窗"选项卡标签中选择"布局"，打开布局相关的选项卡。

Step 2：在"布局"选项卡的"页面设置"组中点击"纸张方向"，默认为"纵向"，可以更改。

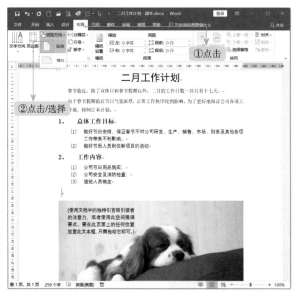

图1-41 在"编辑窗"的"布局"选项卡中设置纸张方向

通过方法一和方法二将"纸张方向"改为"横向"后的效果如图1-42所示。

图1-42　横向页面设置的打印预览和编辑窗口

可以看到，纵向页面设置更便于在每一页安排更多的内容，而横向页面设置则更有利于阅读。

2. 纸张大小

Office根据大多数办公要求，设置默认纸张大小为A4，我们可以根据更加具体的工作要求，选择不同的纸张以获得满意的显示与打印效果。操作方法如下。

方法一：在"文件窗"的打印预览功能下设置纸张大小

操作步骤

Step 1：在"文件窗"单击"打印"功能。

Step 2：点击"纸张大小"进行选择，默认为"A4（21厘米×29.7厘米）"，大小可以根据实际情况进行更改。

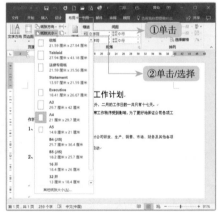

图1-43　两种方法设置纸张大小

方法二：在"编辑窗"的"布局"选项卡中设置纸张大小

操作步骤

Step 1：在"编辑窗"中单击"布局"选项卡标签，打开布局相关的功能。

Step 2：在"布局"选项卡的"页面设置"组中点击"纸张大小"，默认为"A4（21厘米×29.7厘米）"，大小可以根据实际情况进行更改。

在Office的打印预览中可以明显看出：选中不同大小的纸张，显示与打印效果是截然不同的。例如，一般默认纸张大小为A4，如果我们尝试将纸张大

图1-44 纸张大小改变后的布局效果

小改为更大的A3，则立即可以在打印预览上看到不同的布局效果，如图1-44所示。

显然，由于原文档是在默认的A4页面上设计的，内容较少。当改变纸张大小为A3幅面后，纸张变大了，空白就多了。

温馨提示

纸张大小采用ISO国际标准纸张尺寸，感兴趣的读者可以查询有关标准。

技巧提升：关于自定义纸张大小

在某些特殊情况下，例如打印标签或者用针式打印机套打多联单据时，需要自定义纸张大小，以便打印特殊设计的页面。

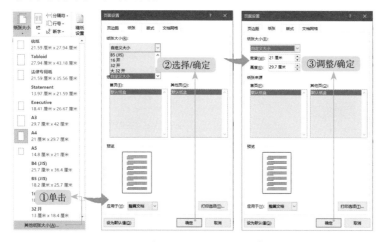

图1-45 自定义纸张大小操作方法

操作步骤

Step 1：在"纸张大小"下拉列表中单击"其他纸张大小"，打开"页面设置"窗口，并自动定位于"纸张"页面。

Step 2：在"页面设置"组中点击"纸张大小"下拉列表，选择"自定义大小"，然后单击"确定"按钮。

Step 3：在默认A4大小（21厘米×29.7厘米）的基础上，调整宽度或者高度设置，然后单击"确定"按钮。

实用技巧

实际打印时，纸张大小的设置必须跟打印机纸张设置相匹配，否则，将不能正常打印。因此，纸张大小自定义一般用在某些特殊情况，例如，打印某些专门设计的宣传单张或标签等，打印机也需进行相应设置。

3. 页边距

页边距涉及每一页的"留白"空间。Office根据大多数打印与显示习惯，给出了一套默认的页边距。页边距的设置操作同样有两种方法。

方法一："在"文件窗"的打印预览功能下设置页边距

操作步骤

Step 1：在"文件窗"单击"打印"功能。

Step 2：点击"自定义页边距"进行选择，默认为"常规页边距（左3.18厘米，右3.18厘米，上2.54厘米，下2.54厘米）"，可以选择系统自带的页边距类型，还可以自定义。

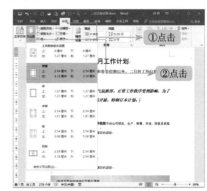

图1-46　两种方法设置页边距

方法二："在"编辑窗"的"布局"选项卡中设置页边距

操作步骤

Step 1：在"编辑窗"选项卡标签中点击"布局"，打开布局相关的选项卡。

Step 2：在"布局"选项卡的"页面设置"组中点击"页边距"，可以选择需要的页边距类型，还可以自定义。

技巧提升：自定义页边距

对于页边距，需要注意以下问题：

◆ 常规页边距是为便于放入一定的页眉、页脚、批注和审阅等而设计的，也匹配了大多数打印机可以打印出的幅面。

◆ Word和Excel除了"常规"页边距以外，还提供了几种常用的页边距选项，如："窄""中等"或"宽"，方便用户快速获得更好的页边距定义。

◆ 在常用页边距定义中，所谓"对称"的页边距定义是为了书籍或双面打印文档编辑排版而设定的，此时必须考虑装订线一侧页边距较宽，防止装订影响阅读。如右图所示，此时的第1页为左侧较宽，第2页应该是右侧较宽，依此类推。较宽的装订线边距确保不会因装订而遮住文字。

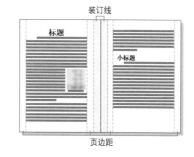

◆ 除了"常规"和常用页边距以外，Word和Excel还将用户"上次的自定义设置"纳入快速选择项中，使用户能更为方便地按照自己的办公要求采用合理的页边距定义。

◆ 用户可以根据自己文档的情况，通过"自定义页边距"合理设置文档页面宽度，从而在一定的页数内放入更多的内容。

自定义页边距常用的方法如图1-47所示：

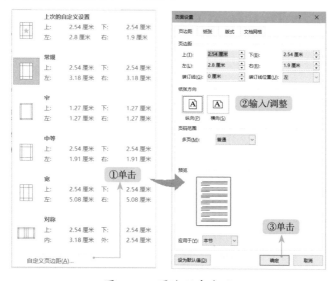

图1-47 页边距自定义

操作步骤

Step 1：在"页边距"下拉列表中选择"自定义页边距"，系统弹出"页面设置"窗口，并自动定位于"页边距"页面。

Step 2：在"页面设置"的"页边距"页面中，对"上、下、左、右"的页边距进行调整设置。

Step 3：单击"确定"按钮。

在页边距的设置过程中，需要注意下列问题：

● 除了定义页边距以外，还可以留出"装订线"的位置。

● 如果希望每次打开 Word或Excel时，该自定义的页边距值是默认值，可在"页面设置"中的"页边距"选项卡上，单击"设为默认值"。

● 如果文档中包含多节，新页边距将仅应用于所在节，或所选的章节，当然，也可应用于整个文档。

● 如果需要更改文档中的某一部分的边距，请选中相应文本，可以单击某个节或选择多个节，然后进行"自定义页边距"设置，在"页面设置"对话框中输入新的边距，并在"应用于"框中，选择"所选文字"。

温 馨 提 示

大多数打印机无法打印到页面边缘，因此需要设置最小页边距宽度。如果尝试设置较窄的页边距，Word、Excel或PowerPoint 会显示消息"有一处或多处页边距设在了页面的可打印区域之外"。选择"修复"按钮，即自动增加页边距。最小页边距设置取决于打印机型号、打印机驱动程序和纸张大小。若要了解最小页边距设置，请参考打印机使用手册中的说明。

除了利用页面设置窗口来设置页边距，其实，最为快捷的方法是：标尺推拉法。具体操作如图1-48所示：

Step 1：在"编辑窗"选项卡标签中点击"视图"标签，打开"视图"选项卡。

Step 2：点击"显示"，选中"标尺"打开页面标尺。

Step 3：将光标对准标尺上边距（或下边距、左边距、右边距）的分界线，光标变成上下箭头，并出现"上边距"（或"下边距""左边距""右边距"）的提示，表示可以拉动，然后上下（或者左右）拉动，即可改

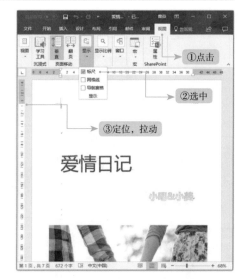

图1-48 标尺拖拉设置文档上边距

变文档的页边距。

可以看到，这一方法的确非常简捷。但因为是改变了整个文档的页边距，对于大型文档而言，改变页边距后，整个排版可能会发生较大变化。

1.2.11　关闭文档

关闭文档一般有两个途径：第一，点击"编辑窗"右上角的关闭按钮；第二，在"文件窗"单击"关闭"功能。如果文档被修改过而没有保存，系统会提醒是否保存，此时，根据情况选择"保存"或者"不保存"，即可退出系统，选择"取消"，则返回系统。

高手进阶——文档综合操作

1. 至少用三种方法，新建一个Word文档，取名为"新建文档一.docx""新建文档二.docx"和"新建文档三.docx"。然后打开文档进行编辑，并以"新建文档一""新建文档二"和"新建文档三"为标题，在正文中简单说明建立新文档的方法，将标题设置为三号黑体字，正文设置为小四宋体字。输入后保存文档，保存前将文档进行保护，标记为最终状态。

2. 某高校为了使学生更好地进行职场定位和职业准备，提高就业能力，该校学工处将于2019年3月29日（星期五）19:30—21:30在校国际会议中心举办题为"跃智讲堂——大学生人生规划"就业讲座，特别邀请资深媒体人、著名艺术评论家谭刚先生担任演讲嘉宾。

请根据上述活动的描述，利用Microsoft Word制作一份宣传海报，要求如下：

（1）调整文档版面，要求页面高度35厘米，页面宽度27厘米，页边距（上、下）为5厘米，页边距（左、右）为3厘米。

（2）调整海报内容文字的字号、字体和颜色，至少使用三种字号、三种字体和三种颜色。

（3）根据页面布局需要，调整海报内容中"报告题目""报告人""报告日期""报告时间""报告地点"信息的段落间距。

（4）在"报告人："位置后面输入报告人姓名。

（5）在"主办：校学工处"位置后另起一页，并设置第2页的页面纸张大小为A4篇幅，纸张方向设置为"横向"，页边距为"普通"页边距定义。

1.3 Office文字及字体的操作

办公软件对文字的操作除了录入以外，主要包括文字对象的选中、字体的定义、文字的复制以及文字的查找、替换等，在Word、Excel和PowerPoint中这些基本操作是相同的，因此，我们在这里首先予以总括地介绍。

再次说明，本节和1.2节"Office文档操作"虽然都是以一个Word文档《二月工作计划》为例，但是，所介绍的方法适用于整个Office的三大基础组件Word、Excel和PowerPoint，因为文档处理和文字处理在这些组件中是最基本的功能，操作方式是完全相同的。

1.3.1 文字选中

"文字选中"是指将某几个、某一行、某几行或者某几段文字选中作为处理对象，被选中的文字一般呈现灰色背景。选中文字的方法主要有以下几种：

方法一：鼠标拖拉操作法

操作步骤

Step 1：将光标移到需要选中的文本开头，例如，标题最前端。

Step 2：按下鼠标左键，然后拖动光标，直至需要选中的文字块的尾部。

Step 3：松开鼠标左键。

这一方法操作快捷方便，是最常用的选中文字方法。

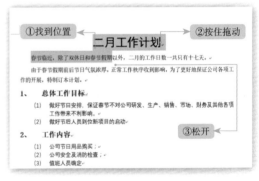

图1-49　鼠标选中文本

方法二：鼠标按行选中法

操作步骤

Step 1：在需要选中的某一行文字左侧的空白处，鼠标图标会变为"反向倾斜型"，单击鼠标左键，则这一行即被选中。

Step 2：如果单击后按住不松开鼠标，继续向下拖拉，则下面的多行被选中。

同样，如果单击后按住不松开鼠标，继续向上拖拉，则上面的多行被选中。

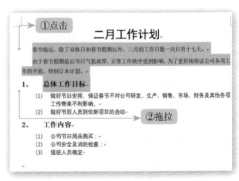

图1-50　鼠标按行选中文本

方法三：键盘操作法

操作步骤

Step 1：将光标移动到需要选中的文本开头处，按住键盘Shift键。

Step 2：点击（或者按住）键盘上移动光标的上下左右键（▲▼◀▶）或者翻页键（PgUp，PgDn）中的任意一个，则光标经过或跨过的文字均被选中。

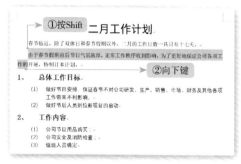

图1-51　键盘操作选中文本

方法四：全选中法

这一方法最为简单，在键盘上点击组合键Ctrl+A，则表示将整篇文档的所有对象选中。

选择部分文字作为处理对象是Office中最常用的操作之一，其中方法三操作时由于手不离键盘，而且定位精准，为广大程序员们所喜爱。

实用技巧

需要选中图片、文本框、绘图组件等对象时，如果普通的鼠标拖拉不起作用，必须利用"开始"功能选项卡下"编辑"组中的"选择对象"功能进行操作。

1.3.2　字体、字号设置

Office的魅力之一就是字体繁多，字号定义方便。

Windows的字体采用的是TrueType格式，因此，各种字符的各类字体，无论在多大的字号下，在显示或打印时都保证了字符边缘的圆滑与连续性，具有非常漂亮的观感。

另一方面，Office 2010以后的版本，采用了Modern UI的Office组件，其字体、字号定义更加方便、直观和快捷。

方法一：通过跟随式迷你工具栏进行设置

操作步骤

Step 1：利用鼠标拖拉法选中文字，放开鼠标左键时，系统即在被选中的文字旁边，弹出一个迷你工具栏，其中包括了字体、字号、字体加粗、倾斜、下划线等字体方面的选项按钮，甚至包含了一些常用的段落选项

图1-52　在跟随式迷你工具栏上
设置文本字体、字号

设置按钮。并且，下划线提供了"线型""颜色"选项，以画出不同类型的下划线。

Step 2：在弹出的迷你工具栏上操作，对被选中的文字进行字体、字号的设置。而且，在进行字体或字号设置时，被选中的文字是动态变化的，操作者可以立即看到字体、字号的效果。

迷你工具栏中的项目包括：

● 字体、字号选项设置：通过下拉列表选择不同的字体与字号。

● 增大字号、减小字号：点击按钮，可以增大或者减小选中文字的字号。

● 加粗、倾斜、下划线、文字背景色、文字颜色选项：点击，改变选定文字的显示或打印属性。

● 拼音指南：可以反查文字的拼音，使我们更好地把握文字的读音。

迷你工具栏除了上述"字体"设置工具按钮以外，还有"项目符号""编号""格式刷""样式"等选项设置功能按钮，相关功能本书将在相应章节另行介绍。

方法二：利用选项卡进行设置

操作步骤

Step 1：选中文本。

Step 2：在系统"开始"选项卡上进行设置。

由于系统"开始"选项卡主要分布了文本格式及段落格式的选项设置功能，设置按钮特别多，所以，这是进行文字、文档格式设置编辑工作时被点击最多的区域，也是所有编辑人员最为熟悉的选项卡。

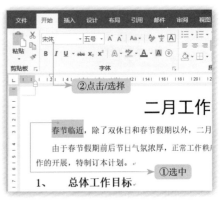

图1-53　在系统工具栏上设置文本字体、字号

而迷你工具栏所占空间相对较小，操作相对更加顺手，所以，放入了最为常用的几个格式选项设置按钮。

可以看到，选项卡上"字体"组中，不仅包括了迷你工具栏中的字体选项设置内容，还扩充了以下字体格式设置功能工具：

● 上标、下标按钮：点击后，选中的文字或字符即成为上标或者下标。

● 大小写及全角/半角字符转换：转换选中的字符大小写或全角/半角字符。

● 文字加框：在选中的文字四周加上框。

图1-54　"带圈字符"设置窗

- 字符加圈：在选中的字符四周加上圈，甚至可以加方框、三角框和菱形框，点击后出现如图1-54的操作窗口，在选择"样式"（缩小文字/增大圈号）后选择圈号，然后点击"确定"即可。加上各种外框后的字符效果如：加，加，加，加，加，加，加，加。

- 文本特殊效果及版式：给选中文本设置特殊效果及版式，实际上就是艺术字的设置。这一设置较为复杂，并且与图片、文本框的效果与版式设置具有共同特征，我们将在2.3一节中予以讲解。

方法三：利用"字体"设置窗口进行设置

打开"字体"设置窗口有两个途径：

途径一，在选中的文档上点击鼠标右键，系统即会弹出"右键菜单"，在"右键菜单"中选择"字体"，系统即弹出"字体"设置窗口。

途径二，点击系统"开始"选项卡"字体"组右下角的对话框启动器。

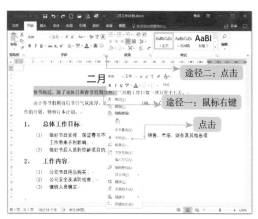

图1-55　打开"字体"设置窗口的两个途径

图1-56　"字体"设置窗口

在打开的"字体"设置窗口上即可对选中的文字进行全面的字体、字号及其他选项设置。这个窗口提供了最全面的字体字号设置选项，如图1-56所示：

- 在"字体"页，既有字体、字形、字号、字体颜色、下划线及其颜色、着重号的设置，还有各种普通效果的设置。

- 在"高级"页：包括了字符缩放效果、字符间距、字符位置选项，还包含了

OpenType功能中"连字""数字间距""数字字形"和"样式集"的设置。OpenType过于专业，感兴趣的读者可以参阅：https://msdn.microsoft.com/zh-cn/library/ms745109（v=vs.110）.aspx，在此不再赘述。

● 点击"文字效果"，打开特殊效果设置窗口。由于功能强大，效果繁多，我们将在2.3一节中专门予以讨论。

温馨提示

　　不仅字体设置有多种设置入口，段落格式、图片格式或文本框格式设置等都有多种设置入口，而且这些入口所进行的设置是一致的。Office的开发人员在充分考虑了人们的使用习惯后，将常用选项设置可视化了，使用户能够更为简捷地使用经常用到的设置，以提高工作效率。

　　用户在使用过程中，一般也会根据使用的快捷性，形成"跟随工具栏（或菜单）"→"功能区"→"设置窗口"这样的应用次序习惯。

1.3.3 复制、剪切与粘贴

复制、剪切和粘贴功能可以说是计算机操作中使用最为广泛和最有用的功能了。

Windows在内存中有一个区域被称为"剪贴板"，这是一个公共的内存区域，临时存放被复制或者被剪切出来的数据。

"复制"功能就是将选中的内容复制到剪贴板中，原内容不动，其快捷键为Ctrl+C；"剪切"功能就是将选中的内容复制到"剪贴板"，同时删除原内容，其快捷键为Ctrl+X；"粘贴"就是将剪贴板中的内容粘贴在选定的位置，其快捷键为Ctrl+V。

在Windows下可以对文件进行复制、剪切和粘贴，操作方式完全类似，这些功能我们在此不做介绍，这里只讨论Office中对具体的文字、图片、文本框以及表格等对象的操作。

复制、剪切和粘贴的操作一般有键盘操作法、功能区操作法、鼠标右键菜单操作法、鼠标拖拉复制法和F2键复制法。操作方法如下。

方法一：键盘操作法

操作步骤

Step 1：选中文字，如图1-57，选中《二月工作计划》中的"春节假期"，在键盘上按组合键Ctrl+C。

Step 2：将光标移动到需要粘贴这几个字符的地方，然后，在键盘上按组合键Ctrl+V。

说明：由于复制到剪贴板中的信息一直保留在内存中，所以，我们可以反复粘贴使

用，甚至在退出Office后仍然可以在其他
软件中使用。

方法二：功能区操作法

操作步骤

Step 1：选中文本或其他对象。

Step 2：在功能区点击"开始"标签。

Step 3：然后点击"剪切"，或者
"复制"按钮。

Step 4：将光标移动到需要粘贴的
位置。

Step 5：点击"粘贴"按钮。

由此看出，利用功能区操作更为烦
琐一些，但其好处是如果操作者一直在
用鼠标操作，那么，手不离鼠标即能完成整个操作过程。

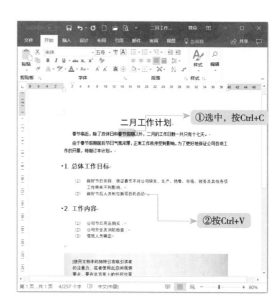

图1-57　Ctrl+C、Ctrl+V复制粘贴

方法三：鼠标右键菜单操作法

操作步骤

Step 1：选中文本或其他对象。

Step 2：然后在选中的文本或对象上
点击鼠标右键，系统即弹出右键菜单。

Step 3：在右键菜单中选择"剪切"
或者"复制"。

Step 4：将光标移动到需要粘贴的地
方，再点击鼠标右键。

Step 5：在再次打开的右键菜单中选
择"粘贴"。

注意：图1-58讲解只用了一个鼠标
右键菜单，实际操作时，复制会用一次，
粘贴时再用一次。

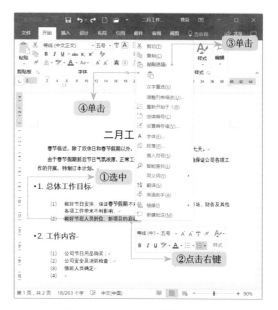

图1-58　鼠标右键复制粘贴

需要说明的是：

1. 上述三个方法是可以交叉使用的，例如，我们可以用键盘操作法复制信息，用
鼠标右键菜单操作法粘贴信息。

2. 对于粘贴，Office往往会提供一些选项，例如，如果复制（或剪切）的信息包含有编号，那么，Office会提供"合并列表""不要合并列表""只保留文本"选项，我们可以根据需要进行选择。例如，将复制的文本粘贴到没有列表的地方，当然选择"只保留文本"即可。粘贴选项在1.3.4节会详细介绍。

方法四：鼠标拖拉复制法

这一方法其实是Windows操作方法的具体体现，在Windows中，选定任何对象（例如一个文件）后，我们即可按住Ctrl键，然后用鼠标拖拉选中的对象，这样，Windows即可将这个对象复制出一个副本。

在Office中，我们可以在选中文字或其他对象后，按住Ctrl键，然后用鼠标将选中的文字或其他对象拖拉到需要的位置即可。

方法五：F2键复制法

操 作 步 骤

Step 1：选中相应的内容。

Step 2：按下F2键。

Step 3：将光标移到需要的位置，按回车键。

此方法只是将复制用F2键替代了，而回车键（Enter）相当于粘贴。

1.3.4　粘贴选项 。 . .

粘贴选项是Office的一种通用粘贴格式选项。

粘贴选项就是针对引入到文档中的各种对象选择不同的处理和相应的格式。例如，从Word文档到Word文档的粘贴，是否包含原有的字体、字号和段落格式（包括编号形式）等，而从Excel到Word或者PowerPoint的粘贴是否粘贴成为表格还是嵌入Excel表格等。操作方法如下。

1. Word到Word的粘贴选项

在同一个文档中复制一段包含一定段落格式——例如，具有编号的文字，在另一个位置粘贴。粘贴选项有两种操作方式，第一，粘贴前进行选项选择；第二，粘贴后进行格式选项选择，两种情况实际上是相同的，我们以第二种方式为例予以说明。

Office会根据不同的数据来源与数据环境提供不同格式的粘贴选项，例如，来源于一个编号列表的文字且文字正好在编码之后，会提供是否"合并列表"的选项。

我们将《二月工作计划》中的"工作内容"的前三项复制（选中，然后按Ctrl+C）后，通过快捷键Ctrl+V粘贴到编号的标题"3. 工作安排"之后，如图1-59所示。此时，系统会显示浮动的"粘贴选项"按钮。

单击该按钮，系统给出三个选项：

（1）合并列表：表示将粘贴的文字与上面的列表编号合并，这也是默认的粘贴方式。

（2）不要合并列表：表示粘贴的文字不与当前的列表编号合并，这时，文档的编号会按照原来的编号继续自动生成。

（3）只保留文本：这时，Office只保留了剪贴板中的文本，而去除了格式。

图1-59　粘贴选项

如果只是将"工作内容"列表复制下来，不放到一个编号的标题之后，则Office给出的选项就有所不同，如图1-60的左图所示，此时的选项是：

图1-60　粘贴选项——从另一文档复制内容

（1）继续列表：表示继续复制的编号继续向后编号。

（2）新建列表：表示重新编号。

（3）只保留文本：表示只保留了剪贴板中的文本，而去除了格式。

如果从另一文档中复制具有格式的文本进行粘贴，不放到一个编号的标题之后，则Office给出的选项又有所不同，如图1-60的右图所示，此时的选项是：

（1）保留源格式：表示保留原文档中文本的格式。

（2）合并格式：将原文本的格式与当前文本格式进行合并。

（3）使用目标格式：使用当前文本的格式。

（4）图片：粘贴为图片。

（5）只保留文本：表示只保留了剪贴板中的文本，而去除了格式。

可以看到，系统还允许设置默认粘贴的模式。

由上述例子可以看到，Office对格式粘贴选项进行了深入细致的安排，如使用得当，会使我们的工作事半功倍。

2．Excel到Word的粘贴选项

这里我们只说明将Excel表格复制、粘贴到Word或者PowerPoint中的情况，至于在Word或者PowerPoint中插入Excel表格或者图表的情况，在后面的章节会具体介绍。

将表格从Excel复制或粘贴到Word中，是在Word文档中快速建立表格的一个方法，因为Excel文档中有大量的表格和数据可以利用。其格式粘贴分为下列几种选项：

图1-61　粘贴选项——Excel到Word

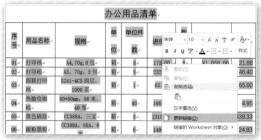

图1-62　同步更新数据

（1）保留源格式：保留Excel表格的原有格式。

（2）使用目标格式：使用当前文档的文本格式。

（3）链接与保留源格式：保留了表格的源格式，这通常是Excel表格粘贴到Word中的最佳选项。粘贴链接最大的好处是，Excel数据更新后，在Word中可以通过点击右键，选择"更新链接"即可获得数据的同步更新。

（4）链接与使用目标格式：数据信息粘贴后套用当前文档的格式。

（5）图片：粘贴为图片。

（6）只保留文本：表示只保留了剪贴板中的文本，而去除了格式。

1.3.5　查找与替换 ● ● ●

1．搜索与查找

自2010版本后，Office将Word的"查找"功能放到了"导航栏"，单击"开始"选项卡"查找"功能或按快捷键Ctrl+F，系统均会进入如右图所示的导航栏搜索，并且，增强了搜索功能，例如，可以进行图形、表格或公式等的查找，还可以对搜索选项进行设置。导航栏搜索模式直观简练，这里不再赘述。

Word并没有改变传统的查找窗口工作模式，而是将其定义为"高级查找"，仍然与"替换"功能并存于

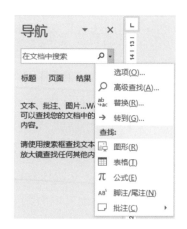

图1-63　导航栏中的查找

"查找与替换"窗口中。Excel和PowerPoint的"查找与替换"一直保持着简约的形式。这里，我们以Word为例，介绍"查找与替换"功能。

Windows中大多数应用软件进入查找或检索功能默认使用快捷键：Ctrl+F，这也是Office进入查找功能的快捷键。除此之外，Office各组件都可以从"开始"选项卡的"查找"或者"替换"功能打开"查找与替换"窗口，而Word则是通过所谓"高级查找"（如右图）打开"查找与替换"窗口。

典型的"查找与替换"窗口如图1-64所示。这一窗口并没有模式化编辑窗口，而是一个可以与文档编辑窗口来回切换的浮动窗口。

图1-64　查找与替换浮动窗口——查找

操作方式非常简捷，只需在查找内容中输入需要查找的字符，单击"查找下一处"即可。

Word增加了"更多""阅读突出显示""在以下项中查找"三项选项。其中，"更多"即查找的选项设置；"阅读突出显示"会将编辑窗口中查找到的文字以黄色背景突出显示出来；"在以下项中查找"可以选择将查找范围限定在主文档、页眉页脚或者文档中的文本框之中。

2. 替换

替换的快捷键为Ctrl+H。替换有两种工作模式：第一，全部替换；第二，查找下一处—替换。

第一种，在明确替换目标的情况下最为简捷。

图1-65　查找与替换浮动窗口——替换

第二种，查找一处，替换一处，如果无须替换则再次单击"查找下一处"即可。属于需要人工控制的替换方式。

至于定位，是文档中的跳转功能，可以按页数跳转，也可按章节跳转，操作简便，在此不再详述。

高手进阶——文字、字符操作

1. 在Word中，建立一个"本月工作计划"，录入文档标题，并将本书Word练习目录中的"本月工作计划"复制到所建立的文档中，修改日期为本月，并另外署名。

2. 某高校学生会计划举办一场"大学生就业、创业交流会"的活动，拟邀请部分杰出校友、专家和老师给在校学生进行演讲。因此，校学生会外联部需制作一批邀请函，并分别递送给相关的校友、专家和老师。

请按如下要求，完成邀请函的制作：

（1）调整文档版面，要求页面宽度18厘米、高度30厘米，页边距（上、下）为2厘米，页边距（左、右）为3厘米。

（2）邀请函标题采用初号、隶书字体，称呼采用小三、黑体字，正文采用四号、宋体字，如下图所示。

（3）正文中至少包含两段加黑文字。

（4）将邀请函复制为三页，每页为一份单独的邀请函。分别以"张三""李四"和"王五"为校友、专家和老师的称谓形成正式邀请函。

（5）邀请函文档制作完成后，请保存为一个名为"Word-邀请函.docx"的文件。

第 2 章

WORD

熟练使用 Word

本 章 导 读

　　Word是一个文字处理系统，它提供了录入文本、定义文本的各种格式，设置文章格式，在文档中插入表格、图片或者其他对象等功能。应用好这些功能可以使我们的文档变得多姿多彩。熟练掌握这些功能的操作技巧可以大大提高文字处理和文档编辑效率。

　　本章以各种文档制作、编写或修订的实例，从文字和文件处理入手，到文档浏览、图文资料编排和特殊版面处理，直至篇章的处理，由浅入深地说明Word的操作方法。

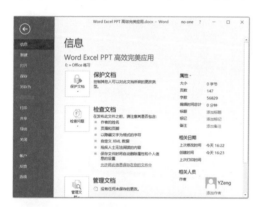
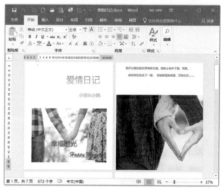

零壹快学微信小程序
扫一扫，免费获取随书视频教程

2.1 建立Word文档，制作"放假通知"

一般来说，各种通知、通告、证明或者简单的商务合同一类的公文，都是整体由文字组成的文档。当然，这些文档都会具有一定的格式。这正是Word处理的对象，也是我们开始学习建立Word文档的最好素材。

2.1.1 新建Word文档

按照1.2.1一节中所讲四种方法中的任意一种，建立一个新的Word文档。

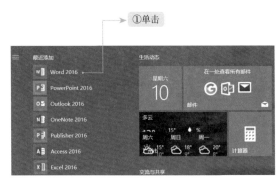

图2-1 从Windows 开始菜单进入Word

图2-2 在Word的"开始窗"建立新文档

操作步骤

Step 1：例如，我们在Windows的开始菜单或者任务栏上找到Word 2016的图标，点击后即打开Word的"开始窗"。

Step 2：在文档模板中选择"空白文档"，单击。Word即建立了一个新文档"文档1"，并打开如图2-3的编辑窗口。

在新建文档的编辑窗口中，光标一般停留在第一行第一列的起始位置，等待我们输入文字。

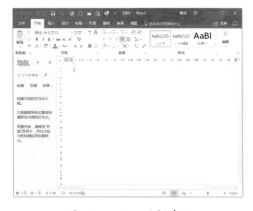

图2-3 Word编辑窗口

2.1.2 文本录入，高效操作

文本一般是一个Word文档的主要内容，因此，文本录入是Word操作中最基本的技能。最常见的文本包括中文字符、标点符号、英文字母、数字或其他特殊字符，这些字符各有特点。

以中文作为母语的用户在输入文本时首先就面临一个汉字录入的问题。汉字录入需要学习一定的"输入法"，这些输入法有的以汉字的"形"为基础，有的以汉字的"音"为基础，还有"形音结合"的方式。大家掌握一种输入法并经常使用，即会变得熟练。

文本输入的操作方法如图2-4所示：

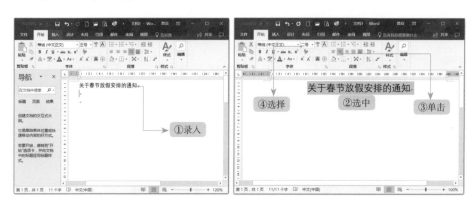

图2-4　word文本录入、字体字号设置及居中设置

操作步骤

Step 1：录入标题，然后按回车键，为了留出更多空行，可以多打几个回车键。

温馨提示

按回车键后在每一行末尾显示出来的那个小小的"弯钩"其实是"回车换行符"，标识了一行的结尾，打印时不会被打印出来。是否显示这一"弯钩"，可以通过"Word选项—显示—段落标记"进行更改。

Step 2：选中标题，选中方法参见1.3.1一节的内容。

Step 3：点击"开始"选项卡中的居中按钮 ≡ ，这样，标题就居中了。

Step 4：改变标题字体、字号，方法可以参见1.3.2一节的内容，通常可以利用跟随式的迷你工具栏或者"开始"选项卡中的字体、字号定义。

格式规范

一般情况下，中文公文文档的"标题行"需要居中；而"称谓行"不需要缩进，即靠左顶格；而正文每一段的首行都需要缩进两个字符。

当然，非正式公文，例如，工作组里的通知等，格式则可以灵活一些。

在文本录入过程中，下列关键问题需要注意：

● 光标位置表明了当前录入文本的位置。文本录入过程中可以用鼠标点击的方法来移动光标。但是，当进行大量文本操作时我们不希望双手离开键盘，这时，光标的移动可以利用上、下、左、右键（▲▼◀▶）实现，而上下大范围的移动可以利用小键盘上的"向上翻页（Page Up或PgUp）"键和"向下翻页（Page Down或PgDn）"键实现。"Home"键表示将光标移动到行首，"End"键表示将光标移动到行尾。

- 删除光标左侧的字符用Backspace（←）键，而Delete键表示删除光标右边的字符。
- 通常正文每一段的首行需要缩进两个汉字。两个汉字的宽度实际上是四个半角字符。所以，刚开始录入时，我们需键入四个空格，然后输入文本。
- 在录入完一段后按回车键，Word即会根据刚录入完的这一段文字的格式自动形成下一段的格式，如首字符的缩进、字体字号定义、段落定义等，如果有编号，Word还会自动顺序编号，如此一来，只要是相同类型的段落我们即可直接录入新一段的文字，给格式定义带来了极大的方便。

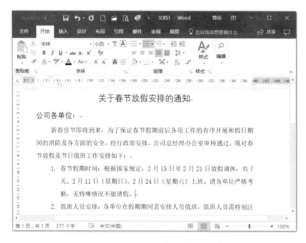

图2-5 "放假通知"的制作

- Word 在文本录入或其他操作过程中，均可以通过按Ctrl+Z键或者用"快捷访问工具栏"上的"撤销（Undo）"按钮来撤销上一个甚至是前面数十个输入与操作；当然，撤销了的输入或操作还可以被"重做"（或称为"恢复"），只要按下Ctrl+Y键即可。
- Word 还在"快速访问工具栏"上设计了一个重复键入键，这个键可以重复录入上次输入的信息。

技巧提升：全角、半角字符差别与特殊字符录入

1. 全角字母、数字、标点符号与半角字母、数字、标点符号

一般而言，汉字、全角字母、全角数字、全角标点符号和其他特殊符号都是占两个

字节的字符，只有半角英文字母、英文数字和标点符号的扩展ASC II码（共128个）是占一个字节的字符，因此，显示出来前者的宽度是后者的两倍。如图2-6所示。

因此，在录入的时候需特别注意一些输入法的"全角/半角"开关。

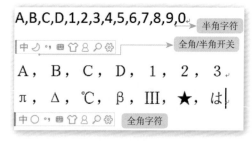

图2-6　半角字符与全角字符

2. 特殊符号的录入

录入特殊符号，如希腊字母、日语假名等，一般都是利用Word的插入符号功能来实现。插入符号的操作有两个入口：第一，编辑页面中鼠标右键菜单中的"插入符号"；第二，"插入"选项卡的"符号"按钮。具体操作步骤如下。

方法一：通过鼠标右键菜单"插入符号"录入

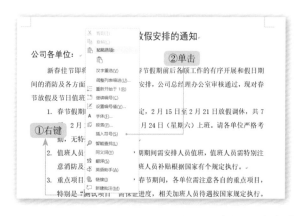
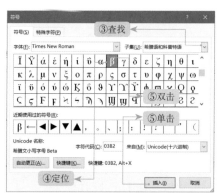

图2-7　鼠标右键菜单符号的录入

操作步骤

Step 1：在编辑窗口点击，将光标停留在需要插入特殊符号的位置，点击鼠标右键，系统弹出右键菜单。

Step 2：在右键菜单中找到"插入符号"，单击，系统弹出"符号选择与插入窗"。

Step 3：在"符号选择与插入窗"中，选择不同的符号"子集"来查找符号。

Step 4：用滚动条或者键盘上的Page Up/Page Down来定位需要插入的符号。

Step 5：找到后双击该符号或点击"插入"，则该符号就会插入到文档的光标位置。

方法二："插入"选项卡操作法

图2-8 利用"插入"选项卡进行符号录入

操作步骤

Step 1：在编辑窗口点击，将光标停留在文本中需要插入特殊符号的位置。

Step 2：在编辑窗口点击"功能选项卡"的"插入"标签。

Step 3：在"插入"选项卡中找到"符号"按钮，点击后会显示20个最近使用的符号，如果我们要录入的符号在最近使用中，则可以直接点选，如果不在其中，则进入Step 4。

Step 4：单击"其他符号"，则会打开按照Unicode次序排列的各种符号的"符号选择与插入窗"。

Step 5：选择不同的符号"子集"来查找符号。

Step 6：用滚动条或者键盘上的Page Up/Page Down来定位需要插入的符号。

Step 7：找到后双击该符号或点击"插入"，则该符号就会插入到文档的光标位置。

实 用 技 巧

如果我们使用的某些输入法软件具有"软键盘"功能，也可利用"软键盘"来实现特殊符号的录入。

系统可以定义常用符号的快捷键，例如，Alt+A插入 α ，Alt+B插入 β 等，操作方式如图2-9所示：

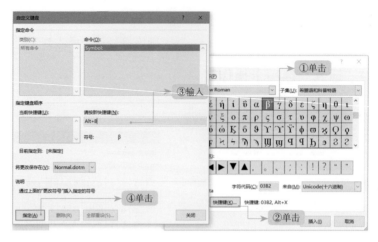

图2-9　Word中符号快捷键的设置

操 作 步 骤

Step 1：在"符号选择与插入窗"中找到常用符号，例如"β"，单击选定。

Step 2：单击"快捷键"按钮，系统弹出"自定义键盘"窗口。

Step 3：单击进入"请按新快捷键"输入栏，并在键盘上按下Alt+B键，这时，"指定"按钮亮了起来。

Step 4：单击"指定"，系统即会将Alt+B键指定为符号"β"的录入快捷键。

2.1.3　调整文字字体字号 ● ● ●

一个Word文档中文字的字体、字号等默认格式取决于文档所采用的模板的设置，一般通过"新建空白文档"建立的空文档都是在一个被称为Normal.dotm的模板基础上建立的。

直接录入的文本一般是被定义为"正文"的样式格式，基本上采用最简单的字体、字号，单倍行距，更没有特殊效果格式。而日常文档的文字需要各式各样的字体、字号和效果格式，因此，定义文字格式是Office操作的基本功。

Office文字字体、字号的设置请参考"1.3.2字体、字号设置"。

2.1.4　设置默认字体 ● ● ●

我们可以将某些特定的字体与字号设为默认字体，设置了默认字体后，会影响下一次录入时文字的字体与字号。最典型的应用是，一些通知文档的正文字体一般都选择四号宋体，因此，我们也可以将正在操作的文档的默认字体设置为四号宋体。设置以后，样式里的"正文"就被设置为我们需要的字体。

设置默认字体的入口也有两个：第一，选项卡"字体"对话框启动器；第二，右键菜单中的"字体"项，也可打开"字体"设置窗口。

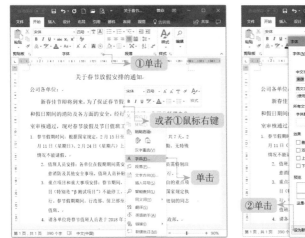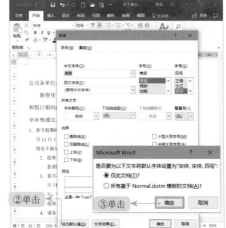

图2-10　默认字体的设置

操作步骤

Step 1：将光标停留在特定字体的文本中，点击选项卡"字体"的对话框启动器，或者点击鼠标右键，在右键菜单中选择"字体"，这时系统弹出"字体"设置窗口。

Step 2：点击左下角的"设为默认值"，系统弹出作用范围选择窗。一般情况下，选择"仅此文档"，因为如果选择了"所有基于Normal.dotm模板的文档"，就会改变整个系统"正文"的格式。

设置后，Word的"样式"中的正文字体就变为了所确定的默认字体。

2.1.5　段落格式：对齐、缩进与行间距

文档中的文字具有不同的层次意义，这些层次意义就是文档的基本结构。这些基本结构通过段落来反映。

段落由字符、文本框、图片、图形或者其他对象构成。每个段落的最后都有一个"回车换行符"标记，称为段落标记，它表示一个段落的结束。

段落中的每一行不会都是从最左端到最右端，其中，有的需要居中，例如标题；有的需要缩进，例如每一个段落的开头行需要缩进两个字符，行与行之间的距离也有可能不同。

对齐方式、缩进、行间距等在Word里都属于"段落"设置。

普通公文只需要最简单的段落设置，在Word里，这些选项设置恰好就被"可视化设计"在"开始"选项卡中，可以直接设置。

1. 对齐方式设置

这里所说的对齐是指居于页面中、按段落分布的文字达到整齐效果的方式。在新建Word文档中，开始录入文字，对齐方式是以"正文"样式设置的。而最初的"正文"样式对齐方式为"两端对齐"。如果要改变这种对齐方式，例如，文章标题往往需要居中，可以有两种方式：第一，选项卡操作；第二，"段落"设置窗口操作。

方法一：在选项卡进行设置

操作步骤

Step 1：选中段落，例如，文档标题，选中文字的方法参见"1.3.1文字选中"。

Step 2：在"功能选项卡"选择"开始"。

Step 3：在"开始"选项卡的"段落"组中，点击"居中"按钮。

图2-11　段落对齐设置

方法二：在"段落"设置窗口进行设置

打开段落设置窗一般有两个途径：其一，点击选项卡"段落"组的对话框启动器；其二，鼠标右键菜单，选择"段落"。

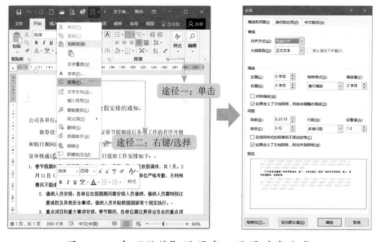

图2-12　在"段落"设置窗口设置对齐方式

打开"段落"设置窗后选择一定的对齐方式，点击"确定"即可。

需要说明的是，文字横向的对齐方式有五种："左对齐""居中""右对齐""两端对齐""分散对齐"。并且，文字的对齐是以段落来安排的。其中"两端对齐"为默认的对齐方式。

● 左对齐

即段落中文字"向左看齐"，指段落文字左端对齐设定的左缩进位置。由于许多拼音文字，如英语、法语、德语等其每个单词的长短不一，所以，如果段落左对齐，就会造成右端参差不齐。

- 居中

这是段落每一行都从中间向两侧对称分布的对齐方式。一般用于文章标题，或某些"仿诗歌"介绍文档。由于居中对齐常用，所以可以在迷你工具栏中快速实现。

- 右对齐

即段落中文字"向右看齐"，指段落文字右端对齐设定的右缩进位置。一般用于落款、日期以及表格中的文字。

- 两端对齐

在 Word 文档中将内容均匀分布在左、右页边距之间，保证两侧内容具有整齐的边缘。段落中除最后一行外每一行全部向页面两边对齐，字与字之间的距离根据每一行字符的多少自动分配。

- 分散对齐

Word 文档中"分散对齐"就是将段落按每行两端允许分散开来进行对齐。如果某一行文字换行后空了一大截，"分散对齐"会让这一行文字之间的距离均匀地拉开，字间距自动拉长，使其占满一行。

表2-1　段落对齐设置快捷键

快捷键	功能
Ctrl+L	段落左对齐
Ctrl+R	段落右对齐
Ctrl+E	段落居中
Ctrl+J	段落两端对齐
Ctrl+M	增加左缩进
Ctrl+Shift+M	减小左缩进

2. 缩进设置

段落缩进可以突出段落的开始，突出文本层次和结构。

Word 会自动生成普通的缩进，例如，每段开头行缩进两个汉字，则我们只要在第一段开头录入时，键入四个空格键（即两个汉字空格位），然后录入文字。录入一定文字后，在按回车键换行时，Word 就会基于我们的输入自动生成"首行缩进两个汉字"特征的段落。

而在录入带编号的段落时，Word 也会进行段落缩进的自动排列。

有时候，如果我们不喜欢或不满意 Word 对段落缩进的自动排列，可以通过拖拉"标尺"上的游标，简捷地改变这些缩进。

关于缩进设置的几个概念：

- 首行缩进是指段落中第一行文字从左向右缩进一定的距离。
- 悬挂缩进是指除段落第一行外其余各行缩进一定的距离。
- 左缩进是指段落所有行均向右移动一定的距离。
- 右缩进是指段落所有行均向左移动一定的距离。

段落缩进的设置主要有两个方法：第一，在"布局"选项卡的"段落"组设置；第二，使用水平标尺设置。下面分别进行介绍。

方法一：在"布局"选项卡的"段落"组设置

操作步骤

Step 1：选中段落，可以将光标停留在某一段，选中某一段，或者选中任意多段落。

Step 2：在编辑窗口单击"功能选项卡"的"布局"标签。

Step 3：找到"段落"组中的"缩进"，然后单击"左"或"右"缩进的数据调节钮的向上或者向下的小箭头，调整"左缩进"或者"右缩进"的数值。

可以看到，这一调整方法虽然直观简捷，但是，只能调整"左缩进"和"右缩

图2-13　段落缩进设置（方法一）

进"，如果要调整"悬挂缩进"，就必须打开详细的"段落设置"窗口进行操作了。

方法二：使用水平标尺设置

我们可以在水平标尺上用鼠标拖拉滑块，即可调整段落文字的缩进。

操作步骤

Step 1：选中段落，可以将光标停留在某一段，选中某一段，或者选中任意多段落。

Step 2：在编辑窗口点击"功能选项卡"的"视图"标签。

Step 3：单击"标尺"，选中"标尺"，编辑页面上方及左边出现标尺。

Step 4：拖拉编辑页面上方的"左缩

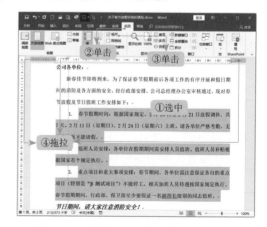

图2-14　段落缩进设置（方法二）

进""首行缩进""悬挂缩进"或者"右缩进"游标，改变段落缩进。

需要说明的是，在水平标尺上，有4个段落缩进滑块：首行缩进、悬挂缩进、左缩进以及右缩进，如下图所示。

按住鼠标左键拖动它们即可完成相应的缩进。操作时，悬挂缩进一般不容易被捕获，要自上而下多试两次。如果要精确缩进，可在拖动的同时按住Alt键，此时标尺上会出现刻度。

实 用 技 巧

"标尺拖拉"是改变段落缩进的可视化操作的直接方法，不仅可以改变段落的缩进布局，甚至可以改变整个文档的缩进布局，操作时，只需按组合键Ctrl+A选中全部，再拖拉游标，即可改变整个文档的缩进。

3. 行间距设置

文字行与行之间的距离称为"行间距"。行间距的合理设置，可以保证文档的阅读舒适度。行间距的设置方法有两个：第一，快速设置；第二，段落设置窗设置。

快速设置入口是在"开始"选项卡提供的行间距按钮，点击后系统即弹出如图2-15所示的下拉列表。

图2-15　行间距选择

列表列出了6种常用行间距选项，我们可以从中选一种。但是，这些行间距往往不适合我们的编辑要求，此时，只需点击"行距选项"，系统就会弹出段落设置窗，并将焦点直接定位至行间距设置。

由于行间距设置本身就是段落设置的重要内容，所以，除了"开始"选项卡这个行间距设置入口，另外的入口还有两个：第一，"段落"组的对话框启动器；第二，鼠标右键菜单的"段落"项。从这三个入口进入，都可打开"段落"设置窗口。

关于行间距的度量：

（1）行间距一般采用"标准行距"的倍数来衡量，而标准行距实际上跟字体大小有关。

（2）设置行距时，Office仍然提供了简捷的方法，你可以直接选择"单倍行距""1.5倍行距""2倍行距""最小值""固定值"或者是"多倍行距"。

（3）上述选择中，"多倍行距"实际上是一个自定义选项，在选定"多倍行距"后，可以在后面的设置值中输入需要的倍数，这个倍数可以是精确到小数点后两位的小数，如1.25，表示"1.25倍行距"。

（4）除了按"标准行距倍数"来定义行距外，还可以按照"固定值"来定义。固定值是按"磅"来衡量的。在排版业中，磅值的含义是指打印字符的高度的度量单位数值。1磅等于1/72英寸，或约等于1厘米的1/28。

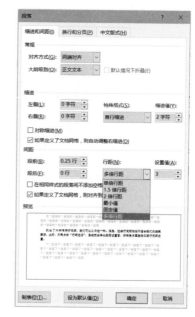

图2-16　"段落"设置窗行间距选择

2.1.6 特殊页面：封面、换页与分节

自Office 2010开始，Word就设置了添加封面的功能。由系统插入封面最大的好处是页眉、页脚和页数的设置不用手工维护，另外，Word也提供了一些新颖的封面样式供用户选择。添加封面通过"插入"选项卡"页面"组的"封面"功能进行操作，直观简捷，读者可根据实际确定是否使用。

Word文档有时一页未写完需要换页，例如，重起另外的章节，这时，只需键入Ctrl+Enter即可快速实现换页，也可利用"插入"选项卡"页面"组的"分页"功能实现。非常简便，在此不再细述。

另外，在Word"页面布局"选项卡的"分隔符"功能下，还提供了插入"下一页分节符"的选项，可以方便地实现Word文档的分节，从而提供了对不同的"节"采用不同的页面布局的基础。

技巧提升：自定义文本样式

Office的早期版本提供了文本的"样式"功能，自Office 2007开始，就将所谓的"快速样式"功能扩展到了对图片、文本框等对象的应用中。

所谓样式，就是将一系列的属性设置打包形成一个"一键式快捷处理"方法，遇到类似情况，我们只需要直接将选中的对象采用一个"样式"，这个对象即具有了样式定义的格式属性。

文本的样式不仅包括了文字的字体、字号等属性，还包括了段落对齐、缩进、行间距甚至编号方法等。

对于文本样式，Office不仅提供了大量的预定义样式，还提供了自定义样式的功能，我们可以将某些常用的文本格式放入某一个自定义样式中，在文档编辑时随时采用。

而图片、文本框等对象的样式设置，由于操作复杂，所以，只提供"预定义样式"，尚不能自定义。

1. 文本样式的采用

一般而言，一个新建文档开始录入文本时，系统默认为"正文"样式。这个样式即采用五号字、两端对齐、无缩进、单倍行距等基本属性，如果我们需要输入的文字具有系统预设的样式，可以选中文本，然后选取一定的样式即可。方法有两种，分别为利用"开始"选项卡进行样式选择，或者是通过跟随式迷你工具栏获得样式，方法如下。

方法一：利用"开始"选项卡进行样式选择

操作步骤

Step 1：选中文本，如图2-17，我们选中《二月工作计划》中的"总体工作目标"。

Step 2：在选项卡标签中点击"开始"，打开一般文本格式设置的快速选项卡。

Step 3：在选项卡中打开"样式"下拉窗，其中列有预设的（或者自定义的）样式，选取一个合适的样式，例如，"标题2"。

这时，我们发现选中的文字格式按照"标题2"的样式发生了变化。

方法二：利用跟随式迷你工具栏获得文字样式

同样，利用跟随式迷你工具栏也可以方便地选择文本样式。

操作步骤

Step 1：选中文本，如图2-18，选中《二月工作计划》中的"工作内

图2-17 "开始"选项卡文本样式选择

图2-18 跟随式迷你工具栏文本样式选择

容"，系统即会弹出跟随式迷你工具栏。

Step 2：在这个迷你工具栏中点击"样式"，系统即会打开预设的（或者自定义的）各种样式。

Step 3：在样式中选取一个，例如，"标题2"。

我们看到，这个预设样式是没有编号的，我们可以通过自定义样式，获得一个在"标题2"格式基础上的有编号的新样式。

2. 创建样式

创建新样式的目的是为了今后可以引用，提高整体工作效率。同样有两个入口，一是跟随式迷你工具栏，二是选项卡中的"样式"组。方法如下。

方法一：通过跟随式迷你工具栏（或右键菜单迷你工具栏）创建

操作步骤

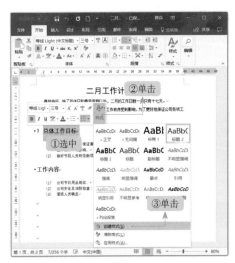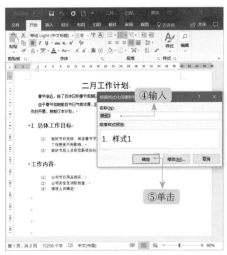

图2-19　利用跟随式迷你工具栏自定义文本样式

Step 1：修改文本的格式，例如，加入编号、调整字体字号、更改行间距或缩进，然后选中文本。

Step 2：在跟随式迷你工具栏或者鼠标右键迷你工具栏上单击"样式"，系统弹出各种预设样式及"创建样式""清除格式"和"应用样式"选项。

Step 3：选择创建新样式，系统弹出"根据格式化创建新样式"窗口。

Step 4：在创建新样式窗口中录入自己的样式名称，例如，"带单层编号的标题"。

Step 5：点击"确定"按钮，系统就创建了一个名为"带单层编号的标题"的新样式，如果我们遇到这样的标题，就可以直接选择合适的样式，获得自定义的预先制定好的格式。

方法二：通过选项卡中的"样式"组创建

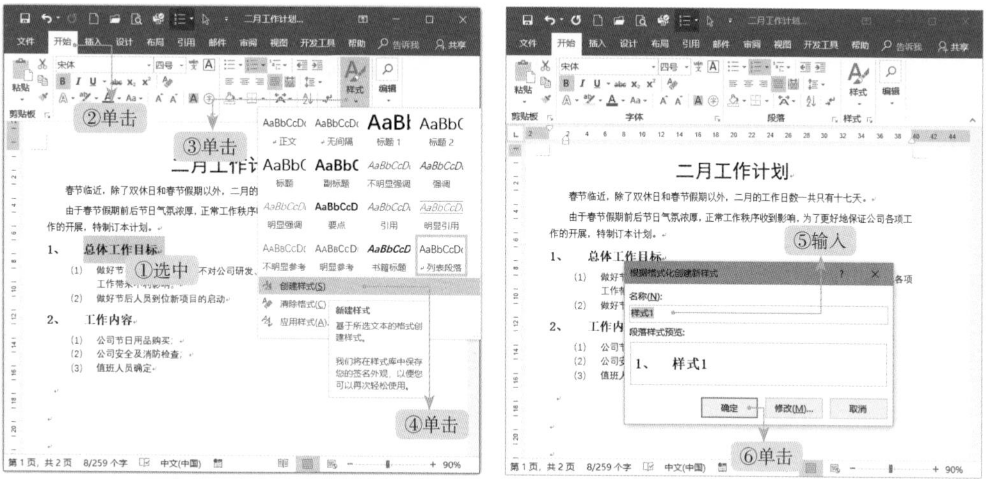

图2-20 利用选项卡功能创建样式

操作步骤

Step 1：修改文本的格式，例如，加入编号、调整字体字号、更改行间距或缩进，然后选中文本。

Step 2：单击"开始"选项卡标签。

Step 3：点击"样式"功能，系统弹出各种预设样式及"创建样式""清除格式"和"应用样式"选项。

Step 4：选择创建新样式，系统弹出"根据格式化创建新样式"窗口。

Step 5：在创建新样式窗口中录入自己的样式名称，例如，"带单层编号的标题"。

Step 6：点击"确定"按钮，系统就创建了一个名为"带单层编号的标题"的新样式，如果我们遇到这样的标题，就可直接选择合适的样式，获得自定义的预先制定好的格式。

> **实用技巧**
>
> "自定义样式"意义非常重大，在文档编写过程中，逐步建立一套适合自己的文本样式，可以为以后的工作打下重要基础。形成一套熟悉的、规范的文本样式，将极大减轻后期在格式编辑方面的工作量，并且，这样的样式实际上形成了符合自己文风的格式体系，可以提高自己文档的工整性和规范性。

3. 文本样式的修改

在设置某种文本格式后，如果觉得这种格式可以作为一种典型样式，我们可以非常方便地将这种格式保留到某个样式中去。这种方法也是"一键式操作"的。

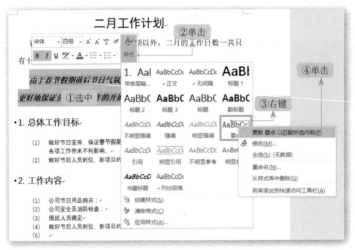

图2-21　　"一键式"修改文本样式

操作步骤

Step 1：选中有特定格式的文本。

Step 2：在"开始"选项卡点击"样式"按钮，或者鼠标右键工具栏点击"样式"按钮。

Step 3：在某一个样式上点击鼠标右键，系统弹出"样式维护菜单"。

Step 4：选择菜单第一项"更新 ××样式 以匹配所选内容"。

通过以上操作，我们用某一特定格式直接更新了一个样式，这个新样式可以被用于今后的编辑之中，更新的样式包含其字体、字号、行间距和编号特征，但不包含文字背景颜色特征。

从本例可以看出，样式是可以精心维护的，例如，可以修改、重命名、删除，还可以将经常使用的样式添加到快速访问工具栏中。

2.1.7　保存文档 . . .

保存文档一般有三种方式：第一，使用快捷键Ctrl+S保存；第二，通过"快速访问工具栏"保存；第三，通过"文件窗口"保存。Office的各个组件在保存文档方面具有操作上的一致性，具体操作方法可参见1.2.3~1.2.5小节。

2.1.8　打印文档 . . .

与保存文档相似，打印文档一般也有三种方式：第一，使用快捷键Ctrl+P打印；第二，通过"快速访问工具栏"打印；第三，通过"文件窗口"打印。Office的各个组件在打印文档方面具有操作上的一致性，具体操作方法可参见1.2.9~1.2.10小节。

高手进阶——整个文档的建立流程操作

1. 建立一个"会议通知"，通过建立一个标准公文，把握快速建立文档的整个流程：新建文档—文字录入—文档编辑—保存—打印。范文如下图所示。

要求具有如下要素：

（1）标题居中。

（2）标题字体为"三号""加粗"。

（3）正文字体为"小四"，首行缩进两个汉字，正文中需要至少有一个特殊字符。

（4）会议内容具有单层编号。

（5）整个文档行间距为"1.5倍行距"。

（6）落款与时间右对齐。最后实现文档的打印，或输出到PDF文件。

（7）在日期位置后另起一页，并设置第2页的页面纸张大小为A4篇幅，纸张方向设置为"横向"，页边距为"普通"页边距定义。

2. 华南计算机大学组织专家对《学生成绩管理系统》的需求方案进行评审，为使参会人员对会议流程和内容有一个清晰的了解，需要会议会务组提前制作一份有关评审会的秩序手册。请根据练习素材文件夹下的文档"评审会安排.docx"和相关素材完成编排任务，具体要求如下：

（1）将素材文件"评审会安排.docx"另存为"评审会会议秩序册.docx"，并保存于练习文件夹下，以下的操作均基于"评审会会议秩序册.docx"文档进行。

（2）设置页面的纸张大小为16开，页边距上下为2.8厘米、左右为3厘米。并指定文档每页为36行。

（3）会议秩序册由封面、目录、正文三大部分内容组成。其中，正文又分为四个部分，每部分的标题均已经以中文大写数字"一""二""三""四"进行编排。要求将封面、目录以及正文中包含的四个部分分别独立设置为Word文档的一节。页码编排要求为：封面无页码；目录采用罗马数字编排；正文从第一部分内容开始连续编码，起始页码为1（如采用格式"-1-"），页码设置在页脚右侧位置。

（4）按照素材中"封面.jpg"所示的样例，将封面上的文字"华南计算机大学《学生成绩管理系统》评审研讨会"设置为"二号""华文中宋"；将文字"会议秩序册"放置在一个文本框中，设置为"竖排文字""华文中宋""小一"；将其余文字设置为"四号""仿宋"，并调整到页面适当的位置。

（5）将正文中的标题"一、报到、会务组"设置为一级标题，单倍行距、悬挂缩进2字符、段前段后为自动，并以自动编号格式"一、二……"替代原来的手动编号。其他三个标题"二、会议须知""三、会议安排""四、专家及会议代表名单"格式，均参照第一个标题设置。

（6）将第一部分（"一、报到、会务组"）和第二部分（"二、会议须知"）中的正文内容设置为宋体五号字，行距为固定值、16磅，左、右各缩进2字符，首行缩进2字符，对齐方式设置为左对齐。

（7）参照素材图片"表1.jpg"中的样例完成会议安排表的制作，并插入到第三部分相应的位置中，格式要求：合并单元格、序号自动排序并居中、表格标题行采用黑体。表格中的内容可从素材文档"秩序册文本素材.docx"中获取。

（8）参照素材图片"表2.jpg"中的样例完成专家及会议代表名单的制作，并插入到第四部分相应的位置中。格式要求：合并单元格、序号自动排序并居中、适当调整行高（其中样例中彩色填充的行要求大于1厘米）、为单元格填充颜色、所有列内容水平居中、表格标题行采用黑体。表格中的内容可从素材文档"秩序册文本素材.docx"中获取。

（9）根据素材中的要求自动生成文档的目录，插入到目录页中的相应位置，并将目录内容设置为四号字。

线上学习更轻松

2.2 文档浏览：浏览 "爱情日记"

文档浏览是阅读一个文档的过程。Word提供了各种各样文本浏览的模式和工具，便于我们快速方便地阅读各类文档。

另一方面，基于图形用户界面和可视化技术的发展，文本的显示与打印效果已经不再仅仅局限于字体和字号的变化，Word目前已经能够方便地设置文本的特殊效果格式，这些特殊效果格式可以使我们的文档变得更加形式多样、生动活泼。

2.2.1 五种视图

浏览Word文档一般在Word的编辑窗口，并且编辑窗口默认处于"页面视图"。Word提供了五种视图，即文档的五种显示模式。

- 页面视图：按照"所见即所得"的基本思想，完全按仿真模式显示打印效果，可进行文档的编辑排版工作。
- 阅读视图：可自由调节页面显示比例、列宽和布局、导航搜索、更改页面颜色，但不能进行文档编辑。
- Web版式视图：类似网页的显示模式，不显示页码和章节等信息，超链接显示为带下划线文本。
- 大纲视图：可创建大纲并检查Word文档结构，进行文本"升级"等操作。
- 草稿视图：不显示图片、页眉、页脚等信息，方便进行草稿编辑。

1. 视图的切换

视图切换有两种方法：通过"视图"选项卡和"状态栏"进行切换。

方法一：通过"视图"选项卡切换视图

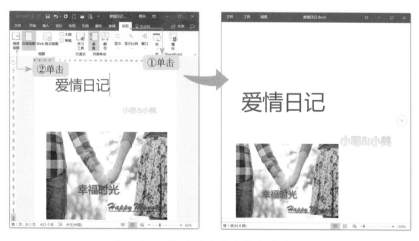

图2-22　通过"选项卡"切换视图

方法二：通过"状态栏"切换视图

图2-23　通过"状态栏"切换视图

显然，状态栏只提供了"阅读视图""页面视图"和"Web版式视图"的切换。

2. "阅读视图"概览

进入"阅读视图"后，我们获得了一个干净、清爽的界面，这个界面仅供文档浏览阅读，不能进行编辑工作。

图2-24　一个完整的阅读视图

- "阅读视图"窗口上的"文件"标签引导进入"文件窗"。
- "工具"和"视图"菜单提供了若干功能，方便我们进行查找和阅读，在此不再赘述。

3. Web视图概览

切换到Web视图后，文档中的文字和其他对象按Web形式排列，在此状态下，可进行编辑。

图2-25　Web视图概览　　　　　　　图2-26　大纲视图概览

4. 大纲视图概览

大纲视图最有用的操作是可以对大型文档的总体结构进行规划或调整。

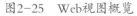

Step 1：选择一定的显示级别显示文档。

Step 2：点击左侧的箭头，向左"升级"或向右"降级"。

5. 草稿视图概览

草稿视图隐去了图片、页眉、页脚等信息，方便进行文本草稿编辑，见图2-27。

图2-27　草稿视图概览

2.2.2　页面显示比例与缩放

在Word中调整页面显示比例和缩放最为顺手的地方是状态栏的"缩放条"，通过直接拉动缩放按钮或者在缩放按钮左侧或右侧点击，均可调整页面的缩放比例。

图2-28　不同缩放比例下的页面视图

实用技巧

　　无论是在何种视图模式下，最简捷的页面比例缩放方法是：一只手按住键盘Ctrl键，另一只手滚动鼠标滚轮。

　　也可以用鼠标将箭头移到状态栏的缩放条上，再滚动鼠标滚轮，页面也会发生缩放。

　　随着大显示屏和高清显卡的日益广泛使用，在一个显示屏上显示多个页面的情况也越来越多。Word提供了方便的单页/多页切换方式。我们可以通过放大来获得文件的特写，以便于进行精细的编辑调整，还可以通过缩小来获得尺寸较小的页面，甚至让多个页面同时排列，规划整体的布局。

方法一：通过"视图"选项卡实现单页/多页切换

图2-29　通过"视图"选项卡实现单页/　　图2-30　通过"显示比例"设置窗实现单页/
　　　　多页切换　　　　　　　　　　　　　　　多页切换

操作步骤

Step 1：点击"功能选项卡"的"视图"标签。

Step 2：在"显示比例"组中点击"多页"/"单页"。

方法二：通过"显示比例"设置窗实现单页/多页切换

操作步骤

Step 1：单击状态栏上的显示百分比，系统弹出"显示比例"设置窗口。

Step 2：在"显示比例"设置窗口上单击多页按钮，并选择页面数量。

Step 3：点击"确定"按钮。

同时，"显示比例"窗口还可以设置显示比例。

2.2.3 导航栏，实现快速跳转

在处理一个大文档时，往往需要在文档中快速地上下切换，或者从文档中查找某些文字。Word的早期版本就提供了方便的导航栏，从Office 2010开始，更是将搜索结合到了导航栏中，保证用户能够方便快速地在文档中跳转并定位到需要的文本位置。

打开导航栏有两个途径，第一，通过"视图"选项卡打开；第二，通过状态栏打开。操作方法如下。

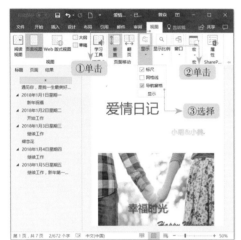

图2-31 打开导航栏的两个途径

方法一：通过"视图"选项卡打开导航栏

操作步骤

Step 1：点击选项卡"视图"标签。

Step 2：单击"视图"选项卡的"显示"功能。

Step 3：选择"导航窗格"。

方法二：通过状态栏打开导航栏

操作步骤

单击Word显示"第x页，共y页"的区域，即可打开导航栏。

实用技巧

编辑大文档时，"导航栏"选用按"标题"展开，可以非常方便地在文档上下进行大跨度的跳转，并且可以在导航栏中用拖放的方法实现一整个章节的位置调整。

2.2.4 网格线．．．

网格线是为了编辑排版时更好地找到对齐或者对准的基准，特别是页面上具有很多对象时。

打开网格线的方法可参考以下步骤：

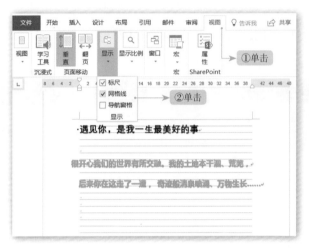

图2-32　打开网格线

操 作 步 骤

Step 1：点击"视图"选项卡标签，打开"视图"选项卡。

Step 2：在"显示"组中选中"网格线"，Word即会在页面上画出均匀的横向网格线。

需要说明的是：

1. 网格线只是用于编辑排版的虚拟网格，打印时不会出现。

2. 如果你打开了多个文档同时工作，打开网格线后，你会发现所有文档都显示了网格线。

2.2.5 新建窗口与拆分．．．

在处理多文档或者处理一个大文档，需要进行对照操作时，可以打开多个窗口就显得特别重要了。在这里，主要说明新建窗口、拆分和滚动方式。

1. 新建窗口

在操作一个文档时，可以新建窗口，新窗口中打开的仍然是同一个文档，如图2-33所示。原窗口标题显示"文件名.docx:1 - Word"，新打开窗口的标题显示"文件名.docx:2 - Word"，表示同一个文件在两个窗口中打开。实现方法非常简捷，点击"视图"选项卡窗口组中的"新建窗口"即可。在一个窗口中对文档的编辑内容会自动反馈到另一个窗口，即系统后台处理的是同一个文档。

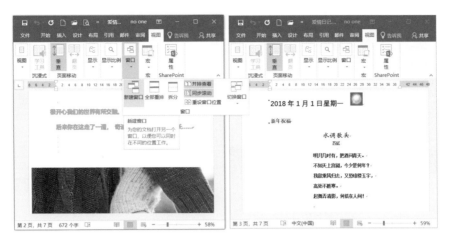

图2-33　在两个窗口中操作同一个文件

当选定"同步滚动"后，一个窗口中的文档被上下滚动时，另一个窗口跟随滚动。

2. 拆分窗口

如图2-34所示，当单击"视图"选项卡"窗口"组中的"拆分窗口"功能时，则系统将一个窗口变为上下两部分的子窗口进行操作，两个子窗口可以分别翻页滚动，停留在文档的不同位置，方便用户对照处理文字。

图2-34　拆分窗口

2.2.6　关于状态栏

在上面介绍利用状态栏中的按钮进行页面切换以及利用状态栏中的缩放条进行页面缩放时，我们就会发现Word的状态栏的确藏有很多"秘密"。除了上面已经讨论过的缩放操作、视图切换、打开导航栏以外，状态栏还有如下功能。

1. 快速打开语言检查设置窗口/语言检查窗（编辑器）

如果需要添加并非你平常使用的语言的文本，只需点击状态栏的"语言"区，Office就会弹出"语言选择窗"。这时，你可以选择可能用到的其他语言，甚至可以将其设为默认值，同时，Office将按照你选中的默认语言，为你检查该文本的拼写和语法。

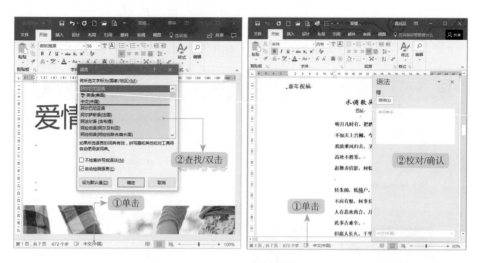

图2-35 通过Word状态栏打开"国家/语言"设置和校对窗

点击状态栏"语言区"旁边的"校对区"，Word即会打开一个语法词法校对确认窗口，并从文档开头，对所有基于"Office标准语言语法"检查出的问题逐个进行校对确认。

"拼写与语法"校对的功能同样被放在了"审阅"选项卡的"校对"组里，这里不再细述。

对于"国家/语言"设置，实际上还涉及Windows的"国家/语言"设置。而Word的"国家/语言"设置可以在Word的选项中的"语言"页确认。打开Word选项"语言"页的方法是：选择"文件"窗最下面一项，然后，在选项窗中选择"语言"。

图2-36 Word选项之Office语言设置

如图2-36所示，"国家/语言"设置实际上是一项非常复杂的工作，有可能涉及键盘排列的方式。

2. 快速打开字数统计窗

有经验的用户在用Word编写文档时，都会时常观察一下左下角的字数统计值。实际上，自Office 2010开始，这一字数统计已经成了一个全文字数统计的开关。点击字数统计，系统即会弹出"字数统计"窗口。

需要说明的是，左下角的字数统计栏在显示整个文档字数的同时，还可以显示选中文字的字数，给排版工作带来了极大的便利。

字数统计功能同样被收入了"审阅"选项卡的"校对"组中。

图2-37　状态栏打开字数统计

高手进阶——文档封面、换页、背景、布局综合操作

广州阳光科技有限公司要举办一场针对高校学生的大型招聘活动。为了此次活动能够圆满成功，并引起各高校毕业生的广泛关注，该企业人事部准备制作一份精美的宣传海报。

请根据上述活动的描述，利用Microsoft Word制作一份宣传海报。

具体要求如下：

1. 调整文档的版面，要求页面高度36厘米，页面宽度25厘米，页边距（上、下）为5厘米，页边距（左、右）为4厘米。

2. 将企业办公区照片、图片设置为海报背景。

3. 至少用三种字号、三种颜色和三种字体，注明企业名称"广州阳光科技有限公司"，主题为"校园招聘"，并展示企业精神"专注现在，引领未来"，以及企业人事部的联系方式。

4. 换页，在第2页的"招聘流程"下面，利用SmartArt制作招聘的工作流程（投递简历、初筛、测试、第一次面试、第二次面试、录用）。

5. 设置第2页的页面纸张大小为A4类型，纸张方向设置为"横向"，此页页边距为"普通"页边距定义。

6. 将设计的海报以"招聘海报.docx"为名保存到指定的文件夹中。

2.3 图文混排、表格与特殊的图文工具

从前文涉及的文档看出，除了"报告型""通知型"等公文要求格式正式、文字规范以外，其他很多文档则需要图文并茂、生动活泼，这样的文档一方面可以突出文字内容需要表达的重点，在一定程度上还突显了作者的个性与文档的感染力与表达力。

一篇生动的文档只靠文字本身是绝对不够的，除了流畅的文字以外，还有下面几个要素：

1. 文本字体与效果的设置：使文字本身的效果突出。

2. 文本框的应用：灵活处理文本的格式以及与其他对象的位置关系。

3. 图片对象的安排：图文并茂。

4. 表格的应用：规格化的文档安排。

5. 对象的组合：使多个对象成为一个整体。

……

在Office文档中插入图片，可以更直观地表达某些内容，使文档图文并茂、更加美观。

另一方面，如果要使一段文本也变得灵活可调，甚至变成可以随意摆布的"文本块"，我们就必须将其独立出来。Office为灵活处理文本提供了一个应用最为广泛的"容器"：文本框。实际上，现在的文本框已经不是一个简单的放置文本的容器，你可以在其中放入图片、形状、表格、图表、SmartArt甚至是联机视频，而这个文本框本身就可以设置丰富的属性，且随时可以调整，大大增强了文档的表现力。我们将会发现，在PowerPoint中，文本的处理都是放在文本框中进行的。

虽然Office为处理表格专门提供了Excel，但是，很多Word文档中都需要表格，并且，有些表格本身就属于文字性的表格，例如个人简历等。而Word提供了非常方便的表格处理功能，只要操作得当，Word中的表格与Excel中的表格信息几乎是相通的。

本节，我们以"个人简历（求职信）"为例介绍文本效果的设置，并用一个产品介绍文档"鳄梨酥"为例，详细介绍在文档中插入图片、文本框的方法，并深入说明图片、文本框的各种布局、排版和其他属性的设置。最后，我们再以制作一个"精品菜谱"为例，讨论页面背景的使用方法，熟悉文本、图片、文本框以及表格等对象的各种布局与排版关系。

> **重要提示**
>
> 我们本节所讨论的关于图片、文本框、形状及SmartArt等各种对象的操作，无论是在Word、Excel还是PowerPoint中都是相通的，所以，我们在此以Office为讨论对象。当然，这里所说的Office也只是其主要组件Word、Excel和PowerPoint。

2.3.1 文本效果，制作"个人简历（求职信）"

文字、字符是Word文档最基本的基础材料，因此，文字和字符的格式决定文档最基本的面貌。在Word中，文字格式除了字体、字号以外，还提供特殊的效果格式，这些效果格式给文本增添了极大的魅力，也丰富了文档的表现能力。

关于字体、字号的设置，作为整个Office操作的基本功，我们在1.3.2一节中已经给予了介绍，在本节当中，我们将以一些特殊效果为重点予以介绍。

文本的效果格式包括："轮廓""阴影""映像"或"发光"等属性。设置方法主要有两个：第一，利用选项卡设置；第二，利用格式窗设置。设置方法如下。

方法一：利用选项卡设置

操作步骤

Step 1：选中文本，例如选中"个人简历（求职信）"的封面标题。

Step 2：点击功能选项卡"开始"标签。

Step 3：点击"文本效果和版式"按钮，系统以下拉列表的方式，打开文本效果和版式选择设置窗口。

Step 4：移动鼠标，让箭头在预设的效果中扫动，可以看到文本效果立即发生的改变，选定一个效果。或者点击下面的"轮廓""阴影""映像"或"发光"等属性进行设置。

图2-38 文本效果设置

说明：

1. 系统预设了15种预设的效果版式，一方面，可以让用户看到实际的文本效果，另一方面，也可以让用户快速挑选文档的效果与版式。需要注意的是，这些预设的效果版式与用户其他方面的设置效果是叠加型的，即选择效果版式后，你还可以自由改变文本的其他效果，如颜色等。

2. 如果对预设效果不满意，可以自行选择打开"轮廓""阴影""映像"和"发光"等效果选项进行设置。

3. 由于西文字符的大小与中文字符的大小匹配度不易把握，或者由于字体大小美观性的要求，需要上下文字两端对齐，可以通过改变字符间距来实现。通过鼠标右键菜单"字体"功能或者

图2-39 改变字符间距

"开始"选项卡字体对话框启动器打开字体窗口，然后加宽字间距即可。

方法二：利用"设置文本效果格式"浮动窗设置

自Office 2010开始，系统设计了统一的针对各种对象特点的"效果设置"浮动窗口，这是一个深入的、专业化的效果设计与渲染工具，可以定量地细致配置各类对象的"轮廓""阴影""映像"或"发光"等属性。

对文本框、图片、形状等对象的设计，我们将在后面介绍各种对象时专门讨论，这里首先介绍文字的字体效果设置方法。

打开"设置文本效果格式"浮动窗口的方法有很多，在不同位置打开窗口后，操作焦点会被自动定位到相应位置。常用的途径有两个：

第一，"开始"选项卡中"字体效果与版式"选项下，各种效果的下拉选择框最下面都有一个"××选项"，例如"映像选项"（图2-40的左图紫圈处），点击后系统即会打开"设置文本效果格式"窗口，并将操作焦点定位到"映像选项"；第二，字体窗口中左下角的"文字效果"按钮（图2-40的右图紫圈处）。

图2-40 打开"设置文本效果格式"窗口

操作步骤

Step 1：按上述介绍的途径打开"设置文本效果格式"浮动窗口。

Step 2：选中需要设定特殊效果的文字；设定时建议选择一个"预设"效果，然后修改相关参数，获得自己满意的效果。

图2-41 "设置文本效果格式"浮动窗

实际上，Office的这一功能不仅可以给文本定义各种效果格式，而且Office还设计了完全一致的"格式设置"浮动窗，可以对Office中的所有对象，例如图片、形状、图标、文本框等进行相应的效果格式定义，带来更具冲击力的视觉效果。

2.3.2 插入图片，制作"产品介绍"

Office插入图片一般有两种方法：直接粘贴法和文件选择法，方法如下。

方法一：直接粘贴法

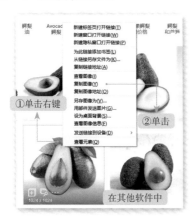

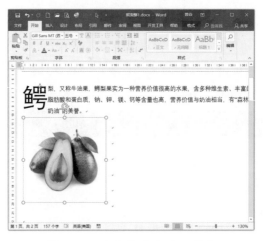

图2-42　直接粘贴法插入图片

操作步骤

Step 1：在其他软件中找到目标图片并复制，例如，我们在一个浏览器中搜索图片"鳄梨"，然后在我们选中的图片上点击鼠标右键，选择"复制图像"，这时，图像已经被复制到内存的"剪贴板"中了。

Step 2：回到Word，将光标定位到需要粘贴图片的地方，直接按组合键Ctrl+V，或者点击鼠标右键，选择"粘贴"（或"粘贴图片"）。

方法二：文件选择法

操作步骤

Step 1：点击"功能选项卡"的"插入"标签，打开插入各种对象的快捷选项卡。

Step 2：点击"图片"，系统弹出图片选择窗。

Step 3：在本机保存图片的文件夹中，选中所需图片，然后点击"插入"，或者双击选中的图片。

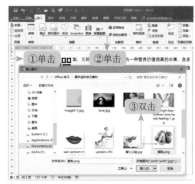

图2-43　文件选择法插入图片

格 式 规 范

　　一般而言，除了简单的单页式简介，一般文档中的图片都需要编号并加上说明。这样做不仅更方便查找，给用户更好的阅读体验，而且，某些学术著作甚至需要图片索引以方便浏览查阅。

2.3.3　图片布局与叠放层次 ● ● ●

　　插入图片后，我们选中图片，拉动其四角或四边，即可改变图片大小，还可以将图片拖放到需要的位置，这就涉及图片的布局、样式和其他特殊格式设置。

1. 图片布局

图片布局是指图片与文档中的文字或其他对象之间的位置关系。图片插入后，默认布局是嵌入型的，即图片作为一个对象嵌入在一行之中。

图片布局可以用下列文字和图片的关系来说明：

- "嵌入型"，即图片作为一个对象嵌入在一行之中，图片底线在嵌入的那一行，完全作为该行的"文字"看待，甚至不能与其他布局形式的对象一齐被选中。

- "环绕型"： 即文字或其他对象环绕在图片周围，其他对象被图片挤开。（这是一行测　　试文本。这是一行测试文本。）

- "上下环绕型"即图片独占一行或多行，其他对象处于图片的上下方。

- 衬于文字下方：图片变成背景，文字背景为透明。图片位置可调，不影响其他对象。

- 浮于文字上方：图片浮在文字或其他对象上方，遮盖了其他对象。

（这也是测试文本。这也是测试文本。这也是测试文本。这也是测试文本。这也是测试文本。这也是测试文本。）

根据布局的要求，改变图片的布局，使其与文字更好地结合在一起。

除了图片以外，Office中的文本框、形状、SmartArt、图表等，都与文字或其他对象有这样的布局关系。

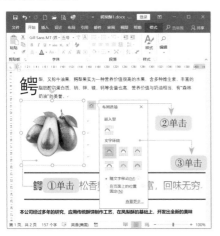 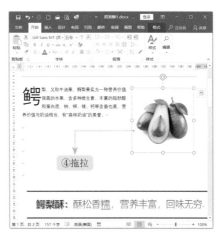

图2-44　浮动按钮提供的"布局"快速设置

操作步骤

Step 1：单击图片，选中图片对象。

Step 2：单击图片旁边的"布局选项"浮动按钮，系统弹出布局选项下拉窗，其中包含了常用的一些布局。

Step 3：单击另一种布局，例如，单击"穿越型环绕"。

Step 4：将图片拖放到需要的位置。

需要注意的是：

（1）Word中除了文字、表格以外的其他对象，如图片、形状、图表、文本框等都涉及布局的问题，其设置方法与图片是相同的。

（2）当选择除了"嵌入型"以外的其他布局时，都可以设置对象是否"随文字移动"，默认是设置对象随文字移动。即如果在前面的行或者段落增加了，对象跟随自动下移；如果前面的行或者段落减少了，对象跟随自动上移，这种版面安排对用户来说是比较省心的。所以，除了某些特殊版面的设计，一般不要改变这一选项。

（3）环绕型布局还存在图片和周围文本之间的距离，对此，可以在"布局选项"里进行调整。进入"布局选项"的方法有两种：第一，点击快速布局选项下拉窗的"查看更多…"，打开；第二，选中图片，在图片上点击鼠标右键，在右键菜单中选择"环绕文字"下的"其他布局选项"。打开布局选项窗口后，可以调整图片与周围文本的距离，操作方法如下。

图2-45　布局选项，距正文距离的设置调整

操 作 步 骤

Step 1：单击"文字环绕"标签。

Step 2：单击"四周型"或者"紧密型"等环绕方式。

Step 3：通过输入数值或点击上下箭头调整数值。

Step 4：单击"确定"按钮。

（4）当我们要"选中对象"时，如果图片或其他对象采用的是"嵌入型"布局，Word会将其作为文本看待，并不理会我们的选择，因此，这种对象似乎总是不能与其他对象一齐被选中，不能完成"组合"等操作。这时，通过改变对象的布局设置就能使之被选中。

实 用 技 巧

　　图片布局选择"浮于文字上方"时，页面上的某些文字、图片或文本框可能会被覆盖掉，如果这些对象比较小，可以拖动图片找一找，或者将图片"置于底层"即可。

从图2-46的"布局"设置窗口可以看到，布局不仅可以确定图片与文字等其他对象的"环绕"问题，还可以实际确定其"位置"或者"大小"这些具体属性参数。

图 2-46　"布局"设置窗口的位置设置和大小设置页面

可见，我们可以具体设置图片的位置和大小属性。由于可视化技术的不断发展，"位置和大小"这样的设置现今只需在编辑页面上拖拉对象的位置和大小即可实现，除非需要进行精确控制，否则是不需要专门用这些数据来调整的。

可视化设计的发展，让图片的旋转也变得异常简单，如图2-47所示，我们按住图片上方的"旋转柄"轻轻拖拉，即可旋转图片。

图2-47　利用旋转柄旋转图片

2. 图片等对象的叠放层次

在上文的"实用技巧"中我们提到的关于图片采用"环绕"或"浮于文字上方"布局时，存在可能将其他对象遮蔽的问题，实际上是一个对象在页面上的放置层次问题。

一般而言，只要对象有所交叠，就有"谁处于更上一层"的问题，处于上一层的对象会遮挡下面的对象。例如，我们在上文提到的文档中再插入一幅图片，布局调整为"环绕型"，拉到合适位置，可以看到新图片遮挡了旧图片。

图2-48　图片的相互遮挡

由于一个大文档插入了很多图片等对象，我们就难以计算谁是第几层，因此，简单地将其"置于顶层"或"置于底层"即可。

如果需要将新图片作为背景，可以将新图片"置于底层"或者将其"下移一层"，也可以将旧图片"置于顶层"或者将其"上移一层"。操作有两种方法：通过跟随式右键菜单与"格式"选项卡功能进行操作。

方法一：通过跟随式右键菜单进行操作

操作步骤

Step 1：在选中的图片上单击鼠标右键，系统弹出跟随式右键菜单。

Step 2：单击"置于底层"或者单击"置于底层"下一级菜单中的"下移一层"。

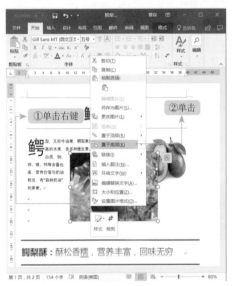 

图2-49　通过跟随式右键菜单设置图片层次　　图2-50　通过"格式"选项卡改变图片叠放次序

方法二：利用"格式"选项卡功能进行操作

操作步骤

Step 1：单击图片，选中。

Step 2：单击"格式"选项卡标签。

Step 3、Step 4：在"排列"组中选择"下移一层"或者"置于底层"。

通过以上两种方法，我们同样可以将需要置于前景的图片"上移一层"或者"置于顶层"。

2.3.4　图片格式 . . .

当单独选中一个图片对象时，功能区上会出现"格式"选项卡，提供了丰富多彩的格式设置功能，我们可以通过这些功能，进行图片格式的设置。

图片格式设置本身就是一个非常大的课题，Office给用户提供了非常多的工具，这些快速工具甚至能够使用户完成媲美专业水平的平面设计。由于篇幅的关系，我们只介绍几个常用的图片格式设置功能。图片的某些特效设置，请参见本书PowerPoint部分。

1. 图片格式

进行图片或者其他对象的格式设置的方法有两个，第一，启动"格式"选项卡；第二，打开"设置图片格式"浮动窗。Office规划了各种对象的"设置格式"方法，提供了操作规范一致的"设置格式浮动窗"，以便对象的各种效果的设置，具体步骤如下。

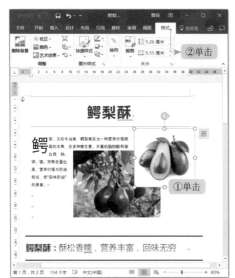

图2-51 启动图片格式设置选项卡以及打开格式设置浮动窗的方法

方法一：启动"格式"选项卡

Step 1：单击图片，选中。

Step 2：单击"格式"选项卡标签，此时，选项卡则列出各种图片格式设置工具按钮。

方法二：打开"设置图片格式"浮动窗

打开这一浮动窗的途径有两个，途径一为鼠标右键菜单：

Step 1：在图片上点击鼠标右键，系统弹出"右键菜单"。

Step 2：在右键菜单中选择"设置图片格式"，系统则弹出如图2-52所示的"设置图片格式"浮动窗口。

图2-52 "设置图片格式"浮动窗

途径二，点击"格式"选项卡"图片样式"的对话框启动器。

显然，这两个途径打开的图片格式设置是相同的。

2. 背景透明设置

在上例中，出现了一个有趣的现象，即：被移到顶层的图片，遮挡了低一层的图片，总体效果仍然不好，如图2-53所示。

有没有办法使顶层图片的白色背景部分变透明呢？答案是：可以。Office已经考虑了这种情况。

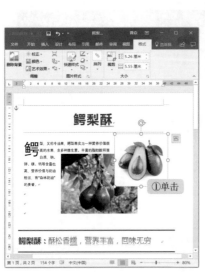
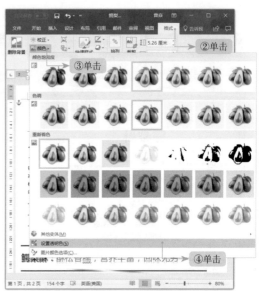

图2-53　顶层图片白色背景的遮挡与透明化

操作步骤

Step 1：单击图片，选中。

Step 2：单击"格式"选项卡标签，打开图片格式设置选项卡。

Step 3：点击"颜色"工具组，系统下拉出包含有多种预设模式的"颜色调整下拉窗"。

Step 4：在"颜色调整下拉窗"中选择"设置透明色"，此时，鼠标在选中的图片上变为"笔形"，选择一定的颜色，系统即会将此颜色变透明。

Step 5：用笔形鼠标单击白色背景，则顶层图片的白色背景会变为透明。

由于图片的背景不是统一的白色，因此，去除得不是很干净，即某些地方还留有斑驳的痕迹。如果要完全去除图片的背景，可以采用"一键背景删除法"。

"一键背景删除法"为更加便利的背景删除方法，操作方法如下。

图2-54　图片删除背景操作

操作步骤

Step 1：单击图片，选中。

Step 2：单击"格式"选项卡标签，打开图片格式设置选项卡。

Step 3：单击最左侧的"删除背景"按钮，Office即找出图片的背景并将背景转为紫红色，紫红色区域即为"被标记的删除背景"，同时功能区弹出"背景消除"选项卡。

Step 4：在"背景消除"选项卡中，当点击"标记要保留的区域"或者"标记要删除的区域"时，鼠标即变为笔状，我们可利用这支"笔"在图片中点击，来扩大或者缩小标记区域，然后，Office就会改变被删除区域。

Step 5：单击"保留更改"，系统即会删除图片背景。如果点击"放弃所有更改"，则背景不会被删除，所有的标记都被放弃，图片回到最初模样。

> **实用技巧**
>
> 如果使用"标记要保留的区域"或者"标记要删除的区域"，可以通过拖拉缩放尺，将页面放大到300%，然后细致地标记出那些需要删除的区域，或者将微小区域保留下来。

至于图片亮度和对比度校正、颜色设置和艺术效果的选用等选项，涉及图片色温、色调和滤镜处理等知识，读者可以自行尝试，在此不再赘述。

下面，我们讲解几个常用的文本图片效果，以便我们对图片格式设置的两种途径都有所了解和熟悉，帮助我们在以后的文档图片处理中获得更好的效果。

3. 图片的"快速样式"

自Office 2007开始，Office就提供了"快速样式"功能。所谓"快速样式"，就是将一系列的操作，例如：透视、边框、映像等打包形成一个"一键式快捷处理"的方法。Office提供了许多预设的"快速样式"供用户使用。目前，Office还不支持图片快速样式的自定义。

图片的快速样式可以增强图片的观感效果，突出主题。

快速样式的应用也有两种途径：第一，图片"格式"选项卡中的"图片样式"；第二，鼠标右键工具栏里的"图片样式"。分别讨论如下。

方法一，利用选项卡中的"图片样式"进行设置

操作步骤

Step 1：选中图片。

Step 2：点击"格式"选项卡标签，打开有关图片格式设置选项卡。

Step 3：点击"快速样式"，打开各种预设的图片快速样式。

Step 4：移动鼠标，箭头在各个样式中慢慢扫过去，图片的样式就会跟随变化，选择一个合适的快速样式。

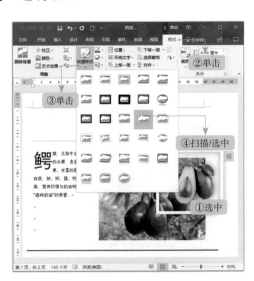

图2-55 由选项卡确定图片样式

方法二：利用鼠标右键工具栏进行操作

操作步骤

Step 1：选中图片。

Step 2：在选中的图片上点击鼠标右键；点击"样式"，系统打开预设样式列表。

Step 3：移动鼠标，箭头在各个样式中慢慢扫过去，图片的样式就会跟随变化，选择一个合适的快速样式。

4. 图片阴影设置

图片阴影是指图片作为一个整体在页面上的投影效果，这种投影效果可以突出图片

图2-56　由鼠标右键工具栏确定图片样式

的视觉效果，特别是对于那些边缘本来就是白色的图片，一定的阴影可以将图片从文本背景中隔离出来，增强图片的独立性。设置图片阴影也有两种途径：第一，图片"格式"选项卡；第二，"设置图片格式"窗。为了更好地说明阴影设置效果和调整方式，我们以"设置图片格式"窗为例予以说明。

操作步骤

Step 1：单击图片，选中。

Step 2：点击图片格式设置窗口中的"效果"选项。

Step 3：在效果选项中点击"阴影"。

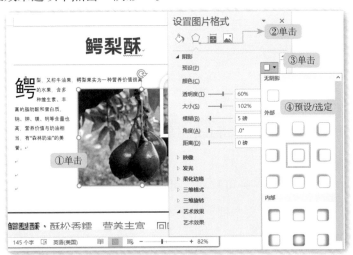

图2-57　图片阴影设置

Step 4：在阴影选项下点击"预设"，系统弹出预设的各种阴影模式，用鼠标点击各个预设模式可以看到图片阴影的变化，同时，阴影设置的各种参数也随之变化。我们可以通过比较，选定一种合适的阴影模式。

说明：如果用选项卡的"图片效果"，由于不需要提取具体的参数，所以，尝试预设阴影时，我们可以实时看到图片阴影的变化，而在图片格式设置窗中设置，则可以进一步调整各种参数。所以，各有优势。

实用技巧

一般来说，我们在某种预设模式的基础上再进行一定的调整，会达到事半功倍的效果。

5. 关于图片其他效果以及格式

除了以上提到的图片的效果以及格式，Office还提供了"映像""发光""柔化边缘""三维格式""三维旋转"等其他效果的设置，设置方法与上文介绍的阴影设置是类似的，因此，这里不再赘述。

另一方面，Office对象还有"填充与线条"属性设置。对于图片，填充是无意义的操作，所以，保持默认无填充即可；线条实际上就是图片的边框，我们可以根据工作的需求自行设置。

另外，Office给图片增加了两项非常有意义的属性：标题和说明。这两项属性不为显示或者打印成文而设，而专为有视觉障碍或认知障碍的人士所设计，即文档编撰者可以填写标题和说明信息，当文档被朗读给他人听时，我们可以读出标题和说明，增强他人对文档中的图片的理解。

2.3.5　文本框与首字下沉 ● ● ●

有时，在一整块文字或者图片等其他对象中需要嵌入文字或者图片，这就需要"文本框"来帮忙。

在Word中，文本框是指一种可移动、可调大小的文字或图形容器，我们可以根据实际工作的需要在文档中插入文本框，在文本框中输入文字或插入图片，然后把文本框设置一定的布局模式，再放置到我们需要的位置。插入文本框的具体方法如下。

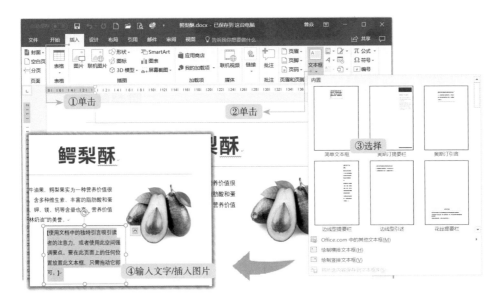

图2-58　插入文本框

操作步骤

Step 1：点击"功能选项卡"的"插入"标签，打开插入各种对象的选项卡。

Step 2：点击"插入"选项卡中的"文本框"按钮，系统弹出文本框选择下拉窗，其中，列出了六种预设格式的文本框。

Step 3：在预设格式的文本框中选择一个，则在文档中插入了这个文本框。

Step 4：在插入的文本框中输入文字或插入其他图片。

对于文本框的格式，我们首先发现Office提供了一些预设模板。这些预设模板，其实是Office的开发人员将文本框本身能够集成的一些元素进行了有限程度的集成和总结，提供给我们的一些格式，我们可以直接采用这些预设模板建立漂亮的文本框。

当然，用户也可以设计出自己喜欢的模板，虽然自己设计的模板还不能上传给Office系统成为某种"自定义文本框"，但是，我们可以通过复制粘贴对"自定义文本框"进行相关操作。

对于有美学情结的设计人士来说，有时候，设计出一款很酷的文本框，也是一件非常好玩的事。

关于文本框的格式，还有以下设置需要进行讨论。

1. 布局的问题

文本框的布局模式，与2.3.4一节所讨论的图片的布局是相同的。即在插入文本框后，首先要解决文本框与包括文字和其他对象在内的对象的布局关系。确定文本框是"嵌入"文字中还是被文字或其他对象"环绕"，是"衬于文字下方"还是"浮于文字上方"。

改变文本框布局的操作方法为：

Step 1：单击图片旁边的"布局选项"浮动按钮，系统弹出布局选项下拉窗，其中包含了常用的一些布局。

Step 2：选择合适的布局。

文本框本身就是能够随意调整大小、位置的容器，因此，最常用的"简单文本框"插入文档后直接就是"四周环绕型"布局，以便可以与文档其他对象的位置匹配。

2. 样式

除了提供大量的预设模式文本框以外，Office也为文本框提供了大量的样式。选用文本框样式的方法有两个，方法一如图2-60所示，即通过"格式"选项卡设置。

我们要改变以"奥斯汀引言"模式插入的文本框的样式，操作步骤如下。

Step 1：单击文本框，选中，这时功能选项卡中即会出现"格式"标签。

Step 2：单击功能选项卡"格式"标签。

Step 3：单击"样式"下拉列表按钮，系统下拉出各种预设的样式。

Step 4：移动鼠标，用箭头逐个接触这些样式，我们选中的文本框就会按照这个样式的格式呈现出来，我们只需根据需求选定一个即可。

另一个进行样式设置的入口是鼠标右键快捷工具，如图2-61所示。

Step 1：单击文本框，选中。

Step 2：在文本框上单击鼠标右键，系统弹出右键工具栏和右键菜单。

图2-59　文本框布局调整

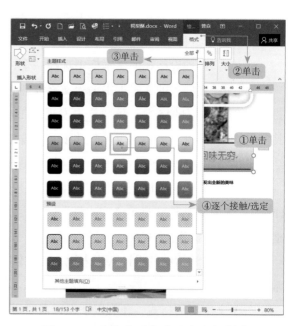

图2-60　通过选项卡选用文本框样式

Step 3：单击右键工具栏中的"样式"，系统弹出预设的各种文本框样式。

Step 4：用箭头逐个接触这些样式，然后选择一个满意的。

可以看出，Office的文本框预设样式就是文本框填充、边框以及某些阴影或三维效果的集成。

我们可以根据自己的要求设置这些属性。

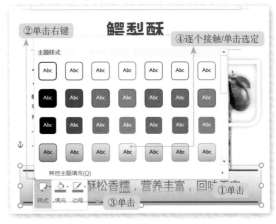

图2-61　通过鼠标右键工具栏选择文本框样式

3. 填充与边框

从上面的操作可以看出，文本框的填充与边框也是被放到了鼠标右键工具栏中的基本操作。

先说边框设置。文本框的边框本来是将文本框本身刻画或者分割出来的边缘，边框设置得好，可以为文本框增色，但有的文本框已经有填充效果了，此时，边框就显得有些多余，这时我们可以设为"无轮廓"。调整文本框的边框有三个途径：第一，"格式"选项卡；第二，鼠标右键工具栏；第三，文本框效果设置窗。

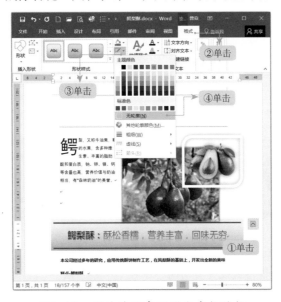

图2-62　通过选项卡设置文本框边框

方法一：通过"格式"选项卡设置

操作步骤

Step 1：单击文本框，选中。

Step 2：单击功能选项卡"格式"标签。

Step 3：单击"形状轮廓"下拉按钮，系统下拉颜色卡和其他选项。

Step 4：单击选择某种颜色，可以进一步确定轮廓线条粗细、虚实，或者单击选择"无轮廓"。

通过以上步骤，即设定了一个文本框的轮廓线条形式。本例中，我们选择的是"无轮廓"，如图2-62。

利用鼠标右键工具栏进行文本框边框的设置操作与此基本相同，读者可自行尝试，在此不再重复介绍。

方法二：通过文本框效果设置窗设置

在选中任意文本框后，有两个途径可以打开"设置形状格式"窗：第一，对话框启动器；第二，鼠标右键菜单。

途径一即在"格式"选项卡单击"形状样式"或者"艺术字样式"的对话框启动器，系统即会弹出"设置形状格式"窗。

途径二是进行对象属性设置的一条常规通道，即在选中的文本框上点击鼠标右键，再单击选中右键菜单的最后一项"设置形状格式"，系统同样会弹出相同的"设置形状格式"浮动窗。

图2-63　启动文本框格式设置窗的两个途径　　　图2-64　文本框效果设置浮动窗

文本框效果设置浮动窗与我们前面提到过的"设置文本格式""设置图片格式"浮动窗非常相似。这其实是一个功能划分规整、属性设置多样的操作窗口，对不同的对象会呈现不同的格式。此浮动窗打开后，可以在各种对象之间切换，相应设置内容会自动匹配选中的对象。

对于文本框的"设置形状格式"窗口，多出来了一对第二层选项："形状选项""文本选项"，这是因为文本框不仅本身形状的格式有许多属性可以设置，文本框内的文字也可以进行各种格式设置，成为漂亮的艺术字。

在文本框效果设置浮动窗，也可以方便地设置文本框的填充与边框，如图2-65所示：

图2-65 文本框填充与线条效果实例

设置图2-65的左图所示的纯色文本框步骤为：

Step 1：单击文本框，选中。

Step 2：单击"设置形状格式"浮动窗上的"形状选项"，将设置对象确定为文本框本身而不是其中的文字。

Step 3：单击"填充"选项中的"纯色填充"。

Step 4：单击"颜色"选项，选择一种合适的颜色。

由图中可以看出，线条的选择是非常直观的，这里不再细述。

图2-65的右图的例子显示了第二个测试文本框的填充与线条，首先，在选中这一文本框后仍然要注意将设置对象确定为"形状选项"；然后，作为边框的线条被设置为"无线条"；第三，填充被选为"渐变填充"，略微调整渐变参数，即可获得实例中的结果。

4. 文本框阴影及其他效果设置

文本框阴影可以使整个文本框从背景里突出出来，具有更好的视觉效果。设置方法如图2-66所示：

Step 1：单击文本框，选中。

Step 2：单击"设置形状格式"浮动窗上的"形状选项"，将设置对象确定为文本框本身而不是其中的文字。

Step 3：单击中间的"效果"选项，打开文本框效果设置选项。

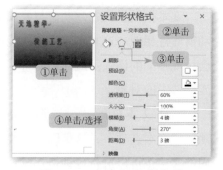

图2-66　文本框阴影设置

Step 4：点击"阴影"，在预设阴影中选择一种，然后可以调整"透明度""大小"等参数，获得满意效果。

可以看到，与图片和文字完全一样，"效果"设置除了"阴影"以外，还有"映像""发光""柔化边缘"和"三维格式"几项，设置方法与上述阴影设置类似，这里不再展开讨论。

5．文本框布局属性设置

改变文本框布局的方法如图2-67：

Step 1：将文本框"形状选项"选择到"布局"选项。

Step 2：单击"垂直对齐方式"选项或者其他选项修改设置。

其他属性均可通过更改数据进行调整，其中"边距"是指文本框文字距离文本框边缘的距离。对于细小的文本框，为了保证文章显示完整，可以调整上下边距。

图2-67　文本框布局设置

"可选文字"可用来帮助残障人士通过屏幕阅读器来读出图片的介绍。

6．文本框文本选项设置

文本框内的文字可以具有一定的字体或字号，甚至可以设计为艺术字，调整方法如图2-68：

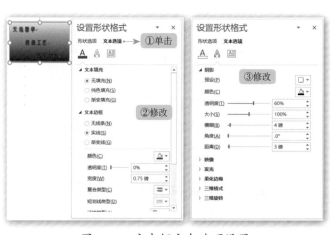

图2-68　文本框文本选项设置

Step 1：点击"文本选项"，把文本框"设置形状格式"的对象选择切换到文本。

Step 2：点击"文本填充与轮廓"，可以改变文本填充方式或文本线条。

Step 3：点击"文本选项"的"文字效果"，我们可以按照艺术字的设置给文本框中的文字设置漂亮的字体效果。

7. 关于插入艺术字的说明

我们可以在文档中插入艺术字，操作方法如下。

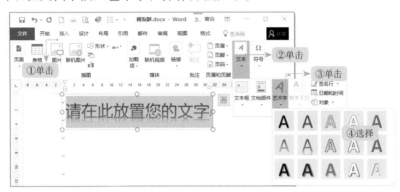

图2-69　文档中插入艺术字

操作步骤

Step 1：单击"功能选项卡"中的"插入"标签，系统打开"插入"选项卡。

Step 2：点击"插入"选项卡中的"文本"。

Step 3：单击"艺术字"，系统打开艺术字选择窗。

Step 4：在艺术字选择窗中选择一种合适的艺术字。

从以上操作步骤可以看到，插入艺术字功能实际上就是由系统一次性生成一个文本框，并且将其中的文字设置为具有特定填充、边框、阴影、映像等效果。

8. 首字下沉

在有些文档中，为了突出文档段落开头，可以设置第一个字符变大并且下沉数行，以获得特殊的视觉效果。操作方法如下。

Step 1：将光标停留在需要首字

图2-70　首字下沉

下沉的段落前。

Step 2：点击功能选项卡"插入"标签。

Step 3：点击"插入"选项卡"文本"组中的"首字下沉"。

这时，Office就会将这一段的第一个字符增大数倍，并下沉到下面数行。

点击被增大的字符，我们看到，实际上，Office是将首字符提取出来，放大后放入了一个文本框或"图文框"对象，再将这一文本框插入段落开头而已。

2.3.6 设置页面背景，制作"精品菜单"

页面背景的优势是巨大的。设置了页面背景后，整个文档的每一个新增页都将采用这一背景。这时，操作者只需考虑在这一背景下加入其他内容，而整个文档都将具有风格一致的背景。这一功能，给快速编制某些介绍型文档提供了方便。

我们以制作一个"精品菜单"为例，介绍页面背景的添加。

将图片设为页面背景的操作步骤如图2-71所示：

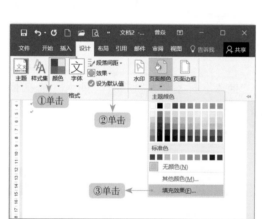
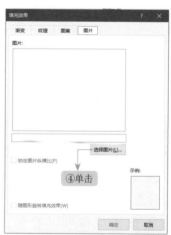

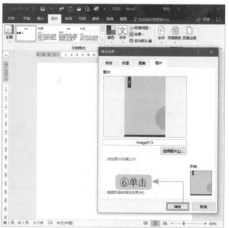

图2-71　设置页面背景图片

操作步骤

Step 1：对于一个新建文档，点击功能选项卡上的"设计"标签，系统即打开与文档的设计相关的选项卡。

Step 2：单击"页面颜色"功能按钮，系统下拉颜色选择窗。

Step 3：单击选择"填充效果"功能，系统弹出"填充效果"设置窗。

Step 4：在填充效果窗口中选择第四页"图片"，单击"选择图片"，系统弹出图片选择窗口。

Step 5：在图片选择窗口找到需要的图片，双击，则该图片被选择到了"填充效果"设置窗口。

Step 6：单击"确定"按钮，所选图片即作为背景图片被设置为文档的背景。

如图2-72所示，加入了设计的封面和其他设计图片后形成了一个"精品菜单"。

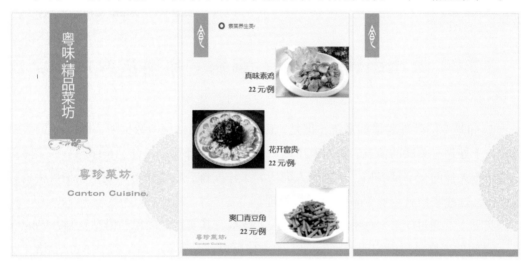

图2-72　设置图片作为背景的文档

说明：

1. 从上述讨论可以看出，按照Word设计，文档背景还可以采用某种颜色、某种纹理或某种图案，但是在实际应用中这种背景并不常见，因为如果所用素材没有特色，任何背景都没有白色背景耐看。

2. 背景图案不能太突出，否则，会扰乱前景文字与图片的表达。

3. 背景图案应该有某种意向、某种隐含的意义，这样才不至于"费力不讨好"。

基于以上内容，页面背景颜色等选项的设置在此不再赘述。

2.3.7　水印

这里所说的水印是指作为暗纹背景的文字或图案，打印出来时起到提示的作用。某些特殊文档，例如试卷答案，加上"机密"水印后便有所标识了。加水印的操作方法如图2-73所示：

操作步骤

Step 1：点击功能区选项卡中的"设计"标签。

Step 2：点击选项卡"页面背景"组里的"水印"功能，选择一个水印或者选择"自定义水印"。

Step 3：设置后点击"确定"。

通过以上步骤，即可获得作为背景的水印效果。

图2-73　　Word文档添加水印

2.3.8　表格编辑与美化，编制"年终庆典活动流程表"

Excel是专门处理表格的系统，但是，Excel处理的表格偏向数据型，即Excel的表格更偏向于处理有关联的信息，并对其中的数值内容进行计算、统计、排序等。而实际工作中还有大量的文字型表格，例如个人简历、工作安排、申请表等，利用表格可将内容规格化，这些表格就需要Word表格进行处理。

实际上，通过OLE（对象的链接与嵌入）技术，其实就是简单的信息复制，Word和Excel之间的表格是可以相通的：Excel中的表格可以粘贴到Word中，变成Word表格，反之亦然。

总体而言，表格分为两大类型。第一类是所谓的表单型表格，例如一个报名表，特点是每一个栏目有各自的内容。另一类是列表，例如人员名录，这是典型的二维表格，一个维度是项目，另一个维度是记录分布。一般来说，只要不是偏重数据计算或统计，都可以用Word来处理。下面，我们以制作一个较为复杂的"年终庆典活动流程表"为例，来说明Word表格制作的各种技巧。

1. 插入表格

我们在制表前的第一个任务是对表格进行规划，例如，一个活动流程表实际上跟日程安排表是类似的，都是以时间为次序、以活动为内容的，如果进行时间上的细化，还可以分成多栏，活动也一样。因此，可以将一个"活动流程表"规划为：时间两栏，活动两栏，人员一栏，备注一栏。制作方法多样，分别介绍如下。

方法一：插入简易表格

操作步骤

Step 1：将光标停留在需要插入表格的位置。

Step 2：单击功能选项卡"插入"标签，打开"插入"选项卡。

Step 3：点击"表格"，系统下拉列表给出了"直接拉出表格""插入表格""绘制表格"等选择。

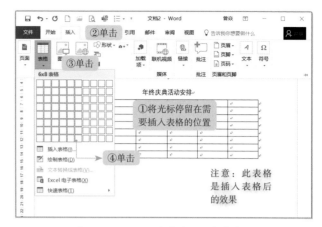

图2-74　Word文档插入简易表格

Step 4：移动鼠标，用箭头在表格上拉一个6×8的表格，然后在右下角最后一格上单击。

Word即在选定位置插入了一个6列8行的简易表格。

方法二：另一种简易表格

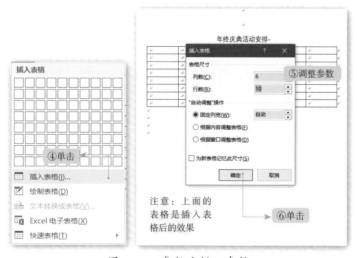

图2-75　参数法插入表格

操作步骤前三步与方法一相同，其余步骤为：

Step 4：选择"插入表格"，系统弹出插入表格的参数确认窗口。

Step 5：调整参数。

Step 6：单击"确定"或直接在键盘上按回车键。

方法三：绘制表格

操作步骤前三步与上面介绍的两个方法相同，第四步选择"绘制表格"，光标即变为一个笔形，我们可用这支"笔"画出一个个单元格，组成表格。具体步骤这里不再详述。

方法四：Excel电子表格

操作步骤前三步同前面的方法相同，第四步选择"Excel电子表格"，则如图2-76所示。这时，在Word文档中即嵌入了一个Excel表格。你可以在这个嵌入的Excel表格中，完全按照Excel的操作方式录入信息、进行统计计算、设置边框填充等，最终，这都作为一个Excel表格对象嵌入到了word文档之中。

当然，表格中的数据可以从Excel数据表中复制过来。

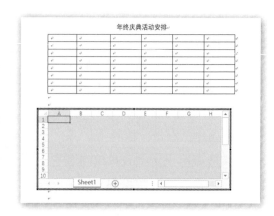

图2-76　嵌入的Excel表格

方法五：快速表格

操作步骤前三步同前面的方法相同，第四步选择"快速表格"，则如图2-77所示，系统弹出Office内置的一些表格模板，你可以选择一个模板，修改后使用。

也许是为了防止模板库数量庞大以致难以维护，Office并没有开放自定义表格模板功能。

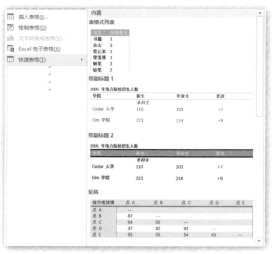

图2-77　利用"快速表格"建立表格

2. 表格的行宽、列宽与样式

直接插入的表格往往是：行宽由字体决定，列宽均匀分布。这样的表格，需要经过我们的调整、合并、设置，才会变为一个合适的工作表格。

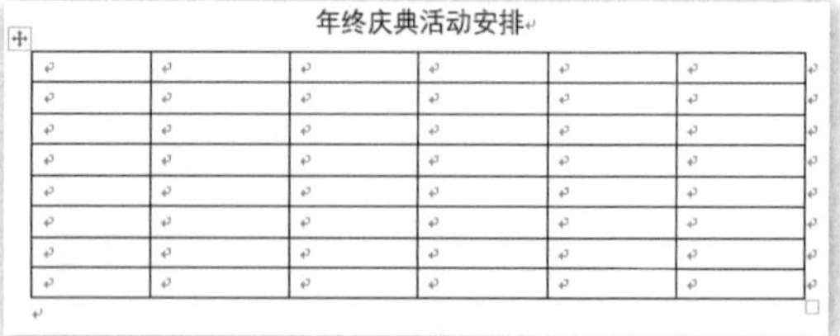

首先是行宽或列宽的调整，Word提供了非常方便的拖拉式整体行宽、列宽调整法，如图2-78所示：

图2-78　表格行宽和列宽的整体拖拉修改

光标接触表格时，表格右下角即会出现一个小方块，我们只需按住鼠标左键同时拖拉小方块，整个表格的行宽就可以进行整体性调整。

实用技巧

　　在拖拉调整的过程中，可以按住鼠标Alt键进行更为精细的调整，或者是
微调。

　　除了整体的行宽、列宽调整，Word还能非常方便地调整单行的行宽或列宽：只需
用鼠标在行或列的标线处拖拉即可，并且，Word提供了更为精确的调整方法：将鼠标
箭头放在表格任意一行，此时箭头将变成等待手工拖动的形状，按下鼠标左键，同时按
下Alt键，标尺上就会出现每行高度的提示，同样可以精确调整列宽。

　　另外，按住Shift键的同时拖动表格线，只改变该表格线左方的列宽，其右方的列宽
不变，整个表格的宽度将有变动；按住Ctrl键的同时拖动表格线，表格线左边的列宽改
变，增加或减少的列宽由其右方的列共同分享或分担，整个表格的宽度不变。

　　除了鼠标拖拉法，还可以通过"表格属性"窗口进行调整，调出"表格属性"设置
窗有两种途径：第一，表格"布局"选项卡，"表"组中的"属性"；第二，鼠标右键
菜单。方法如图2-79所示：

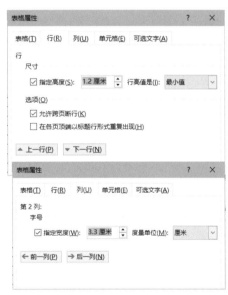

图2-79　打开"表格属性"设置窗口的两种途径　图2-80　"表格属性"窗口设置行宽和列宽

　　如图2-80所示，打开"表格属性"窗口后，切换到"行"页面，修改"指定高
度"的数据；切换到"列"页面后，修改"指定宽度"的数据，则光标所在单元格那一
行的行距和那一列的列距都被调整到指定的数据。

　　Word除了在插入新表格时提供了"快速表格"模板，还为表格设计提供了大量的
表格样式。直接套用样式，就能获得美观大方的表格，应用表格样式的操作如下。

操作步骤

Step 1：将光标停留在表格上。

Step 2：点击功能区选项卡靠右的那个"设计"标签，系统打开表格"设计"选项卡（注意：靠左的那个"设计"标签实际上是文档本身的"设计"选项卡）。

Step 3：移动鼠标，用箭头触碰表格样式中的各种样式，表格即会按照样式展现出来。当看到满意的样式时，选定即可。

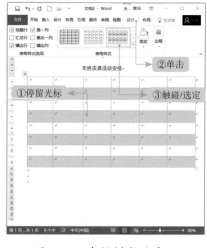

3. 选中表格单元格

图2-81 表格样式的采用

要操作表格首先要学会如何选中单元格。选中单元格的基本方法与1.3.1一节中所讨论的选中文字类似，最简单的方法就是用鼠标按住拖拉：即从起始单元格起，按住鼠标左键向右或者向下拉动，直至终止单元格，即可选中从起始单元格到终止单元格包括中间的所有单元格。

第二个方法为键盘法：按住Shift键+上下左右移动键（或按PgUp、PgDn键）。

第三个方法是整行或整列选中法：在某行左侧或某列上部空白处点击鼠标。

第四个方法是表格快速全选中：当光标停留在表格中时，表格左上角会出现一个带框的小十字星，点击这个带框的十字星，即可选中整个表格。

4. 单元格的合并与拆分

在表格内录入数据时首先会遇到表格单元格需要调整的问题，例如，在总的时间下需要划分更细的时间段，或者是在大类别下还需要设置小类别等类型的处理。

单元格合并的方法有三个：第一，鼠标右键菜单法；第二，利用表格本身的"布局"选项卡功能；第三，线条擦除法。方法如下。

方法一：鼠标右键菜单法

操作步骤

Step 1：选中需要合并的单元格。

Step 2：在选中的单元格上点击鼠标右键。

Step 3：在鼠标右键菜单中选择"合并单元格"。

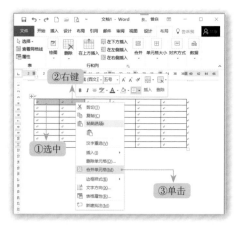

图2-82 利用鼠标右键菜单合并单元格

方法二：利用表格本身的"布局"选项卡功能

操作步骤

Step 1：选中需要合并的单元格。

Step 2：点击功能区选项卡标签中靠右的那一个"布局"标签，这个标签下面是表格布局的选项卡（注意：靠左的那个"布局"标签实际上是文档本身的"布局"选项卡）。

Step 3：点击"合并"功能下的"合并单元格"。

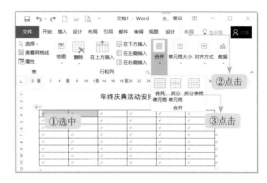

图2-83 利用"布局"选项卡合并单元格

方法三：线条擦除法

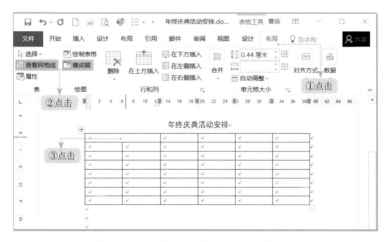

图2-84 利用线条擦除法合并单元格

操作步骤

Step 1：将光标停留在表格中，点击表格"布局"选项卡标签。

Step 2：点击"绘图"组中的"橡皮擦"功能，鼠标图标即变为一块"橡皮擦"。

Step 3：用"橡皮擦"点击要擦除的线段即可。

单元格拆分与单元格合并的操作完全类似，读者可自行尝试，在使用最后一个方法时将"橡皮擦"改为"绘制表格"即可。

5．插入行与插入列

表格操作经常需要增加行或列，这就需要进行插入行或插入列的操作。插入方法有以下三种：第一，直接插入法；第二，选项卡操作法；第三，鼠标右键操作法。方法如下。

方法一：直接插入法

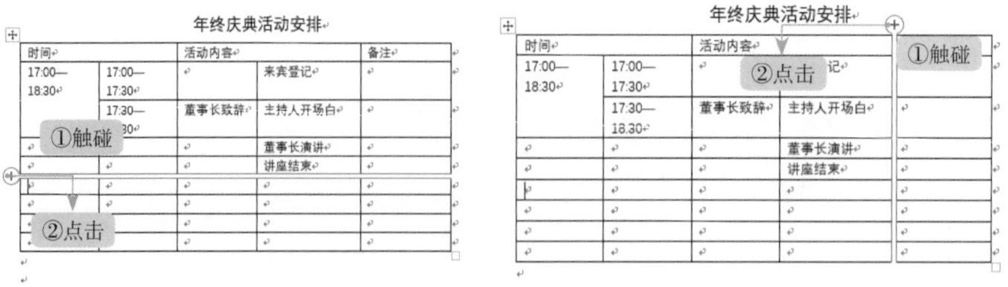

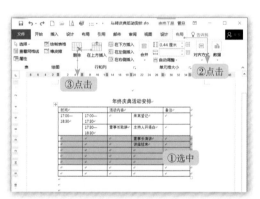

图2-85　直接插入行或列

操作步骤

Step 1：用光标接触表格行线开头位置，或者是列线开头位置，这时，光标会转变为开口的⊕┼或者⊕╀。

Step 2：点击那个开口圆环与加号，则系统会插入一行或一列。

> **实用技巧**
>
> 　　直接插入行最直接的方法是将光标停留在表格右侧外部的任意一个回车换行符上，然后按回车键，系统即会自动插入一个新行。

方法二：选项卡操作法

操作步骤

Step 1：在表格上选定多行（如果要插入列就选中多列）。

Step 2：单击功能选项卡右侧那个"布局"标签，打开表格的"布局"选项卡。

Step 3：单击"在上方插入"或者"在下方插入"（如果要插入列就在选中多列后点击"在左侧插入"或者"在右侧插入"），系统就会插入选中的行数的空行（或者选中列数的空列）。

图2-86　利用选项卡功能插入行或列

当然，如果不想一次插入多行或者多列，则不必执行Step 1中的"选中多行（或多列）"操作。

方法三：鼠标右键操作法

鼠标右键操作法实际上既包括了鼠标右键工具栏，还包括了鼠标右键菜单，如图2-87所示：

操作步骤

Step 1：选中多行（或者多列）表格。

Step 2：在表格需要插入行（或者列）的单元格上点击鼠标右键。

Step 3：点击右键工具栏或者右键菜单上的"插入"功能。

Step 4：选择"在上方插入行"／"在下方插入行"（或者"在左侧插入列"／"在右侧插入列"）。

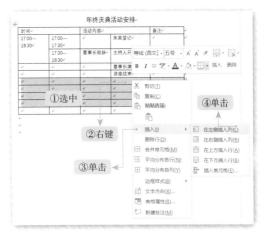

图2-87　鼠标右键菜单插入表格行

6. 表格边框与底纹

表格一般需要设置边框，以隔离内容，获得独立的内容项目。表格边框、底纹设置一般也有两个方法：第一，选项卡功能操作法；第二，利用边框底纹设置窗口进行操作。

方法一：选项卡功能操作法

操作步骤

Step 1：选中表格。

Step 2：点击功能选项卡的表格"设计"标签。

Step 3：单击"边框"功能按钮。

Step 4：在"边框样式"中选择合适的边框，并确定其宽度、颜色。

Step 5：单击"边框"选项，确定哪部分边框采用选定的边框样式。

底纹设置前两步与上步骤相同，第三步单击"底纹"功能按钮，打开底纹设置下拉窗后选择合适的颜色即可（如图2-89）。

方法二：利用边框底纹设置窗口进行操作

表格边框还可通过"边框底纹"设置窗

图2-88　利用选项卡进行表格边框设置

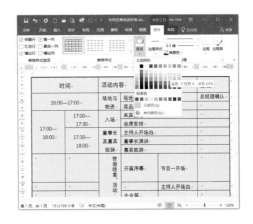

图2-89　利用选项卡进行表格底纹设置

口进行设置。

打开这一窗口的途径有三个：第一，鼠标右键菜单中的"表格属性"；第二，表格"布局"选项卡中的"表格属性"；第三，表格边框或底纹对话框启动器。操作步骤如下。

途径一：鼠标右键菜单的"表格属性"

操 作 步 骤

Step 1：选中表格的部分单元格。

Step 2：在选中的单元格上单击右键，系统弹出右键菜单。

Step 3：在右键菜单中选择"表格属性"，系统打开"表格属性"窗口。

Step 4：在"表格属性"窗口中，单击"边框和底纹"按钮，系统即弹出"边框和底纹"设置窗。

途径二：表格"布局"选项卡的"表格属性"

操 作 步 骤

Step 1：将鼠标停留在表格内部。

Step 2：在"布局"选项卡中，单击"属性"功能，系统打开"表格属性"窗口。

Step 3：在"表格属性"窗口中，单击"边框和底纹"按钮，系统即弹出"边框和底纹"设置窗。

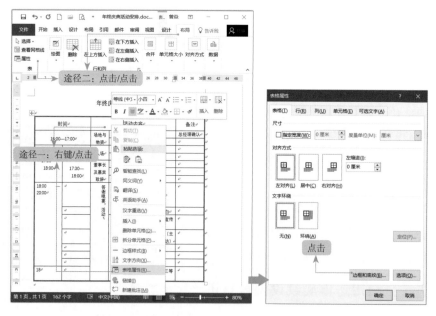

图2-90　通过"表格属性"启动"边框和底纹"设置窗口

途径三：单击选项卡"边框"对话框启动器

操作步骤

Step 1：将光标停留在表格中。

Step 2：单击"设计"选项卡中"边框"的对话框启动器，系统打开"边框和底纹"设置窗。

图2-91　利用选项卡对话框启动器打开

说明：

1. 在"边框和底纹"设置窗口中，可以方便地进行表格边框和底纹的设置。

2. 如前文所述，在表格的"设计"选项卡中，可以直接挑选"表格样式"。表格样式是Office提供的一些预设的表格边框和底纹样式，让用户可以快速获得一张漂亮的表格。

3. Office开放了"表格样式"的定义权限，即用户可以自定义出自己喜欢的表格样式。

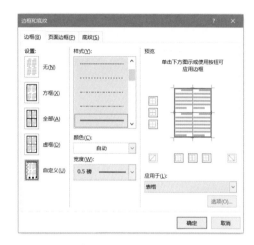

图2-92　表格"边框和底纹"设置窗

4. 如果选中表格的部分单元格，则所设置的边框和底纹对选中的单元格起作用，由此，我们可以获得不同行、列具有不同边框或底纹效果的表格。

温馨提示

在现代办公领域里，Office中处理表格型信息更专业、更强大的工具是Excel，而Excel表格可以复制到Word文档之中，因此，大型一些的表格一般都用Excel进行处理和设置。

2.3.9　表格与文本的转换

Word中的表格和文本可以方便地相互转换。

1. 将文本转换为表格

有时，我们可以通过某种方式获得一组相关的文字，例如，广东省各市的名称，需要将其放入表格，则直接通过相关操作将文本转换为表格即可。

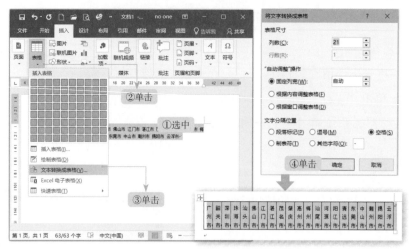

图2-93　文字转换为表格

操作步骤

Step 1：选中需要转换的文本，这组文本往往是有规律的，例如，各项之间为空格。

Step 2：单击"插入"选项卡"表格"功能，系统下拉插入表格的各种功能。

Step 3：在"插入表格"功能中，单击"文本转换成表格"，系统弹出"将文字转换成表格"选项窗口，窗口中列出了列数与行数，列数是基于空格分隔的字符项数，行数是基于选中文本的行数。

Step 4：在"将文字转换成表格"选项窗口单击"确定"，系统即将选中文字转换成了表格。

2. 将表格转换为文本

我们也可将表格转换为文本，介绍如下。

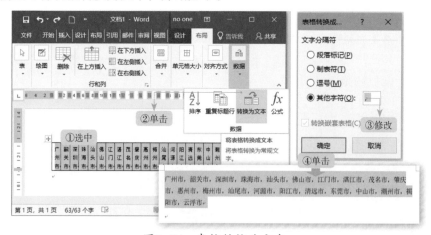

图2-94　表格转换为文本

Step 1：选中表格。

Step 2：单击"布局"选项卡"数据"组中的"转换为文本"功能，系统弹出"表格转换成文本"窗口，默认文字分隔符为制表符，此项可以修改。

Step 3：在"表格转换成文本"窗口将"文字分隔符"改为逗号"，"。

Step 4：单击"确定"，系统即将选中表格转换成了文本。

2.3.10 插入图表，制作"公司销售年终总结"

在文档中，经常需要一些柱状图、趋势图之类的图表来说明数据趋势，例如撰写"部门年终总结"可能需要说明年度、月度的工作量（或销售额）统计状况，撰写"市场分析报告"也需要说明某种指数（例如价格）的市场发展趋势等等，此时，图表几乎是必不可少的工具。Word提供了直接插入图表的功能。插入图表的方法如下。

操作步骤

Step 1：在Excel工作簿中选中某一个图表，复制之。

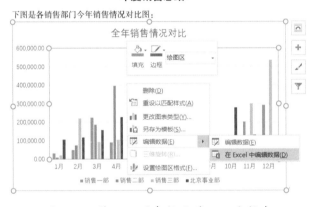

图2-95 将Excel图表粘贴到Word文档中

Step 2：在Word文档需要插入图表的位置粘贴此图表。

Step 3：拖拉调整图表的大小和宽窄。

说明：

1. 可以看到，实际上是将一个Excel图表嵌入到了Word中，利用Excel的图表功能来获得柱状图、趋势图等。即使是在Word"插入"选项卡插入图表，也是嵌入一个Excel图表。

2. 图表可以进行格式设置，但不能随意修改图表本身各项值的大小，例如，若要修改某月度柱状图中柱体的高低，必须通过修改（生成）图表的数据来实现。

3. 一般而言，利用Excel基于已有数据做出各种趋势图、对比图的方法，几乎成了作图需求的第一选择，原因就在于Excel提供了丰富的作图功能，并且，其图表能够方便、直接地嵌入Word文档中。

2.3.11 利用"形状"等绘图工具，制作"业务流程图"

"形状"不仅是一个简捷的画图工具，而且，由于有的形状本身就是一个容器，可以在其中添加文字，所以，"形状"是制作一些漂亮文本框的基础。

利用Word提供的形状画图工具，制作"业务流程图"的实例如图2-96所示：

操作步骤

Step 1：单击"插入"选项卡标签。

Step 2：单击"插图"组的"形状"功能，系统通过下拉窗列出被归为"线条""矩形"等六类形状，并给出"最近使用的形状"。

Step 3：在下拉列表窗中选择合适的形状，单击。

Step 4：编辑窗中的光标变为了一个十字，按住鼠标左键拖拉，即可画出选中的形状。

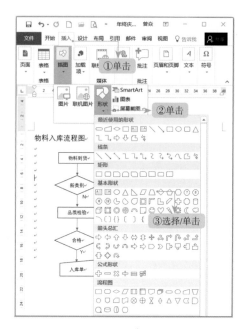

图2-96　文档中插入形状

说明：

1．Office几个主要的组件中，"形状"的用法和设置相同。

2．容器类的形状均可插入文字，成为有特殊形状的文本框。编辑方式为：在形状上点击鼠标右键，然后选择"编辑文字"功能。

3．可以对形状进行"阴影""映像"等属性设置，获得特殊的效果格式。

4．形状图形也有布局选项，同样遵循"嵌入""环绕"等布局方式。

5．Word中的形状多用于表现流程、概念或过程等文字辅助性图形。在PowerPoint中，通过对形状各种属性的灵活应用，可获得丰富多彩的设计效果。如果需要更好地学习形状的编辑和特效，请参阅本书PowerPoint的有关章节。

6．如果需要画出更为复杂的各类图形，可以利用Office的一个专门的画图软件Visio进行相关操作。

实用技巧

凡是容器型的形状，都可以通过填充图片，从而获得具有特殊边框的图片。相关特效制作方法，请参见本书PowerPoint部分的相关内容。

2.3.12 利用SmartArt编制"组织结构图"

自Office 2007开始，Office就提供了一整套可动态调整设置的图形组合，这些组合的图形利用各种形状的组合、布局，一方面给用户提供了多种多样的组织好的图形布局，用于展现某些信息单元之间的关系，另一方面使各种信息列表的图形表现形式更加精美。

由于SmartArt是Office各个组件共同具有的通用对象，所以，详细的应用方法我们放入了第五章，作为通用对象来讨论。这里，仅以"组织结构图"为例简要说明SmartArt的用法。

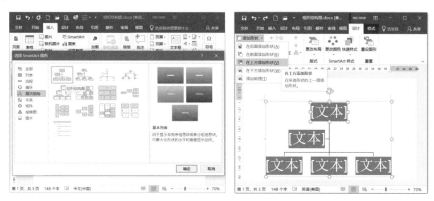

图2-97　SmartArt图形应用——组织结构图

操作步骤

Step 1：单击"插入"选项卡"SmartArt"功能，系统弹出"选择SmartArt图形"窗口（图2-97的左图）。

Step 2：在"选择SmartArt图形"窗口中选择合适的图形，例如，选择"组织结构图"，则系统会回到编辑窗（图2-97的右图），并插入树形结构的组织结构图。

Step 3：对新插入的SmartArt图形进行编辑调整，例如，利用"设计"选项卡的"添加形状"根据需要添加新的节点和内容，并且，调整字体至合适大小。我们可以改变每一个单元的填充，也可改变整个图形的填充作为背景色。

最后获得的利用SmartArt图形编制的组织结构图如图2-98所示。

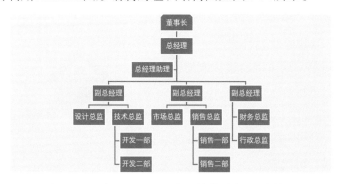

图2-98　利用SmartArt图形制作的组织结构图

2.3.13　对象的选择与组合 ● ● ● ●

Word中的文本是作为背景的基本元素看待的，因此，Word中的对象包括各种形状、文本框、图片等，但不包括文字。

选择对象的方法一般有：一，拖拉法；二，点选法。

拖拉法的操作途径为："开始"选项卡—"编辑"组—"选择"—"选择对象"功能，当光标变为一个拖拉箭头时，按住鼠标左键在具有多个对象的区域拖拉，则区域内的对象被"集体选中"。

点选法即按住键盘的Shift键，点击需要"集体选中"的对象，直至所有需要的对象都被选中。

选择对象有如下技巧：

1．一般包括图片、文本框、绘图形状、SmartArt等对象，作为除文字以外的"对象"，在非"嵌入型"布局状态下，都可以被"集体选中"，只有被"集体选中"的对象才能组合到一起。

2．上述对象，在"嵌入型"布局时，会作为文本的一部分被选中，但不能跟其他非"嵌入型"对象一起被"集体选中"，因此，不能与其他对象组合。

组合对象的方法如右图所示：

操 作 步 骤

Step 1：利用各种形状画出需要的对象，然后"集体选中"多个对象。

Step 2：在选中的对象上点击鼠标右键。

Step 3：在右键菜单中选择"组合"功能。

注意：对象组合后，其布局模式可能会发生变化，需要我们重新设置一下组合后的"大对象"的布局模式。

除了右键菜单操作法以外，同样在选中多个对象后，再在对象的"格式"选项卡中进行组合操作，方法类似，这里不再具体讲述。

被组合后的对象，还可以通过"取消组合"变为独立的对象，进行修改或移动。

对象组合的最大优势是保证了相关的文本框、图片等对象在文档编辑调整过程中的整体性，对象被组合后，可以作为一个整体进行被移

图2-99　形状对象组合的方法及效果

动或者被复制等操作。

例如，自己设计一套类似于SmartArt"关系"组中的"平衡"组件，形式甚至还可以更加活泼。如图2-99下部的效果图所示。

2.3.14 利用分栏与公式编辑器，编写"科技论文"

1. 分栏

分栏是一些杂志、报刊为了节省版面，使内容更加集中的一种排版方式。

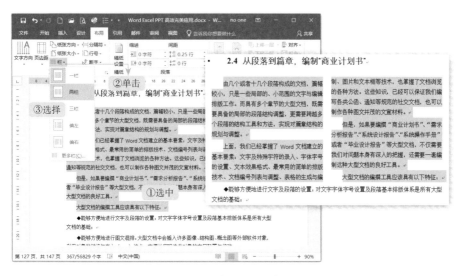

图2-100 段落分栏操作及效果

操作步骤

Step 1：选中需要分栏的段落。

Step 2：单击"布局"选项卡标签中的"栏"。

Step 3：选择一个分栏效果，例如"两栏"。如果对分栏有特殊要求，例如需要设置分栏之间的间距，则可以单击"更多栏"，系统将打开分栏窗口，进行设置即可。

2. 公式编辑器

Office在早期版本中一直可以安装公式编辑器2.0或3.0版（Equation Editor 2.0 or 3.0），但在安装了2018版1月的所有版本中的已删除公共更新（PU）的系统中，出于安全性的考虑，已不支持公式编辑器2.0或3.0版本。

（1）传统公式编辑器的使用

虽然新的Office用户必须用新的公式编辑器，但是，有三类用户仍然可以使用传统的嵌入公式对象的方法进行公式的建立和编辑：①未安装2018版1月公共更新的用户；②使用MathType公式编辑器的用户；③使用WPS Office的用户。传统公式编辑器的进入方法如图2-101所示：

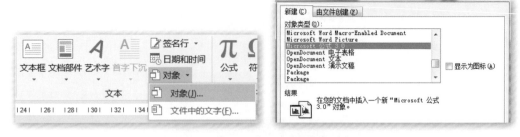

图2-101　传统公式编辑器对象的插入

操作步骤

Step 1：在"插入"选项卡上的"文本"组中，单击"对象"。

Step 2：在"插入对象"选择窗口中选择"Microsoft 公式 3.0"，单击"确定"按钮，系统在编辑窗口即插入了如图2-102所示的公式编辑窗口。

说明：

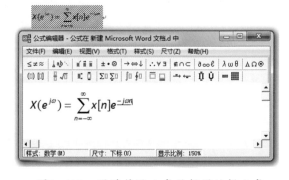

图2-102　通过传统公式编辑器编辑公式

1．传统公式编辑器创建的公式在Word文档中是一个嵌入对象，因此，其大小（包括字符大小）都可以通过拖拉确定。

2．传统公式编辑器将公式中需要用到的各种符号归为了19类，需要使用符号时到相关类别中寻找，然后单击需要的符号即可。

（2）新公式编辑器的使用

对于使用微软2018版1月公共更新（PU）版Office的用户，在双击旧公式编辑器创建的公式时，系统会弹出提示窗口："此公式使用公式编辑器3.0创建，不再受到支持。有关如何编辑此公式的信息，请单击'帮助'。"也就是说，出于安全的考虑，微软将让用户在之后的工作中趋于使用新的公式编辑器。

利用新公式编辑器创建公式的操作其实也非常简捷，具体方法如下。

图2-103　新公式编辑器创建数学公式

操作步骤

Step 1：在"插入"选项卡"符号"组中，单击"公式"功能按钮，系统即在编辑窗口中插入了一个特殊的文本编辑占位符，提示"在此处键入公式"。

Step 2：利用Office新的公式"设计"选项卡提供的符号，在公式子窗口中输入公式。

说明：

1. 可以看到，Office对新公式编辑进行了彻底修改。如此一来，键入的公式不再是一个嵌入对象，而是一些特殊格式的符号和字符，因此，新

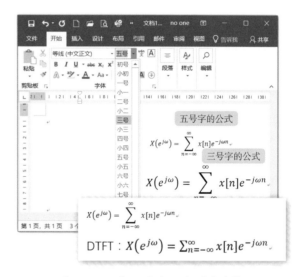

图2-104　新公式大小与"内嵌"

键入的公式不能像旧公式那样通过拖拉调整大小，而是通过"开始"选项卡的"字号"功能调整其显示大小。如图2-104所示。

2. 新的公式另一个比较大的改进是可以非常方便地成为只占单行的"内嵌"形式的公式：在公式行输入字符即发生改变。

高手进阶——图文混编、文档背景与表格

1. 采用图文混编加文本框的模式，建立一个正规型的"个人简历"和一个活泼型的"个人简历"。

要求具有如下要素：充分利用页面幅面，为照片添加合适的边框，使用格式一致的标题图标，以及醒目的分栏形式。

2．利用添加页面背景的方法，制作一个如右上图所示的"授权委托书"。

3．"2018年机器学习与数据挖掘"国际学术会议将在高校举行，拟邀请全球行业专家、老师和学生代表参加。因此，学术会议主办方需要制作一批宣传彩页，并分别递送给相关的专家、老师以及学生代表。

请按照如下要求，完成宣传彩页的制作：

（1）调整文档的版面，要求页面横向A4幅面，页边距上下为1.2厘米，左右为2.3厘米。

（2）将本书素材文件夹下的图片"国际会议（机器学习与数据挖掘）.jpg"设置为宣传彩页封面页面上端的背景图，要求图片顶部与页面顶部齐平。

（3）在封面页面中加入"欢迎莅临""机器学习与数据挖掘国际会议 2018，广州"两个文本框，第二个文本框采用素材文件夹中提供的"会议边栏.jpg"作为背景，字体字号参见下图。

（4）第二页为会议日程，请插入素材文件夹中的"会议日程.xlsx"表格，并将表格各个栏目调整到合适的大小。

（5）以"会议彩页.docx"为名将设计文件保存至指定文件夹中。

2.4 从段落到篇章，编制"商业计划书"

由几个或者十几个段落构成的文档，篇幅较小，只是一些局部的、小范围的文字与编辑排版工作。而具有多个章节的大型文档，既需要具备局部的段落结构调整，更需要跨越多个段落的结构工具和方法，实现对篇章结构的规划与调整。

在之前的学习中，我们已经掌握了 Word 文档建立的基本要素：文字及特殊字符的录入、字体字号的设置、文本效果格式、最常用的简单的排版技术、文档编号列表与调整、表格的生成与编制、图片和文本框等技术，也掌握了文档浏览的各种方法。这些知识，已经可以保证我们编写各类公函、通知等规范的社交文档，也可以制作各种图文并茂的文宣材料。

但是，如果要编撰"商业计划书""需求分析报告""系统设计报告""系统操作手册"或者"毕业设计报告"等大型文档，不仅需要我们对问题本身有深入的把握，还需要一套编制这种大型文档的良好工具。

大型文档的编撰工具应该具有以下特征：

- 能够方便地进行文字及段落的设置：文字字体字号设置及段落基本排版体系是所有大型文档合理排版的基础。
- 能够方便地进行图文混排：大型文档中会插入许多图像、结构图、概念图等外部软件对象，利用 OLE 技术，方便地实现这些对象的布局配置与修改。
- 有很好的浏览与视图效果：可以允许编撰人员对文档进行整体的或局部的审视和修改。
- 能够方便地进行表格的绘制：表格信息可以通过精简的版面、用二维结构化的方法表现出来。
- 能够很好地控制版面页面：大型文档本身要传达的内容多，结构复杂，因此，版面页面的操作必须简捷高效，否则，排版工作量巨大。
- 能够提供文档总体结构进行控制的架构工具：提供按层次的标题、编号及相关文档的管理，自动生成目录。
- 能够方便地设置各种文档样式：大型文档中各种文字样式反映了各种文字的用途，并保证了相同用途的文字样式是一致的。
- 能够很好地进行文件的协作编撰、审阅修订工作：一个大型文档编撰需要多人合作，最后的形成需要反复修改订正，这些都必须在方便地实现多人协作的基础上对文档进行审阅和修订。

……

以往，书籍报告类的大型文档的编撰、修订和排版是一个耗费许多人力物力的系统工程，高级的编辑排版工具一般都是一套价格昂贵的软件系统，现在，依靠计算机技术在文字处理上的长足发展，只要有一台个人电脑（PC）和一套Office系统，我们便能轻松地进行大型文档的编撰工作，并进行较为复杂的排版工作，获得不亚于专业排版系统排出的版面效果。

我们通过前面的学习，已经掌握了Word在普通文档编撰方面的许多优良的基本功能，对于后面的几个应用需求，我们将以一些类似"商业计划书"这样的大型文档的编制为例予以说明。

2.4.1　按篇章结构开始写作

由于大型文档要讨论多个方面的内容，而这些内容又分为多个层次，所以，编写过程不是一个从局部到整体的过程，而是一个需要进行整体规划的过程，即是一个由整体到局部，再由局部到整体的过程。编制一个"商业计划书"，我们首先要考虑几个大问题，每个大问题下还有几个小问题。因此，撰写这类文档时当然首先要搭建报告的内容架构，再在团队内进行分工。例如，产品经理负责项目内容、预算、效益分析，技术架构师负责撰写技术部分，市场分析人员负责撰写市场部分，公司高层负责整体计划与投资等。具体内容方面的规划如图2-105所示。

除了内容规划，在文档结构的形成和内容的填充时，有这么几个问题：第一，统一的文风，统一的章节编号，规划出正文格式、引述材料、强调内容、说明性和解释型文字格式等；第二，在形成上述统一的文本规划要求后，耐心地规范文本段落缩进、文本字体字号，整理文本样式。

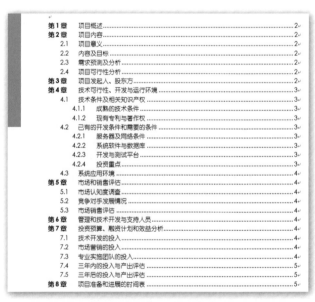

图2-105　商业计划书架构

2.4.2　页面的完整理解与段落

　　页面，是我们放置文字、图片、文本框等对象的版面。这一版面是内容的最基本容器，所以，"页面设置"是文档显示与打印格式的基础。在"1.2.10页面设置"一节中，我们已经初步了解了Office页面设置的主要项目和一般的设置方法，并在"2.1.5段落格式：对齐、缩进与行间距"一节中讨论了段落格式设置的方法，在本节，我们将详细讨论页面设置与段落的关系。

　　页面方向只有两种，对于书籍类的页面，一般是"纵向"设置，而对于PPT幻灯片这类的页面，一般是"横向"设置。

　　以纵向页面为例，页面设置与段落缩进之间的关系可以用图2-106表示：

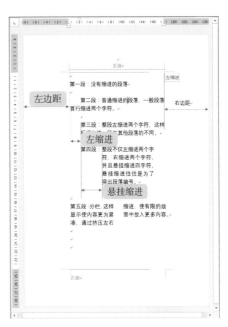

图2-106　页面设置与段落缩进的关系

- Word中的段落缩进是指调整文本与页面边界之间的距离。段落缩进有4种：左缩进、右缩进、首行缩进和悬挂缩进。
- 页边距是从大多数打印机能够打印出的页面考虑，为留有批注与审阅标记的情况保留了一定的距离。实际上，为了充分利用页面空间，有时我们往往需要减小页边距。
- 首行缩进是每一段的第一行缩进，标明了段落的开始。
- 左缩进是设置整个段落左端距离页面左边界的起始位置，为了标识"不一样的段落"。
- 悬挂缩进是除首行以外其他行的缩进，为了突出段落特征。

技巧提升：Word深度页面设置

　　除了可以通过可视化工具快速设置"纸张方向""纸张大小"和"页边距"等内容外，Word作为完善的文字处理系统，还可以进行更为细致、精致的页面设置（包括"页边距""纸张"和"版式"等方面的设置）。如果要进行这些细致的页面设置，必须打开"页面设置"窗口，打开的方法以下三种：

　　方法一，在打印窗口上点击"页面设置"打开专门的"页面设置"窗口。

方法二，在编辑窗口，点击"布局"标签下的选项卡"页面设置"组右下角的对话框启动器，也可打开相同的"页面设置"窗口。

方法三，在打印窗口或者编辑窗口"布局"标签页中，可视化的"页边距"和"纸张大小"下面都有"自定义页边距"和"自定义纸张大小"，点击后系统即会打开"页面设置"窗口。

如图2-107至图2-109所示：

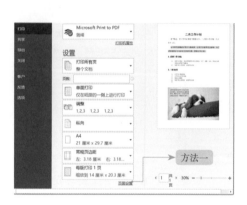

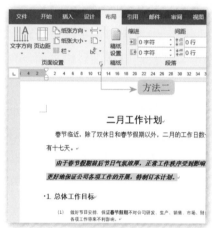

图2-107　打印窗口中的"页面设置"　　图2-108　编辑窗口中的"页面设置"

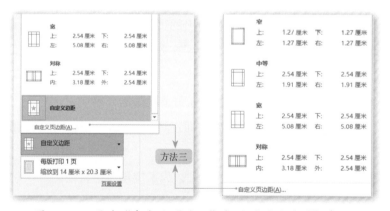

图2-109　通过"自定义页边距"打开"页面设置"窗口

1. 关于页边距和纸张大小设置

页面设置就是在选定一定的纸张大小的基础上，根据文档的要求设计好页边距，安排合理的页面大小的基础工作。打开"页面设置"窗口，我们可以看到，系统提供了完整的设置信息。例如，图2-110是一个普通文档的页面设置：

图2-110 完整的页面设置的主要界面

2. 关于版式设置

- 页面设置各种参数都可以基于"节"来设置,不同的节可以有不同的版式,而版式中可以定义"节的起始位置",默认为"新建页",即每一个分页符后的"新建页"都可以进行不同的页面设置,获得不同的显示和打印效果。

- 可以将"节的起始位置"定义为"新建栏",使用"新建栏"分节符,可以在设置了分栏的Word文档中的下一栏开始新节。

- "节的起始位置"还可以按"奇数页"或者"偶数页"来确定,遇到奇数页或者偶数页,就可以将其认定为新的节,可以按照新的设置参数打印和显示。

- 可以方便地设置页眉和页脚距离边界的距离,甚至可以设置"奇偶页不同"。

- 页眉和页脚的"首页不同"是考虑到封面可能具有不同的页眉和页脚。通常情况下,封面没有页眉和页脚。

- 另外,可以方便地给每一行加上行号或者给每一页加上边框。

实用技巧

页边框要谨慎使用,因为在国内,加了页边框的文本往往是讣告类的文字。

2.4.3　文档主题与文档样式 ● ● ●

一个文档最基本的文字"样式"是如何确定的呢？如图2-111所示的"开始"选项卡中的样式是怎样得来的呢？

图2-111　"开始"选项卡中的样式，实际上是可以调整变动的

自Office 2013开始，Word在功能选项卡中给整个文档增加了一个"设计"选项卡，这一功能的增加，是Word"应用现代化"向前跨越的一大步，即通过"设计"选项卡"主题"的选择，改变文档格式，从而改变整个文本样式，进而使文档的结构可以实现自动调整。

由"设计"中的"主题"功能，在Word预先设计的诸多主题中确定某种主题，一个主题又由多个样式组成了"样式集"，在样式集中可选定某个"样式"，这个样式即被确定为该

图2-112　主题、样式集、样式决定
了文档段落格式

文本中"开始"选项卡的"样式"，从而在编辑过程中，通过应用样式中的各种"样式"，最终决定了整个文档的段落格式。这是一个从上到下相互制约的过程。可以用图2-112表示。

因此，在建立一个大型的文本之前，一般需要按如下次序进行工作：

首先，确定文档的"格式风格"，这个风格可以通过尝试各种"主题"，以及这些主题所包含的"样式集"，从样式集中选择一个适当的样式来确定。

然后，对样式中的每一种主要的格式，确认其字体字号、段落缩进与行间距、段前段后间距等具体参数。

最后，当然是最为艰苦的过程：写文档。在编撰过程中，还可以将某种格式"更新到"某个样式之中。对于样式的应用，我们将在后文进行讨论。

改变文本格式主题的方法如图2-113所示。

操作步骤

Step 1：单击功能选项卡中的"设计"标签，系统打开"设计"选项卡功能。

Step 2：单击"主题"功能，系统下拉包括"Office""画廊""环保""回顾"等

在内的十余个"主题"，默认主题是"Office"。

Step 3：选择一个主题，系统会使用一组独特的颜色、字体和效果来打造一致的外观。在选择主题时，移动鼠标，用箭头接触相关主题，我们可以可视化地看到所编辑的文本的标题、正文、页眉、页脚的颜色、字体等都会随之发生改变。在选择主题后，旁边的"颜色"功能卡也会同时发生改变。如果说"Office"主题是偏向蓝色格调的配色，那么"画廊"主题就是偏向紫红色格调的配色，而"环保"是偏向绿色格调的配色。

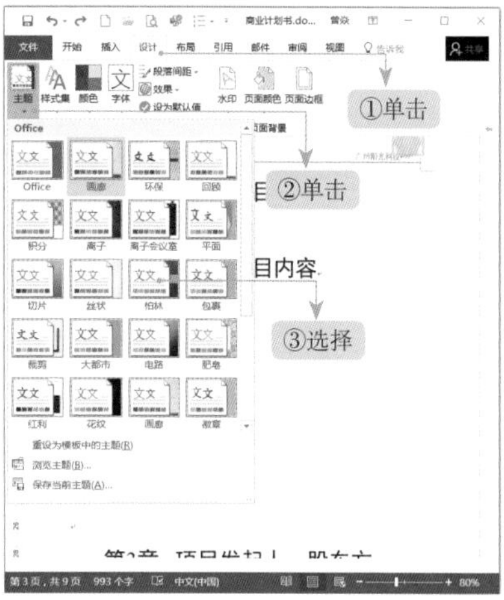

除了主题能确定文本的总体配色风格和默认的字体、字号等风格外，样式集也提供了多种具体样式模板来确定文本样式。调整方法如下。

图2-113　确定文本格式的主题

操作步骤

Step 1：按上述方法选定某一"主题"，例如"画廊"。

Step 2：单击"样式集"功能，选择合适的样式，从而调整改变文档的样式，也改变了"开始"选项卡的"样式"里面的各种格式定义。

说明：

1. 样式本身的格式有17种左右，在选择了样式之后，还可以选择配色模式。而配色模式又包含在各种主题之中。我们可以把这看成是一个同义反复的操作。

2. Word默认的样式在任何一个主题下都列在最前面，并被标识为"此文档"。当然，如果我们改变了文档的样式，"此文档"下的样式就会被改变。

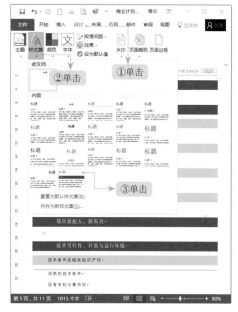

图2-114　文档主题和样式的选择与更改

3. "设计"选项卡中的"字体"会改变文档的"默认字体"，对整个文档的所有段落文字的字体都有影响。

4. "设计"选项卡中的"段落间距"会改变整个文档的段落间距，而"效果"会改变插入的"形状"的显示效果。

重要提示

　　一个Word文档的样式决定了文档中各种段落的基本格式，最好是在文档撰写之前确定好。如果在撰写后期改变样式，将会给文档格式带来巨大的甚至是破坏性的改变，因此，在调整之前，最好先做好备份，然后再统一调整。

2.4.4　项目符号与编号

　　项目符号：放在文本前的圆圈"●"、方块"■"等符号，使段落更为醒目，起强调作用。

　　编号：标识段落之间层次关系的列表。普通文本可以用单层编号，如果需要表达多个方面的意思并且有多层次的含义，则应该使用多层次编号，保证文档的层次结构更清晰、更有条理。

　　插入项目符号和编号的途径至少有两个：第一，跟随式迷你工具栏"项目符号"和"编号"功能；第二，"开始"选项卡段落组中的"项目符号"和"编号"功能。下面将分别给予介绍，其他的途径将在后面的章节进行说明。

方法一：跟随式迷你工具栏"项目符号"和"编号"功能

　　这是最为直接也是最为快捷的添加符号和编号的方法。具体方法如图2-115所示：

操作步骤

Step 1：用按住鼠标左键拖拉的方式，选中需要添加项目符号或编号的文字段落，在鼠标左键被放开时，Word弹出跟随式迷你工具栏。

Step 2：点击迷你工具栏中的"项目符号"或"编号"功能，系统即会给选中的文字段落加上最近使用过的项目符号或编号；如果需要其他的项目符号或编号，则需点击功能旁边的下拉列表按钮，从中选择一个合适的项目符号或编号。

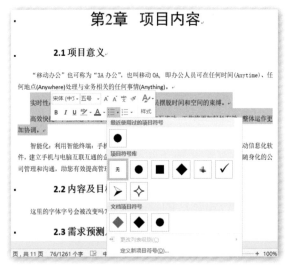

图2-115　跟随式迷你工具栏选择项目符号或编号

Step 3：如果对系统列出的项目符号库或编号库中的符号和编号都不满意，则可以点击下面的"定义新项目符号"或者"定义新编号格式"，例如，点击"定义新编号格式"，系统弹出如下图所示的编号格式定义窗口，则可以定义任意的项目编号。

说明：

1．在采用了项目符号或编号后，写完一个自然段，按回车键，一般Word会自动生成下一个段落的项目符号和编号，并且会重新安排段落缩进与对齐。如果对Word自动生成的段落缩进不满意，拖拉标尺修改后，Word在随后的段落中就会按照新定义的缩进来生成段落格式。

2．Word预先设置了少数项目符号和编号格式，对于一般的文档，这些符号和编号也基本够用了。如果不够用，可以再定义其他的符号或编号，Word会将你的定义纳入"项目符号库"或"编号库"。也就是说，"项目符号库"或"编号库"中的项目符号和编号样式是不断增加的。

图2-116 编号格式定义窗口

方法二："开始"选项卡的"项目符号"和"编号"功能

这是最常见的添加项目符号和编号的方法。具体方法如图2-117所示。

操作步骤

Step 1：选中需要添加项目符号或编号的文本段落。

Step 2：单击"开始"选项卡中的"项目符号"或"项目编号"功能，如果需要从"项目符号库"或者"编号库"中挑选，则点击旁边的下拉列表按钮（如图2-117所示），然后选择合适的项目符号或编号。

Step 3：同样可以选择定义新的项目符号或编号。

图2-117 选项卡选择项目符号或编号

显然，"开始"选项卡还并排罗列了一个"多级列表"功能，提供用户进行多层次的编号，特别是给文档标题进行多级编号。

实际上，单级编号甚至项目符号都可以看成是多级编号中的一级，因此，在项目符号或编号的下拉列表之中，都包含一个"更改列表级别"的功能项，点击后，系统会基于当前的项目符号或编号给出可以调整的项目列表级别供用户选择。

2.4.5 使用多级编号，高效设置文档结构

多级编号一般用于文档标题，反映出文档的结构层次关系。关于多级编号的使用有三个方面：第一，使用编号能够标识文档结构；第二，将多级编号与文档样式结合起来，让样式固化多级编号的形式，同时，让编号强化样式中的层级关系；第三，可以自动生成文档目录。通过以上操作，才算真正地了解多级编号的使用。

1. 多级编号的定义

新建文档的样式中，即使是标题段落，也不具备编号，编号方式需要用户定义生成，特别是多级编号。定义方法如下。

操作步骤

Step 1：将需要作为标题的段落在样式中选定为标题。

Step 2：单击"开始"选项卡中的"多级编号"功能，系统下拉"多层列表"下拉窗。

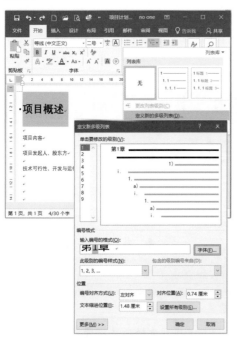

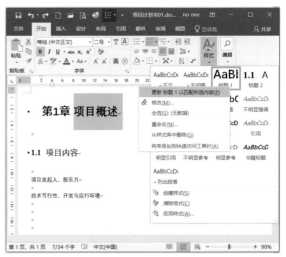

图2-118 定义多级编号的新列表　　图2-119 将新定义的多级编号标题格式更新到样式中

Step 3："多层列表"下拉窗会按照"当前列表""列表库"和"当前文档中的列表"来组织多层编号，在这些"列表"中，如果不具备我们需要的多层编号，则单击"定义新的多级列表"，系统即弹出"定义新多级列表"窗口（如图2-118）。

Step 4：在"定义新多级列表"窗口中，选择编号级别，输入编号格式，修改编号字体字号，修改编号位置，单击"确定"，具有多级编号的新的列表即被定义出来了。

说明：

1．普通文本即使加上了多级编号，还是普通文本，系统不能识别是否将本段落设置为标题，所以，成为标题的方法是：首先在"样式"功能中将该段落选择为某一级别的标题，再为其定义多级编号。

2．实际上，只要我们将一个具有多级编号标题样式的文档中各个级别的段落复制到一个新文档中，这些多级编号标题样式就被带进了新文档中，这是建立一套合适的多级编号标题的最佳途径。

3．用上述方法定义第二级及以下的标题编号时，一定要选择"包含的级别编号来自"确定上一级编号。

4．当多级编号列表被定义之后，可以非常简便地固化到"样式"中去，如图2-119，选中已定义的第一级标题，然后单击样式，在标题1上点击鼠标右键，选择"更新标题1以匹配所选内容"，则新定义的多级编号格式就被更新到标题1之中了。

2．多级编号的使用

多级编号的使用方法见图2-120。

操作步骤

Step 1：选中需要作为标题添加编号的文本段落，或者将光标停留在本段落。

Step 2：单击"开始"选项卡的"多级列表"功能按钮，选择合适的多级编号，需要编号的标题段落即被加上了相应的编号。

说明：

1．"列表库"中有一些没有标识"标题"级别的编号列表，这些列表选用之后，文本段落并不会成为标题，只是普通文本加上了层次编号而已。

2．列表库是可维护的，对列表库中的某一个列表点击鼠标右键，即可将其从列表库中删除，也可将其加入到"快速访问工具栏"之中，对于某些常用的列表，例如，本书的Step 1、Step 2……（如右图）则可加入

图2-120　通过"开始"选项卡设置多级编号

到"快速访问工具栏"之中。

技巧提升：样式应用，制作"商业计划书"

大型文档往往结构较为复杂，设置好Word的"样式"，能达到事半功倍的效果。文档的样式是可以创建和修改的。通过创建并修改样式，可以为后面的应用建立良好基础。

对于样式的创建与修改，请参见2.1一节中的"技巧提升：自定义文本样式"。我们在此以标题类样式和强调类样式为例，实际讨论样式的应用。

1. 标题类样式

Office默认的标题样式是不含编号的，而大型文档一般需要多层编号标题。因此，编撰大型文档的一个重要的前期工作就是创建和配置好标题类样式的多层编号。

按照前文的方法，修改或创建含有多层编号的文档标题，并且，将字体、字号和行距改为需要的形式，如此一来，在后面的编写过程中只需直接应用即可。如图2-121所示。

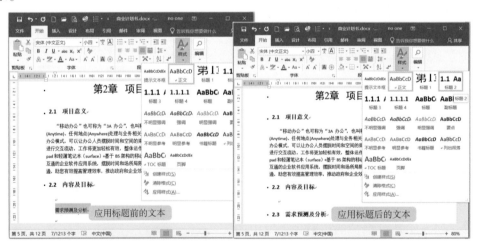

图2-121　具有多层编号的标题样式应用

使用定义了包含多层编号和特定的字体、字号的样式后，普通文本即自动转换成特定的"标题2"的格式，实现了自动编号。

2. 强调类样式

Word默认的强调类样式中，"强调"样式字体并没加粗，只是将字体变为斜体。如图2-122的左图所示。

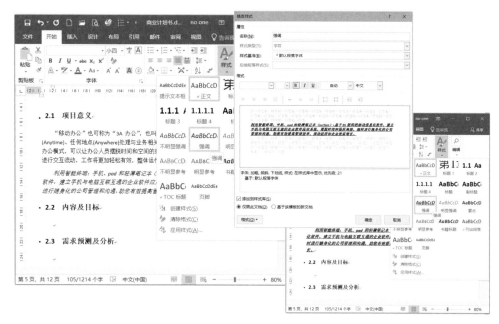

图2-122 "强调"样式的修改和应用

我们在"强调"样式上单击鼠标右键，选择修改样式，在"修改样式"窗口中将字体的粗体和下划线全部选中，确定后，再次应用"强调"样式即可获得具有"加粗、斜体、下划线"字体的效果。

2.4.6 页眉页脚

页眉、页脚分别位于页面上正文以外的上、下空间，可以帮助用户在每一页上、下的空间的特定位置重复同样的信息。这一空间利用好了，不仅会给文档增色，而且也能给用户提供更多的信息。

修改页眉、页脚的途径一般也有两个：第一，通过功能选项卡中的"插入"选项卡录入页眉和页脚；第二，可视化地直接双击页眉或者页脚，进入更改页眉页脚区域。方法如下。

方法一：通过"插入"选项卡录入页眉页脚

操作步骤

Step 1：单击功能选项卡"插入"标签，系统打开"插入"选项卡。

Step 2：单击"页眉和页脚"组中的页眉，系统会通过下拉列表列出许多内置的已设计好格式的页眉供用户选择。

Step 3：选择一种页眉，系统即根据选择的格式提供页眉结构并将焦点自动放入页眉，以便用户进行录入。

插入法设置页脚的方法与此类似，这里不再赘述。

显然，这一方法对于新增页眉或页脚——特别是直接采用系统内置的页眉或页脚格式而言，十分简单快捷。换句话说，对某个文档第一次添加页眉或页脚，用这一方法非常有效，因为有现成的格式可以调用。

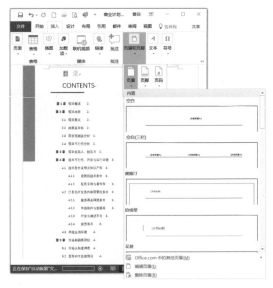

图2-123　通过"插入"选项卡编辑页眉页脚

但是，对于已经有页眉或页脚的文档，需要修改页眉或页脚的内容时，下一个方法则更方便一些。

方法二：直接双击页眉或者页脚，进行页眉页脚的修改

操作步骤

Step 1：双击页眉或页脚，系统进入页眉页脚修改状态。

Step 2：修改页眉或页脚。

Step 3：双击文档除页眉、页脚以外的其他地方，或者点击"页眉页脚"的"设计"选项卡的"关闭页眉和页脚"功能，退出页眉页脚修改状态。

说明：

1．显然，系统提供了在页眉页脚插入日期和时间的工具，同时也提供了插入文档作者、单位名称等其他文档信息的功能。

2．Word还提供了插入图片甚至是联机查找图片的功能。

3．页眉页脚"设计"选项卡中的"导航"其实是在页眉、页脚之间进行切换操作。

图2-124　页眉页脚的编辑与设计

4．页眉页脚"设计"选项卡的"选项"中可以设置"首页不同"，这其实是为做出首页不放页眉页脚的封面提供了方法，是非常有用的设置；至于"奇偶页不同"的设置是为装订对称的页眉与页脚提供的。当然，Office 2010之后的版本，在"插入"选项卡增加了"封面"的页面，也是为封面不受到正文的页面页脚影响而设置的。

5．通过"位置"功能可以调整页眉与页脚距离顶端或者底端的距离，甚至插入对齐的制表位。

6．在页眉或页脚插入页数信息对文档的规范性是非常重要的，这不仅可以在撰写过程中起到提醒作者的作用，还可以给阅读者一个明确的页数信息。总的来说，Word的页数信息比较趋向于"西文文档"习惯，即按西方文档的页数提示习惯。例如，将页数信息放在页面左边位置的方式，在正式的中文文档中是较为少见的。而Word提供的默认页码格式，甚至连"第x页，共y页"的信息都没有，只能靠用户手动输入调整，不能不说是Word的缺陷之一。

实用技巧

我们可以在页眉或者页脚中放入图片LOGO，以增强文档的感染力和标识度。

注意：一般好的文风，页眉页脚也不宜放入太多内容，弄得胡里花哨。页眉往往放入文档标题或者公司版权标识，而页脚一般都应包括"第几页，共几页"的信息。

2.4.7　目录

文档的目录应该是自动生成的，特别是对于大型的文档，通过手工维护几乎是不可能的。在设置好文档的标题后，Word即可自动生成目录。操作及效果如下图所示。

图2-125　自定义目录的操作

操作步骤

Step 1：单击"引用"选项卡中的"目录"功能按钮，系统下拉目录选择列表，该列表中列出了两个自动目录，可以直接选择，也可选择"自定义目录"。

Step 2：在目录选择列表中选择"自定义目录"，系统弹出"目录"定义窗口。

Step 3：在"目录"定义窗口中修改目录样式，单击"确定"，系统即会基于文档标题定义生成目录。

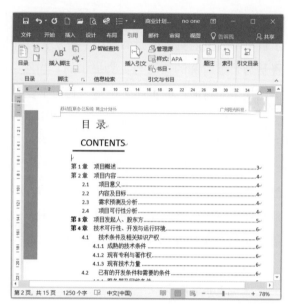

图2-126　自定义目录的效果

说明：

1．"目录"定义窗口中的"选项"可以选择定义目录层次，在"修改"中按照样式设置的方式定义目录的段落和字体样式。

2．自动生成的目录一般使用了"正文"格式段落格式，需全部选定后重新定义段前、段后和行间距等参数，以获得更好的效果。

3．自动生成的目录在需要时可以随时更新：在目录上点击鼠标右键，选择"只更新页码"或者"更新全部"，全部更新后需重新调整字体、行距。

2.4.8　再谈导航栏，高效调整文档篇章结构

导航栏不仅是一个通观整个文档结构的重要窗口，实际上，也是一个快速调整文档结构的窗口。主要的操作如图2-127所示。在文档结构的任意节点上单击鼠标右键，系统即弹出文档结构维护菜单。

说明：

1．"降级"即指将选中的标题下降一级，其下一级标题被顺延下降一级。

2．"新标题之前"指在前面增加同级别的一级标题，如图2-127的情况，则新增了一

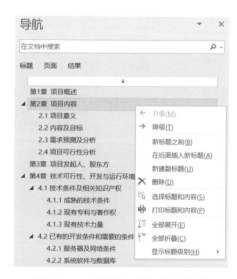

图2-127　导航栏鼠标右键菜单

个"第1章"，后面的章节及编号顺延。

3．"在后面插入新标题"即在后面增加同级别的一级标题，如图2-127的情况则新增了一个"第3章"，后面的章节及编号顺延。

4．"新建副标题"即新建了下一级标题。

5．"删除"即删除本章节的所有内容，包括下一级标题及其下的所有文字。

6．"选择标题和内容"即在编辑窗口中选中所选标题下的所有标题和内容。

导航栏还提供了快速移动整章节文字的方法，操作方式非常简便：在导航栏上选中某一标题，通过导航栏上的拖拉，可以将这一标题下的一整段文字和下属子标题下的所有文字，从文档的一个位置完整地移动到另一个位置，并实现自动编码。移动后，编码可能会重新开始，我们只需在编辑窗中用格式刷刷一下编码即可。格式刷的用法参见第5章。

高手进阶——大型文档的结构、文档样式、标题编号、页眉页脚

在指定文件夹中建立新文档"物联网与云计算.docx"，按照要求完成下列操作并保存文档。

1．调整纸张大小为B5，页边距的左边距为2厘米，右边距为2厘米，装订线1厘米，对称页边距。

2．给文档添加封面，文档标题为：物联网与云计算。

3．在文档中以"计算机网络技术的发展趋势""IPv6概述""物联网的技术条件""云计算的优势""物联网对制造业及物流业的影响""物联网对社会生活的影响""云计算可能的发展方向"为一级标题，按多层编号形式设置编号。

4．在"计算机网络技术的发展趋势"下输入"从局域网到互联网""从互联网到移动互联""移动互联设备、设施的发展"为二级标题，并设置按照多层编号的方式配置二级标题为"1.1、1.2、1.3"。

5．设置一级标题字体为黑体三号，二级标题字体为宋体加粗四号。

6．在每个标题后增加三个空行作为正文，将正文部分设为五号字，每个段落设为1.2倍行距且首行缩进2字符。

7．每个一级标题前插入分页。

8．给文档插入页眉"物联网与云计算"，页脚"第x页，共y页"。

9．在封面后第一页生成目录。

2.5 文件审阅，修订"商业合同"

当一个文档被修改的过程需要被记载下来，以便进行某种有针对性的沟通时，就需要文档审阅功能。

Word在"审阅"选项卡中放入了一些系统完成的与"审阅"相关的功能，例如，由"拼写和语法""同义词库""字数统计"组成的"校对"组。中文版的"拼写和语法"总体上是正常工作的，但对中文的句法和语法还存在不少误判，而中文版的"同义词库"被Word忽视了。字数统计有两个入口，一个入口即位于"审阅"选项卡中，另一个入口就在编辑窗口的状态栏，即编辑窗口的左下角，页数旁边的位置。

至于"检查辅助功能"，Word会另外打开一个浮动检查窗，显示检查文档中的空行等信息。

实用技巧

编撰大型文档时，不建议打开"检查辅助功能"，因为打开后Word会动态地、频繁地"检查"文档，导致Word时常处于"未响应"状态。

"审阅"选项卡中，最有用的可以说就是修订、批注和比较功能了。

2.5.1 修订 . . .

修订即记录文档修改过程的工具，此功能在合同、协议类型的文字交流过程中特别有用。

打开Word的"修订"功能即可进行文档修订。如图2-128所示。

操作步骤

Step 1：单击"审阅"选项卡"修订"组中的"修订"功能，系统即进入了"修订"状态。

Step 2：在文档中进行修改调整，文档即会记录下修改过程。

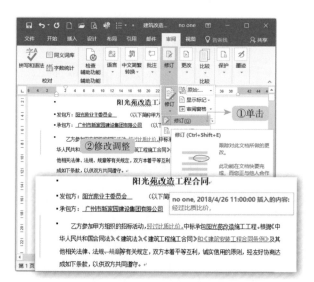

图2-128 打开文档"修订"及修订效果

说明：

1. 可以通过按快捷键Ctrl+Shift+E进入修订状态。

2．进入修订状态后，对文档的所有修改都会被标记出来，标记的形式可以通过"修订"组中的"显示标记"选项调整设置。

3．修订过的文字将会被突出显示，删除的会显示删除标记，将光标移动到修订过的文字时，系统会显示修订人及修订时间等信息。

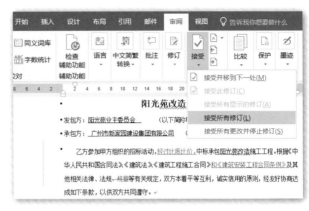

图2-129 接受修订

4．修订过程可以有数个来回，修订完成后，通过"更改"组中的"接受"或者"拒绝"功能来确认接受或者拒绝修订，从而形成最后的文本。接受或拒绝均可逐条或者全部进行，操作方便，这里不再详述。

5．打开"锁定跟踪"并添加密码，可防止他人关闭"修订"。"修订"锁定时，无法关闭此功能，也不能接受或拒绝修订。

6．关闭"锁定跟踪"只需在"修订"列表中再次选择"锁定跟踪"功能，如果添加了密码，请在系统提示时输入此密码，然后选择"确定"即可。

7．关闭修订状态只需再次单击"审阅"选项卡"修订"组中的"修订"功能，或者再次按快捷键Ctrl+Shift+E即可。

2.5.2 批注

批注是对文档的临时讨论或记号型文字，Office的主要办公组件Word、Excel和PowerPoint文档均可以对选择的文字添加批注。

添加与答复批注的方法非常简捷。

操作步骤

Step 1：在文档中选中适当的文字或将光标移至某一位置。

Step 2：单击"审阅"选项卡中的"新建批注"，系统即打开批注编辑窗口让用户添加批注。

说明：

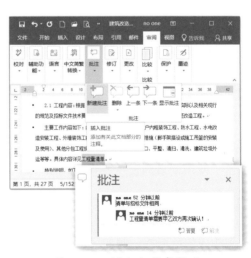

图2-130 添加与答复批注

1. 批注不会被打印出来，但是打印文档可以看出批注标记。
2. 批注的显示选项在"修订"组的"显示标记"中定义。

2.5.3 脚注

脚注是对正文添加的注释性文字。脚注的添加方法为：

Step 1：在文档中选定合适的位置。

Step 2：单击"引用"选项卡"脚注"组中的"插入脚注"功能，系统即在选定位置添加特定的脚注编号，并将光标引导到页脚的脚注行。

Step 3：用户即可在脚注行编辑脚注。

图2-131　添加与编辑脚注

2.5.4 邮件合并应用

有一类文档，是以Word文档为模板，动态填入其他数据源，例如Excel工作表的相关信息，并且，可以根据数据表中某一列的信息动态改变某些信息，然后合并打印输出。最典型的就是"邀请函"一类的文档。Word给这类文档的形成提供了方便的工具：邮件合并——相关操作也是全国计算机等级考试中实操题经常考查的一个方面。实现方法分两个阶段，第一，选择数据源；第二，插入动态数据。操作方法如下。

1. 选择数据源

操作步骤

Step 1：按一定的格式编辑模板文档，例如，某种请柬。

Step 2：在"邮件"选项卡"开始邮件合并"组中的"选择收件人"下，单击"使用现有列表"，系统弹出"选取数据源"窗口。

Step 3：在"选取数据源"窗口中找到相应的数据源，例如，一个Excel文档，双击打开。对于Excel工作簿，系统还会提示打开哪一个工作表，选择合适的工作表即可。由此，就获得了动态数

图2-132　选择动态数据源

据的来源。

在获得了数据源后，"邮件"选项卡的"编写和插入域"功能组才变得可用。插入动态数据的方法如下。

2．插入动态数据

在选择了动态数据源后，上面第一步编辑的文档就成了一个可以放置动态数据的模板，我们只需要将动态数据放置到合适的位置，并调整好字体字号即可。

图2-133　插入动态数据

操作步骤

Step 1：选定需要放置动态数据的位置，例如姓名位置。

Step 2：单击"邮件"选项卡"插入合并域"功能，这时，Excel工作表中标题栏的字段名称已经成了选项，选择合适的字段，例如，姓名。这时，被编辑的文档选定位置处插入了用"<< >>"扩起来的字段名称，例如，<<姓名>>。

Step 3：如果需要基于动态数据插入不同的字符，则单击"邮件"选项卡的"规则"功能，这时，下拉多种规则选项。选择，"如果…那么…否则"规则，系统弹出"插入Word域：IF"窗口。

Step 4：在"插入Word域：IF"窗口中进行编辑，然后单击"确定"按钮，则系统会根据所选数据进行逐条判断，自动填写不同的文字。

实际操作时可以单击"完成并合并"，然后选择"编辑单个文档"，系统则会自动生成名为"信函1.docx"的新文档，其中，以原文件为模板，以动态数据为变动依据，生成多份信函。如图2-134所示，原来一页的请柬模板，已经根据Excel工作表的33个人员名单记录，生成了共33页请柬。

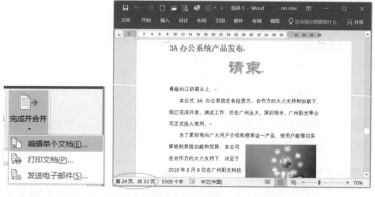

图2-134 利用数据源动态生成的信函

高手进阶——修订、批注，信函类文档动态生成

1. 对素材文件夹中的"工程施工合同.docx"进行修订和批注，具体要求如下：

（1）将"4.1工期"中的"2018年10月20日"改为"开工日"，"2019年1月20日"改为"竣工日"。

（2）在4.2工期延宕罚款条款的"暂缓支付3%～5%"旁边加批注"建议明确5%"。

2. 云计算技术交流大会定于2018年10月19日至20日在广州举行。小张因此需制作一批邀请函，要邀请的人员名单见"人员名单.xlsx"，邀请函的样式自拟。

请根据上述活动的描述，利用Microsoft Word制作一批邀请函，要求如下：

（1）以"全国云计算技术交流大会邀请函"为标题，配置合适的文字字体、字号，并设置为加粗，字的颜色为红色、黄色阴影、居中。

（2）设置正文各段落为1.25倍行距，段后间距为0.5倍行距。设置正文首行缩进2字符。

（3）落款和日期位置为右对齐、右侧缩进3字符。

（4）设置页面高度27厘米，页面宽度27厘米，页边距（上、下）为3厘米，页边距（左、右）为3厘米。

（5）将电子表格"人员名单.xlsx"中的姓名信息自动填写到"邀请函"中"尊敬的"三字后面，并根据性别信息，在姓名后添加"先生"（性别为男）、"女士"（性别为女）。

（6）设置页面边框为红"★"。

（7）在正文标题"全国云计算技术交流大会"后插入脚注"参见http://www.cloudcomputing.cn"。

将设计的主文档以文件名"邀请函设计.docx"保存，并生成最终文档，以文件名"邀请函.docx"保存。

第 3 章

EXCEL

熟练使用 Excel

本章导读

　　Excel不仅是表格制作软件，而且是一个强大的数据处理、分析运算和图表生成软件。在商务办公、市场销售、财务工作和工程预决算等方面，能够定义数据关联并自动进行统计核算的表格具有十分重要的作用。这也是Excel在学校、企事业单位和各类管理机构中具有广泛应用基础的原因。

　　Excel的处理对象为简洁、直观的二维表，以采集数据和分析数据为目标。Excel完全有能力处理多张数据表之间严谨的数据关系，然而，如果要维护多张动态的具有一定关系的数据表，一般就需要关系型数据库了。所以，Excel的应用目标很清晰：以直观的、相对静态的数据表为对象，进行信息采集，实现可视化的数据信息汇总统计、分析运算和图形绘制。

　　本章的主要内容包括Excel工作簿、工作表的操作，Excel工作表之间数据关系的定义与自动更新、统计，表格样式及数据透视表的应用，各类分析图表生成以及主要的函数应用等。

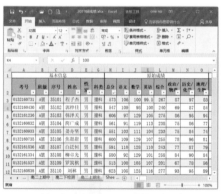

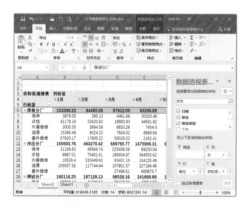

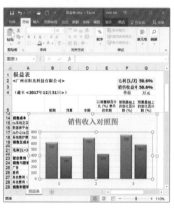

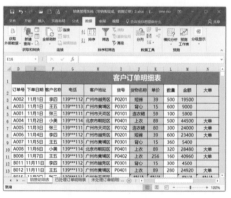

3.1 Excel工作簿、工作表和单元格

工作簿（workbook）即Excel文件，用于处理二维表格。

一个工作簿可以包含多个表，例如，我们建立一个员工名册，可以按部门划分，建立名册表，如果单位有十个部门，就可以建立十个名册表。这些表就是工作簿中的工作表（sheets或者worksheets）。

Excel中每个工作表实际上是以"二维表"这样一种典型的数据格式呈现的，例如，人员名单、物料清单、销售台账、库存列表等等。一般情况下，表的"列"（columns）表示对象的属性，又被称为字段，例如人员名单里的"姓名""性别""年龄"等栏目；而表的"行"（rows）表示对象的记录，每一条记录代表一个特定的对象，例如，人员名单里的张三、李四等。最终的数据被放在单元格（cells）中，这些单元格就像货物场上的一个个位置，堆放着货物。

在Excel中，处理表格首先就是建立和处理以二维表为基础的工作簿。

工作簿的基本操作包括新建、保存或另存为、页面设置和文件加密等。

新建一个Excel文档的方式有多种，可以参见"1.2.1新建文档"和"1.2.2利用模板新建文档"，文档保存、保护等操作请阅读1.2一节中的相关内容。

Step 1：启动Excel

在Windows"开始菜单"、桌面快捷方式或者任务栏快捷方式找到Microsoft Excel，点击进入。这时，系统启动Excel的"开始窗"（新建及打开文件窗），以便用户新建一个工作簿或者从已建立的工作簿中打开一个。如图3-1所示。

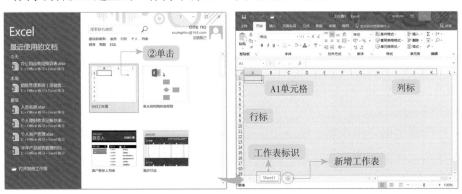

图3-1 从开始窗新建Excel工作簿

Step 2：新建工作簿

单击"开始窗"中的"新建工作簿"，系统即新建了一个工作簿，即Excel文件。

说明：

1．每个工作簿可以由一个或多个工作表组成，Office 2003及以前的版本，一个工作簿可以拥有255个工作表，在以后的版本中，已经没有了这一限制，即理论上可以拥有足够多的工作表，视用户的内存数甚至硬盘大小而定。实际工作中，一个工作簿一般会用到3～5个工作表，甚至十余个工作表，如果需要用到数十个工作表，建议至少用Access建立简单的关系型数据库进行管理，或者用大型的SQL Server数据库以获得更好的性能。

2．工作表标识缺省名为Sheet 1、Sheet 2等等，可以改名，直接修改方法为双击工作表标签或者在标签处单击右键，选择"重命名"。工作表标签的颜色可以修改，或者在标签处对工作表进行保护设置。

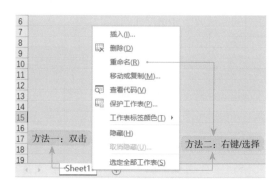

图3-2　工作表重命名

3．某些旧版的Excel缺省工作表有三个，现在一般是一个，可以在Excel选项的"常规"项目中修改缺省工作表的数量。

4．每个工作表由若干单元格（cells）组成，单元格纵向用A、B、C等字母标识"列"，A、B、C等字母所在的部位称为"列标"；横向由1、2、3等数字标识"行"，1、2、3等数字所在的部位称为"行标"。从Office 2007开始，最大列数为16,384，即16k，最大行数为 1,048,576，为百万级，即1兆，或1M。一般应用中，一个表的列数多为几个、十几个或者数十个，超过100列的表一般建议进行拆分，因为列过多会带来过大的数据冗余，也不利于数据关系的梳理。但是，对于一个略微大型的应用，1兆数量级的行数是不够的。对于普通的办公应用，甚至对一个大型学校的学生名录而言，只要将不同年级、不同专业的学生资料放在不同的工作表中，1兆数量级的行数则是绰绰有余的。

5．在Excel中，一个列的最大列宽为255个字符，行的最大高度为409点，这是对于显示或打印设定的一个限制。实际上，如Word一样，显示或打印的内容丰富程度和美观性，是由"页面设置"决定的。其页面设置的方法与Word也基本相同，相关内容参见1.2.10小节即可。

6．最终的各类数据信息是放在单元格中的，而每个单元格都具有自己独立的行号（row_num）和列号（column_num），即单元格所在的行标和列标。行号和列号合并起来称为单元格的"地址"（Address），例如左上角第一个单元格的地址就是（A,1）或者被表示为A1。每个单元格可以写入32,767个字符（一般称为32k字节）。而单元格的数据格式由用户确定，一般情况下，每一列由于数据属性相同，所以具有相同的数据格式。

7．Excel工作簿的保存、打开、另存为、检查、保护等操作模式与Office的其他主要组件Word和PowerPoint是一致的，相关操作请参见本书1.2一节的内容，在此不再赘述。

8．新建Excel工作簿时，可以联机查找微软提供的工作簿模板，在此基础上获得需要的表格格式与单元格数据关系。本书也赠送了大量的Excel模板，供读者选用。

由上述讨论可以看出，Excel对数据信息的组织方式如图3-3所示：

工作簿 $\begin{cases} \text{工作表1(sheet1)} \begin{cases} \text{单元格A1} \\ \text{单元格A2} \\ \text{……} \end{cases} \\ \text{工作表2(sheet2)} \begin{cases} \text{单元格A1} \\ \text{单元格A2} \\ \text{……} \end{cases} \\ \text{……} \end{cases}$

图3-3　工作簿、工作表和单元格的关系

即一个工作簿包含若干工作表，一个工作表包含若干单元格。

实用技巧

　　将光标停留在任何一个工作表的任何一个单元格内，例如C3单元格，按组合键"Ctrl+▼（下箭头）"，光标即会跳到工作表的最下层的一个单元格，例如C1048576；这时，如果仍然按住Ctrl键，再按左箭头（◄），则光标会跳到"工作表的尽头"：单元格XFD1048576。

线上学习更轻松

3.2 Excel单元格操作，创建“办公用品清单”

从3.1节中的介绍可以看出，单元格是Excel存放信息或数据的基本单元，也是操作的最基本单元。因此，本节我们以创建一张“办公用品清单”为例，专门讨论单元格格式的设置。

“办公用品清单”是任何学校、企事业单位、机关团体及其他机构用于记录各种用品信息的常用工作表。我们通过在Excel上制作一张“办公用品清单”工作表，即可熟练掌握Excel单元格的基本操作以及表格边框的设置，学会制作规范、美观的表格。

3.2.1 选中单元格

在很多操作运用中，我们需要选中单元格作为操作对象。

选中单元格的方法遵循Windows操作的一般规则：

1. 鼠标拖拉法：按住鼠标从第一个单元格拖拉到最后一个单元格。

2. Shift多选法：按住Shift键并单击鼠标左键，或者按住Shift键并点击键盘的上下左右键（▲▼◀▶）或翻页键（PgUp，PgDn）中的一个，光标经过或跨过的单元格均被选中。

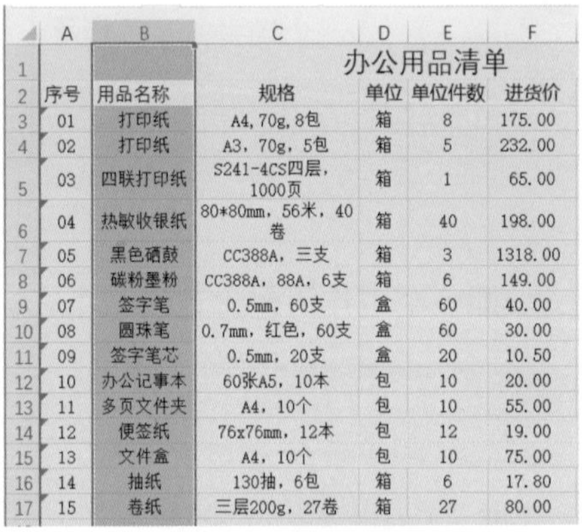

	A	B	C	D	E	F
1			办公用品清单			
2	序号	用品名称	规格	单位	单位件数	进货价
3	01	打印纸	A4, 70g, 8包	箱	8	175.00
4	02	打印纸	A3，70g，5包	箱	5	232.00
5	03	四联打印纸	S241-4CS四层，1000页	箱	1	65.00
6	04	热敏收银纸	80*80mm，56米，40卷	箱	40	198.00
7	05	黑色硒鼓	CC388A，三支	箱	3	1318.00
8	06	碳粉墨粉	CC388A，88A，6支	箱	6	149.00
9	07	签字笔	0.5mm，60支	盒	60	40.00
10	08	圆珠笔	0.7mm，红色，60支	盒	60	30.00
11	09	签字笔芯	0.5mm，20支	盒	20	10.50
12	10	办公记事本	60张A5，10本	包	10	20.00
13	11	多页文件夹	A4，10个	包	10	55.00
14	12	便签纸	76x76mm，12本	包	12	19.00
15	13	文件盒	A4，10个	包	10	75.00
16	14	抽纸	130抽，6包	箱	6	17.80
17	15	卷纸	三层200g，27卷	箱	27	80.00

图3-4　整列被选中

3. Ctrl多选法：按住Ctrl键点击多个单元格，则每个被点击的单元格均被选中。

除了上述基本方法外，还可选中整列或者整行。点击“列标”如A、B、C、D……选中整列，也可以通过点击“行标”如1、2、3……选中整行。单击列标A左侧的“全选块”，则选中本工作表中的所有单元格。

3.2.2 单元格数据录入，高效复制单元格

在Excel中录入数据，首先要规划好每一列的信息，例如，建立一个“办公用品清单”，栏目信息共九列：序号、用品名称、规格、单位、单位件数、进货价、数量、金额、单价，规划好栏目信息后再按行录入相应的信息。

最基本的信息需要逐个录入到每个单元格中，但是，表格中有些信息是重复递推的，我们就可以通过复制单元格的方式快速录入递推信息，然后修改复制后的数据从而获得新数据，这样一来，便大大提高了工作效率。Excel在这方面提供了非常便捷的操作方式：拖拉复制。操作方式如下。

	A	B	C	D	E	F	G	H	I
1	序号	用品名称	规格	单位	单位件数	进货价	数量	金额	单价
2	01	打印纸	A4,70g,8包	箱	8	175.00	6	¥1,050.00	21.88
3									
4									
5									
6									

图3-5　拖拉复制

在录入一行数据后，如果这些数据是可以重复利用的（例如，录入不同规格的各种打印纸），选中已经录入数据的这些单元格，在选中的区域右下角会出现一个填充柄（图3-5橙色圈内的小方块），我

	A	B	C	D	E	F	G	H	I
1	序号	用品名称	规格	单位	单位件数	进货价	数量	金额	单价
2	01	打印纸	A4,70g,8包	箱	8	175.00	6	¥1,050.00	21.88
3	02	打印纸	A4,70g,9包	箱	8	175.00	6	¥1,050.00	21.88
4	03	打印纸	A4,70g,10包	箱	8	175.00	6	¥1,050.00	21.88
5	04	打印纸	A4,70g,11包	箱	8	175.00	6	¥1,050.00	21.88
6	05	打印纸	A4,70g,12包	箱	8	175.00	6	¥1,050.00	21.88
7	06	打印纸	A4,70g,13包	箱	8	175.00	6	¥1,050.00	21.88
8									

图3-6　拖拉复制效果

们只要用鼠标按住这个填充柄向下拖拉，被选中的单元格内的信息就按照一定规律被复制出来。如图3-6所示。

还可以选择"自动填充选项"，选择"复制单元格""填充序列"等。从图中可以看到，对拖拉复制出来的数据中某些字段，Excel缺省操作会使序号按序列自动生成，所以，拖拉复制后我们需要具体修改每一行的数据。

3.2.3　合并单元格

按照上述栏目输入信息后，表格名称"办公用品清单"需要以通栏标题的形式占第一行的九列，这就必须合并单元格。合并单元格一般有三种操作方法：方法一，选项卡操作法；方法二，右键工具栏法；方法三，单元格属性法。具体操作方法如下。

方法一：选项卡操作法

操作步骤

Step 1：选中需要合并的单元格。

Step 2：在功能选项卡上点击"开始"标签，获得"开

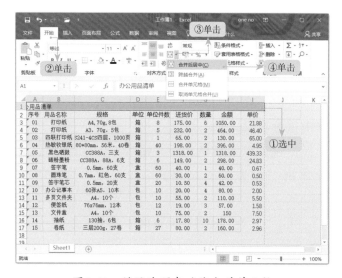

图3-7　利用选项卡功能合并单元格

始"选项卡功能。

Step 3：单击"对齐方式"组中的"合并单元格"功能。

Step 4：选择"合并后居中""跨越合并"或者"合并单元格"功能。

方法二：右键工具栏法

Step 1：选中需要合并的单元格。

Step 2：在选中的单元格上点击鼠标右键。

Step 3：在鼠标右键工具栏中选中"合并单元格后居中"功能。

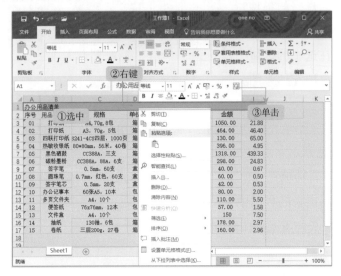

图3-8 利用右键工具栏功能合并单元格

方法三：单元格属性法

操作步骤

Step 1：选中需要合并的单元格。

Step 2：在选中的单元格上点击鼠标右键，在右键菜单中选择"设置单元格格式"，系统弹出"设置单元格格式"窗口。

Step 3：在"设置单元格格式"窗口中选择第二页"对齐"。

Step 4：单击选项"合并单元格"。

图3-9 利用"设置单元格格式"窗口功能合并单元格

Step 5：单击"确定"按钮。

说明：

1．跨行合并单元格时系统会提示：只会保留左上角单元格的数据，如果确定，则系统会丢弃其他数据，此时需要注意被合并的单元格中的数据。

2．一次合并不满意时可以再次合并或者取消合并后重新选中单元格再合并。

由上面例子可以看出，单元格格式涉及数字、对齐、字体、边框、填充和保护几个方面，下面我们将分别予以讨论。

3.2.4 单元格数字格式

作为数字型信息，其格式由需要表达的信息要求决定。例如，表示货币信息时，最好前面加货币符号，后面保留两位。因此，如果单元格是数字时，需对其格式进行专门的设置。

Excel数据格式设置主要采用两个方法：第一，选项卡功能按钮法；第二，设置单元格格式窗口法。具体操作方法如下。

方法一：选项卡功能按钮法

操 作 步 骤

Step 1：选中需要设置格式的单元格，选中方法为按鼠标左键拖拉或者点击第一格并按下Shift键后点击最后一格。

Step 2：点击功能选项卡中的"开始"标签，系统打开"开始"选项卡。

Step 3：点击"数字"组中的"数值"下拉列表。

Step 4：选择合适的数值格式。

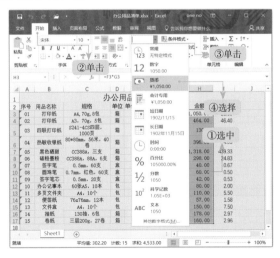

图3-10 在选项卡设置数字格式

方法二：设置单元格格式窗口法

图3-11　利用"设置单元格格式"窗口设置数字格式

操作步骤

Step 1：选中单元格，选中方法为按鼠标左键拖拉或者点击第一格并按下Shift键后点击最后一格。

Step 2：在选中的单元格上点击鼠标右键，系统弹出右键菜单。

Step 3：在右键菜单中单击"设置单元格格式"功能，系统弹出设置窗口。

Step 4：在"数字"页中，选择合适的格式并调整小数位数等选项。

Step 5：单击"确定"按钮。

说明：

1．方法二中用到的打开"设置单元格格式"窗口的方法还有：点击选项卡"数字"组的对话框启动器。

2．缺省状态下，数值采用"常规（无特定格式）"格式，我们在输入数据时需要观察数据格式，不符合要求则进行格式设置以满足格式要求。

3．系统一般会将所有"数字"型数据自动右对齐，且小数点位数或者是否加千位分隔符可调，保留小数点位数通常采用四舍五入原则。

4．"数字"格式中"货币"格式即带有货币符号，中文版系统一般缺省货币符号是￥，可以通过另选货币符号进行修改，修改入口都很简捷：选项卡、鼠标右键工具栏的"会计数据格式"功能按钮　提供下拉选择，"设置单元格格式"窗口中数据格式选中"货币"或"会计专用"时，都可选择货币符号。

5．序号类型的"数字"，一般采用01、02、03等格式，这种情况要保留前面的"0"，只需将本列的"数字"格式类型改为"文本"即可。

实用技巧

　　如果需要直接录入上述01、02、03等文本型的序号，可以在录入时先输入一个半角的单引号"'"，再录入01等数字，则本单元格的数字会被系统自动转为"文本"型，从而保留了前面的"0"。

3.2.5　单元格字体、字号

　　单元格的缺省字体中文为"宋体"、英文为"等线体"（即Arial），字号为11，缺省字体字号可以在Excel选项中修改。

　　"开始"选项卡和鼠标右键工具栏都提供了快捷的字体字号选择功能，且在"设置单元格格式"窗口也提供了专门的字体定义页。

方法一：选项卡功能操作法

操作步骤

Step 1：选中需要改变字体字号的单元格。

Step 2：在功能选项卡中选中"开始"标签，然后根据需要对字体字号等进行设置。

方法二：鼠标右键操作法

Step 1：选中需要改变字体字号的单元格。

Step 2：在选中的单元格上点击鼠标右键，在右键工具栏中通过单击选择需要的字体字号。

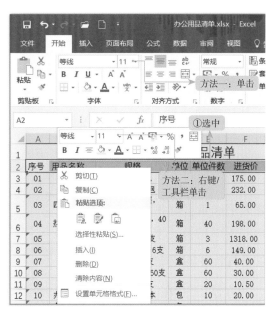

图3-12　调整单元格字体字号

说明：

　　1. 可以通过鼠标右键菜单中的"设置单元格格式"功能或者对话框启动器，打开"设置单元格格式"窗口，在其中的第三页"字体"中设置。读者可自行尝试，这里不再赘述。

　　2. 用户可以方便地设置文本颜色、文本粗体、文本斜体、文本下划线、字体背景颜色（实际上就是单元格填充颜色），也可方便地增加或减小字号。

3.2.6　单元格对齐设置

　　单元格中的对齐方式默认为：1. 文字数值类型的水平对齐为"左对齐"；2. 字符类型

的水平对齐为"右对齐"；3. 垂直对齐方式均为"居中对齐"。

如果需要更改，则可以另外进行设置。设置方法还是三个途径：在"开始"选项卡和鼠标右键工具栏都提供了快捷的对齐设置功能，且在"设置单元格格式"窗口也提供了专门的"对齐"定义页。

方法一、二：对齐方式设置

操作步骤

Step 1：选中单元格。

Step 2：点击"开始"选项卡对齐功能按钮，或者在选中单元格上点击鼠标右键，系统弹出右键工具栏，点击工具栏上的"水平居中"对齐按钮。

说明：

1. 显然，为了保证右键工具栏的简洁度，Excel只将最常用的"水平居中"放到了其中。

2. 选项卡中可以全面设置水平和垂直对齐方式，还可进行文字缩进、文本方向、自动换行、合并单元格等设置。

方法三：在"设置单元格格式"窗进行修改

操作步骤

Step 1：见图3-13，点击选项卡对齐方式对话框启动器或者点击右键菜单中的"设置单元格格式"功能。

Step 2：如图3-14所示，点击"水平对齐""垂直对齐"等对齐方式下拉列表进行

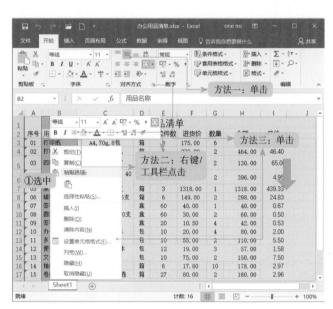

图3-13　选项卡和鼠标右键设置单元格数据对齐方法

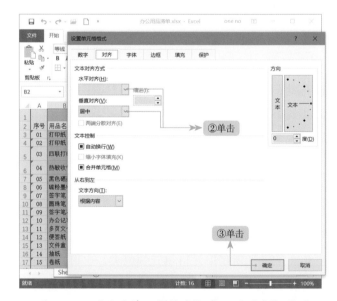

图3-14　"设置单元格格式"窗口"对齐"设置

修改。

Step 3：点击"确定"按钮。

说明：可以看到，单元格格式设置窗口中"对齐"页上除了调整对齐以外，还有几个有趣的选项。

1. 自动换行选项：选择后单元格内的文本会自动换行，自动换行后行宽自动增加。

2. 单元格合并设置。

3. 可视化调整单元格文本方向：图3-15即调整单元格文本方向后的效果。调整方法：只需用鼠标按住方向调整"指针"顶端红点，然后推拉即可，也可再通过更改下方的度数进行调整。

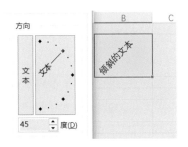

图3-15 单元格内倾斜的文本

格式规范

一般而言，数字型数据设置了右对齐后，还需要调整其保留的小数位数，只有在小数位数相同的情况下，右对齐才具有实际意义。另一方面，倾斜文本一般用于单元格被沿对角切分后的情况。

3.2.7 单元格自动换行设置

自动换行其实涉及两个方面的问题：第一，打印页面宽度有限，表格的列宽受到限制，如果我们强行将列宽拉到较窄的宽度，部分文字打印时显示不全；第二，如果一列内大部分单元格的内容是某一个宽度，而某一单元格内容却特别宽，则我们宁愿将这一个特别宽的单元格设置为自动换行，用少数行宽增加的空间损失来替代该列大部分单元格列宽过宽带来的空间损失。

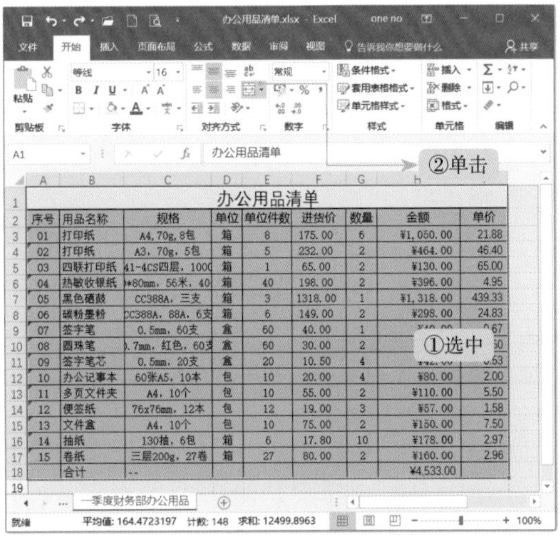

由前文可知，单元格自动换行设置一般有两个途径：第一，"开始"选项卡自动换行功能；第二，"设置单元格格式"窗口的"对齐"页。第二个途径在图3-11中我们已经学习到了，在此不再介绍。只介绍第一个途径，操作步骤如图3-16所示：

图3-16 选项卡自动换行设置

Step 1：选中单元格。

Step 2：单击"开始"选项卡中的"自动换行"功能按钮 。

实际操作时可以看到，设置自动换行后，上述功能按钮变成了暗色调的，而单元格中超出列宽的文字得以显示出来。

3.2.8　单元格边框

Excel默认状态下是没有表格线的，因为工作表毕竟是一个数据表，而且，数据量是由应用决定的。一般正式打印数据表前都应该设置一定的边框，而Excel的边框及填充设置是简洁方便的。

边框设置途径有三个：第一，"开始"选项卡功能按钮；第二，鼠标右键工具栏；第三，"设置单元格格式"窗口。

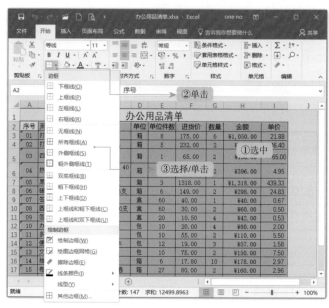

图3-17　选项卡单元格边框设置

方法一、二：通过选项卡和鼠标右键工具栏设置边框

操作步骤

Step 1：选中单元格，一般是多个单元格，即整个需要打印的表格范围。

Step 2：点击"开始"选项卡边框下拉键，或者鼠标右键工具栏的边框下拉键。方法二与此基本相同，图中不再说明，读者可自行尝试。

Step 3：选择边框，如图3-17所示。

说明：

1．边框选择不是简单的单选，而是可以多次选择，多次选择的效果是叠加的，例如，第一次选择"所有框线"，第二次选择"粗外侧框线"，则整体效果是所有框线都有了细线，并且，外框为粗线，如图

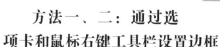

图3-18　两次边框选择后边框的叠加效果

3-18所示。

2．选项卡的"边框"功能提供了手工"绘制边框"功能，此时，可以通过画线条的方式绘制单元格边框，甚至可以非常方便地将一个边框从左上角到右下角用对角线分隔开；绘制边框的网格线、线条颜色、线型都是可以选择的。不满意还可擦除。

3．点击"其他边框"功能，系统即弹出"设置单元格格式"并自动定位到"边框"页，实现下列方法三的边框设置。

方法三：通过"设置单元格格式"窗口设置边框

进入"设置单元格格式"窗口的方法有多种，一般进行边框设置可以从上述两个方法的"其他边框"进入，也可从鼠标右键菜单"设置单元格格式"进入。我们以后者为例进行介绍。

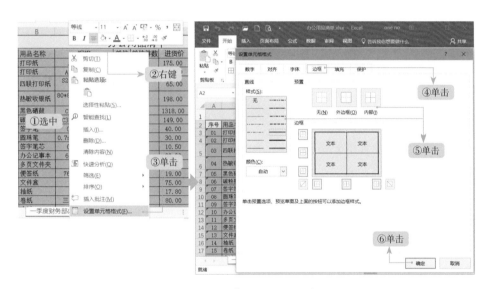

图3-19 通过"设置单元格格式"窗口设置边框

操作步骤

Step 1：选中单元格，一般是需要画出表格线的整个表格。

Step 2：在选中的单元格上点击鼠标右键。

Step 3：单击"设置单元格格式"，系统弹出设置窗口。

Step 4：在"设置单元格格式"窗口选择"边框"页。

Step 5：选择边框样式、颜色以及边框类型，获得表格边框。

Step 6：单击"确定"按钮。

从以上的操作可以看到，实际上，打开"设置单元格格式"窗口可以通过点击"字体""对齐方式"或者"数字"选项卡上的对话框启动器来实现。

实用技巧

设置边框后，通过打印预览可以看到表格打印出来的效果，或者点击"打印预览"后回到编辑窗口，Excel就会画出虚线标识打印边界，然后用户可再进行列宽调整。

3.2.9 填充设置

填充可以使单元格凸显出来，合适的填充也可以使表格更加漂亮。简单的颜色填充通过选中单元格后，点击字体的背景颜色即可实现。

更为复杂的填充则仍然需要启动"设置单元格格式"窗口，然后选择"填充"页进行设置。操作方法如下。

操作步骤

Step 1：启动"设置单元格格式"窗口，单击"填充"页。

Step 2：选择填充背景色，也

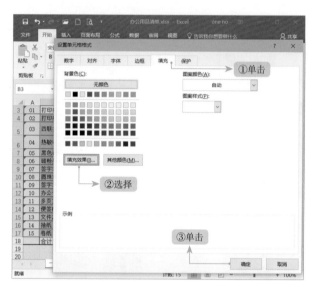

图3-20 在"设置单元格格式"窗口设置填充颜色

可以选择标准色以外的其他颜色，或者图案样式与图案颜色，或者填充效果。

Step 3：单击"确定"按钮。

说明：

1. Excel表格的填充很多时候采用按照一定规律填充工作表的模式进行，行与行之间形成明显对比，便于阅读。对此，我们将在"3.3.11套用表格格式，使用快速样式"一节中讨论。

2. Excel为用户提供了单元格样式，这些样式包含了填充、字体等内容，这些样式多数是按西方表格的惯用形式来设计的，较为新颖。

3.2.10 基本的数据关联：函数

单元格之间（特别是列与列之间）的数据往往是有关联的，例如，本节例子"办公用品清单"中，金额=数量×进货价，单价=进货价/单位件数。这些基本公式的运算是如何实现的呢？我们只需简单的几步，即可做出基本公式，实现最基本的数据关联与计算。方法如下。

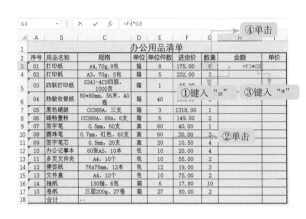

图3-21 单元格数据关联与基本函数关系

操作步骤

Step 1：在由其他单元格数据计算的单元格内，例如"金额"单元格H3，键入半角的等号"＝"。

Step 2：单击相关单元格，例如单元格F3"进货价"。

Step 3：键入公式符号，例如乘号"＊"。

Step 4：点击另一个相关单元格，例如单元格G3"数量"。

Step 5：在键盘上按回车键，则本单元格（H3）生成了函数公式"=F3*G3"的结果。

Step 6：用鼠标接触本单元格右下角形成的小方块"■"，当鼠标图标变为一个小加号"+"时，按住向下拖拉，则本列其他单元格也复制了前一单元格的函数格式。

> **重要提示**
>
> Excel函数：表示Excel工作簿中数据之间关系的运算公式，一般以"＝"开头，相关参数是数字、文本、形如 TRUE 或FALSE的逻辑值、数组、形如#N/A 的错误值或单元格引用。单元格引用给出单元格之间最基本的数据关系，被引用的单元格用相应的地址表达，运算可以为加、减、乘、除或者求和、求平均值等。
>
> Excel函数共包含十三类，分别是数据库函数、日期和时间函数、工程函数、财务函数、信息函数、逻辑函数、查找和引用函数、数学和三角函数、统计函数、文本函数以及兼容性函数等。

3.2.11 单元格格式复制

通过上述例子我们可以看到，单元格格式和相应的数据引用关系可以通过简单的拖拉得到复制，这是Excel日常计算中最简捷的功能之一。具体操作实例如图3-22所示。

操作步骤

Step 1：输入某一数据或函数，例如，我们在最左侧的"序号"列第一个单元格（K2）键入"'01"，并将其背景设置为黄色，中间"递增"列第一个单元格（L2）键入"100"，最右侧单元格（M2）键入函数"=L2+K2"。

Step 2：选中三个单元格：K2、L2、M2。

Step 3：用鼠标接触被选中的三个单元格右下角的小方块"■"，当鼠标图标变为加号"+"

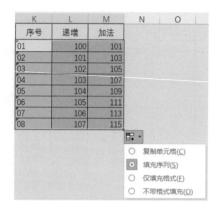

图3-22　复制单元格格式与函数关系

时，按住向下拖拉，则Excel将Step 1中录入的三个单元格的格式与函数关系自动复制生成了其下方单元格的数据。

说明：

1. 如果选择"复制单元格"，则系统将复制选中的单元格数据。

2. 默认为选择"填充序列"，则系统按照递增规律复制单元格格式。

3. 如果选择"仅填充格式"，则只将单元格格式（填充、边框等）复制出来。

4. 如果选择"不带格式填充"，则只按递增规律填充数据，不复制格式。

实用技巧

拖拉式单元格复制为Excel应用带来了巨大的方便性。实际上，"拖拉"也是定义函数参数的基本方法之一。

3.2.12　数据的有效性，创建具有数据验证功能的"报销单"

在数据录入过程中，为了保证数据的规范性，可以对输入单元格的数据设置必要的限制，并根据设置，使用Excel的数据有效性功能，禁止输入不符合要求的数据或让用户选择是否继续输入该数据。

例如在一个报销单中，部门数据只能从公司部门名称中选择，报销日期只能输入某一年度，例如2018年度；报销类型中只能选择规定的类型；每一位数据只能是0~9的整数等。这些限制都可利用Excel的数据有效性功能实现。

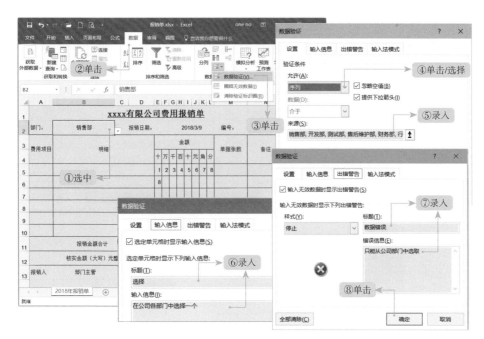

图3-23　数据有效性限制的设置

操作步骤

Step 1：选中单元格，可以是一个单元格，也可以是多个。

Step 2：在功能选项卡中单击"数据"，系统打开"数据"选项卡。

Step 3：点击"数据工具"组的"数据验证"功能，系统打开"数据验证"窗口。

Step 4：在"数据验证"窗口"设置"页的"验证条件"中单击"允许"，选择"序列"，表示输入信息从一个序列中单选。

Step 5：在"来源"中输入数据序列（注意：数据序列的各项之间要用半角逗号"，"隔开）。

Step 6：在"数据验证"窗口的"输入信息"页输入提示信息，例如，标题录入"选择"，输入信息框中录入"在公司各部门中选择一个"。

Step 7：在"数据验证"窗口的"出错警告"页输入无效时显示的提示信息，例如，标题录入"数据错误"，错误信息录入"只能从公司部门中选取"。

Step 8：单击"数据验证"窗口的"确定"按钮。

说明：

1. 数据有效性验证实际上是一个编程的过程，这个过程集中了数据约束条件设置、提示信息、错误提示三个方面，我们可以只做"设置"页的工作，即做完Step 5就点击"确定"，这样一来，只是少了输入提示和错误提示，系统同样会进行数据有效性的验证。

2．Excel给出的"验证条件"有多种，缺省是"任何值"，当选择"整数""小数""日期""时间""文本长度"时，对数据的约束都可以有"介于"（最小至最大之间）、"未介于"（最小至最大之间）、"等于"等对数据的具体要求。例如，我们选中"金额""十万千百十元角分"下的所有单元格，并选择"整数"进行如图3-24所示的范围与报错警告设置。

当输入不符合上述约束条件时，就会如图3-24那样报错。

图3-24　数据验证中的出错报警信息制定

3．数据有效性验证对于保证数据表中数据的规范性有重要作用。然而，有些时候，数据是在制定有效性验证之前录入的，或者是从其他数据来源导入的，没有受到数据验证功能的限制，我们则可以用"数据验证"中的"圈释无效数据"来圈出无效的数据。例如，对于一个"学生成绩表"，由于数据是从其他系统导入的，为了防止表中具有最一般的非法数据，我们可以采用这一功能来予以识别。操作步骤如图3-25所示。

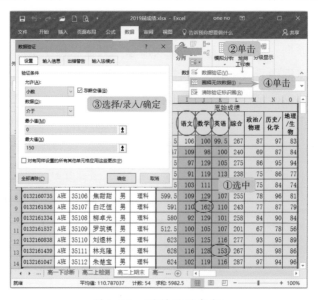

图3-25　圈释无效数据

Step 1：导入数据后，选中需要进行验证的列。

Step 2：单击"数据工具"组的"数据验证"功能。

Step 3：设置相关列的"数据验证"规范，例如，对"语文""数学""英语"三列，数据验证设置在0~150分。

Step 4：单击"数据工具"组的"圈释无效数据"功能，系统即会圈出不符合数据验证规范的数据，以便我们进行更正。

3.2.13 区域的快速复制

在利用Excel处理表格时，我们经常会将数个单元格或区域中的信息复制到另一位置。实现复制Excel表格数据的方法有许多种，最基本的是采用"选中"—"复制/粘贴"（或者使用快捷键Ctrl+C和Ctrl+V）。但是，在Excel中，"选中"—"Ctrl+拖拉"的方法是无效的，因为这时的拖拉仍然是对单元格的选中操作。

实际上，Excel提供了一种更为直接的单元格区域复制方式，如图3-26所示。

图3-26 鼠标右键拖拉法快速复制单元格区域

操作步骤

Step 1：选中单元格区域，例如，需要复制的表格区域。

Step 2：将光标放到表格区域边缘，这时，光标由十字形✛变成移动对象的四向箭头光标✛。

Step 3：按住鼠标右键，这时，系统会显示整个选定区域的轮廓，我们只需拖动这个区域到需要的位置，然后松开鼠标，系统即会弹出一个选择菜单，选择"复制到此位置"，即可快速将表格复制到需要的位置。

这一复制方法特别适合用于复制格式规范的需要重复使用的单证类表格，也可用于复制选定的行，即实现数据记录的快速复制。

当然，右键菜单中还有其他功能，读者可自行尝试。

3.2.14　条件格式 • • •

Excel可以让用户设置一定的条件，当单元格数据满足条件时，则系统自动按照特定的单元格格式（包括边框、底纹、字体颜色等）显示和打印数据。

此功能可以根据用户的要求，快速对特定单元格进行必要的标识，以起到突出显示的作用。例如，成绩低于60分时用红色字体显示单元格数据，或者根据某种文本设置突出显示（例如，包含有某个文本的单元格底色显示为绿色）。如图3-27所示。

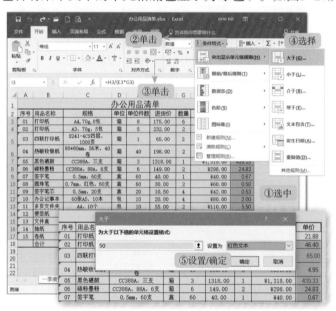

图3-27　利用单元格条件格式突出显示单元格信息

操作步骤

Step 1：选中单元格，可以是一列，也可以是一列中的很多行，例如，我们选择办公用品清单中"单价"列的15个单元格。

Step 2：单击功能选项卡"开始"中的"条件格式"。

Step 3：选择"突出显示单元格规则"功能。

Step 4：选择"大于""小于""介于"等功能中的一个，例如，选择"大于"规则，系统弹出设置窗口。

Step 5：系统默认大于中位数，可以修改为自己需要的数据，然后调整突出显示模式，例如，"设置为"一项选择"红色文本"，系统立即将满足条件的单元格按规则加以突出显示。通过打印预览，可以看到被设置规则的单元格按规则突出显示了。

说明：

1. 文本突出显示规则可以是包含某个词或者词组的，例如，突出显示品名中包含"纸"的办公用品，则能达到如图3-28的效果。

2. 条件显示还有如图3-29的左图所示的"最前/最后规则"，例如，前10项的效果，如图3-29的右图所示。这种显示效果有时其实只需用于数据筛选与观察，例如，看一看哪些用品单价高。

图3-28　文本"包含"形式的单元格突出显示模式

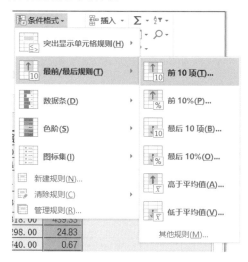

图3-29　"最前/最后规则"形式的单元格突出显示模式

3. "数据条"规则可以在单元格中按百分比显示当前单元格与最大值相比的比例；这对于对比数据大小有较为直观的帮助，如图3-30所示（用数据条的方式显示了三个销售员的业绩汇总情况）。当然，专门的图形化对比可以采用"转换为图表"功能以获得更加明确的效果。

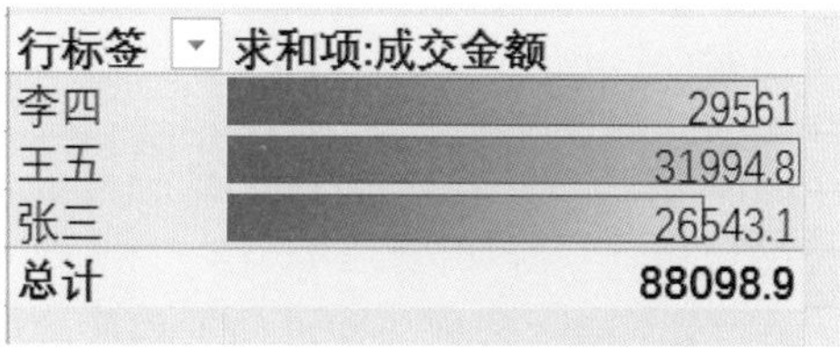

行标签 ▼	求和项:成交金额
李四	29561
王五	31994.8
张三	26543.1
总计	**88098.9**

图3-30　按百分比显示的数据条

4. "色阶"是以数据大小为基础按颜色进行分组，相应地改变单元格背景颜色。"图标集"是系统提供一些有特殊含义的图标，按数据大小进行分组，相应地显示某些特别的图标。

5．系统还提供了"新建规则"给用户新建突出显示的规则，或者"删除规则"，并可以利用"管理规则"实现复杂规则的制定。

高手进阶——单元格综合操作

1．建立如本节用例"办公用品清单"中的数据表，定义数据关系：单价=进货价/单位件数，用复制单元格的方法算出每一种办公用品的单价。

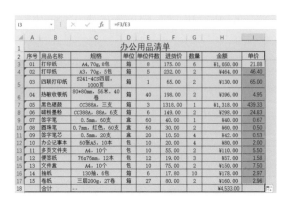

图3-31　"办公用品清单"素材表

2．利用Excel素材文件夹中的素材"采购计划表格式-素材.xlsx"，完成下列操作：

（1）将标题行A1:M1进行单元格合并，并将表格标题改为22号字、加粗。

（2）在表格前增加三行，在第一行上沿划线，第二行添加"施工单位""工程编号"，适当进行单元格合并，将之放置于表格两端。

（3）第三行增加"工程名称""日期：年月日""图册编号"，适当合并单元格，保证上述三项均匀排列于第三行。

图3-32　"材料计划"素材表

（4）按照图3-31所示修改材料列表标题。

（5）在材料列表下增加签名行，并给材料列表添加边框。

（6）调整各列的宽度使表格能够打印在一页A4纸上。

（7）将工作表名称改为"消耗性材料采购计划"。

（8）新建一个工作表，取名"装置性材料采购计划"，并按图3-32的格式进行修改。

3.3 Excel工作表，创建"月度销售情况表"

如前文所述，Excel工作表由列和行组成，既是存放数据的表格，也是具有一定格式的表格。当然，Excel工作表本身并没有确定任何表格格式，也不会对数据格式进行任何限制，如果需要一定的格式，或者对数据格式有所要求，需要用户自行进行限制。

本节，我们以创建一个销售情况表为例，介绍工作表的基本操作。

3.3.1 新建工作表

一个Excel工作簿，可以由多个工作表组成，例如，我们可以将全年的销售情况按不同的月度建立不同的工作表，即工作簿（Excel文件）为某年度的销售情况，而每一个工作表则是该年度中每一个月度的销售情况表。

Excel新建工作表非常方便，点击工作表标识旁边的⊕号即可，如图3-33所示。

图3-33　新建工作表

说明：

1. 新建的工作表名称一般按Sheet 2、Sheet 3……往后排，可以根据实际工作的需求更改表名。

2. 新建工作表为空工作表，如果需要格式或栏目名称，可由前一个工作表复制过来。

当然，新建工作表除了存放与第一个工作表内容相似的工作表以外，还可以存放与第一个工作表内容相关的信息，这样，各个工作表之间的数据可以相互引用，而整个工作簿就形成了一个小型的管理信息系统。

3.3.2 关于表格标题

Excel工作表如果用于存放一个数据列表，即按照二维表形式组织数据，那么，每一列下属的单元格是"同质"的，即属性相同，例如，第一列为"编号"，第二列为"产品名称"，第三列为"型号"，依此类推。那么，"编号""产品名称""型号"等栏目名称放在哪里呢？

Excel考虑到了这个问题，它允许我们将每一列的第一行作为标题。由此定义的标题就好像数据库里的"列名"或"字段名"，在后面的函数乃至Word中还可以被引用。

操作步骤

Step 1：选中包含数据的列，或者是包含数据的单元格区域。

Step 2：单击功能选项卡中的"公式"标签，系统打开"公式"选项卡。

Step 3：单击"定义的名称"功能下拉按钮。

Step 4：选择"根据所选内容创建"功能，系统弹出"根据所选内容创建名称"窗口。

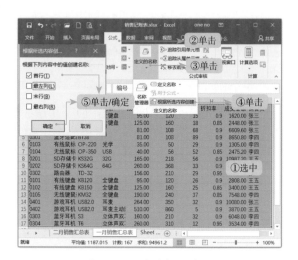

图3-34　列的标题定义

Step 5：在"根据所选内容创建名称"窗口中选择首行，单击"确定"，由此数据表的首行每一个单元格被定义成了这一列的名称。

列的名称被定义后，我们打开"名称管理器"可见，系统完成了相关数据的采集。

在工作表中，如果我们要引用某一列时，就可以采用定义的名称来进行。

图3-35　名称管理器

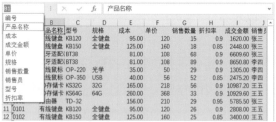

图3-36　定义列的标题后，可以用名称进行引用

实际上，在将一个普通的工作表通过"套用表格格式"转换为更为规范的Excel表时，系统会给出"表包含标题"的选项，让用户确定把数据的第一行用作标题行。参见3.4.1。

列标题一般在工作表的第一行或者第二行，进行排序等操作时Excel一般会自动排除标题行，但在某些其他的统计操作中，一般需要确认是否具有标题行，或者确认数据区域，此时，需要注意排除标题行或其他说明文字所占的行。

3.3.3 复制工作表

复制工作表的操作方法如下。

操作步骤

Step 1：右键单击需要复制的工作表标签页，系统弹出右键菜单。

Step 2：在右键菜单中选择"移动或复制"功能，系统弹出"移动或复制工作表"窗口。

Step 3：选择需要复制的工作表。

Step 4：单击"建立副本"。

Step 5：单击"确定"。

说明：

1. 移动工作表最方便的方法是拖

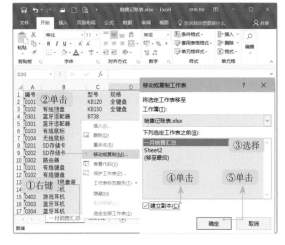

图3-37　复制工作表

拉法，即用鼠标按住工作表标签，向左或者向右拖拉即可。

2. 复制工作表后，所有数据都被复制过来了，双击标签页即可改名，修改数据后即可使用。

3.3.4 插入行、插入列或删除行、删除列

在编辑过程中，有时需要在工作表中插入行、插入列或者删除行、删除列，我们可以通过选中多行或者多列来插入多行或者多列。

这些操作的入口一般都有两个：第一，选项卡功能；第二，鼠标右键菜单。操作方法如下。

方法一：通过选项卡功能插入行

操作步骤

Step 1：选中多行，如果不选中多行则只插入一行。

Step 2：单击"开始"选项卡"插入"功能组，系统下拉插入菜单。

Step 3：单击"插入工作表行"，则系统在选中的行上方插入选中数量的行，其他行则自动下移。效果见图3-38所示。

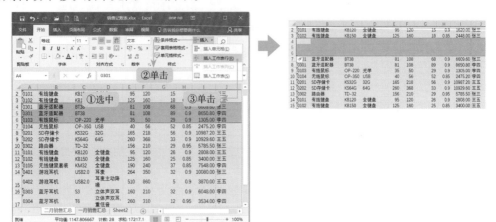

图3-38 利用选项卡功能在工作表插入行

方法二：通过鼠标右键菜单插入行

操作方法见图3-39所示。

操作步骤

Step 1：选中多行，如果不选中多行则只插入一行。

Step 2：在选中的行上单击鼠标右键，系统弹出右键菜单。

Step 3：在右键菜单中选择"插入"，系统即会在选中的行上方插入选中数量的行，其他行则自动下移。

插入列与插入行的操作相似，在此不再赘述。

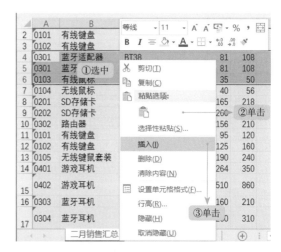

图3-39 利用鼠标右键菜单在工作表插入行

温馨提示

由于Excel工作表都是按照行和列来组织数据的，所以，通常情况下，很少有单独插入单元格的情况。

3.3.5 行高、列宽对工作表格式的影响

工作表格式表现了工作表的整体面貌。而工作表格式涉及行高、列宽设置以及工作表格式设置等。工作表格式设置有很多技巧。

行高、列宽是工作表格式的基础，会影响整个工作表的格式。行高、列宽等基本格式的调整可以通过"开始"选项卡单元格格式功能实现，如图3-40所示。

说明：

1. 单元格格式的行高实际上受到默认字体的影响，如果默认字体是9磅，默认行高则为11.4磅；如果默认字体为11磅时，默认行高则为13.8磅。"自动调整行高"则按这一标准执行。

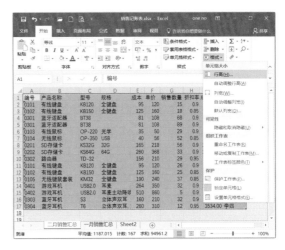

图3-40　单元格行高、列宽等基本格式的设置

2. 增加行高，会使表格看上去更为大方，但也不宜过宽。

3. 如果设置了自动换行，则任何一个单元格的数据宽度大于列宽时，该单元格都会自动换行。

4. 一个工作表列宽的形成往往是在编辑过程中拖拉出来的，我们可以利用"自动调整列宽"功能让系统根据数据宽度自动调整列宽，但是，自动调整后有的列宽可能过大，导致工作表有的列超出打印边界。

图3-41　应用自动列宽后工作表一列超出了打印边界

5. 解决工作表后面的列超出页面打印区域的方法有两个：第一，如果超出不多，即最后一列较窄，则可以通过页面设置减小页边距，增加打印幅面；第二，可以通过设定单元格"自动换行"（参见"3.2.7单元格自动换行设置"），在自动换行的基础上通过减小一些较宽的列宽来保证所有列都在打印范围内。

6. 行高和列宽的调整还可以在选中某几行或某几列的情况下（或者单击列标A左侧的"全选块"，选中所有单元格），将鼠标放到行标或列标的间隔处，鼠标会转变为上下或左右拉动箭头形式，此时按住鼠标拖拉，即可直接调整行高或列宽，或者在选中的单元格上点击右键，通过鼠标右键菜单功能中的"行高"或"列宽"进行调整。

3.3.6 隐藏行、隐藏列 ● ● ●

我们可以通过隐藏行或隐藏列来不显示并且不打印某一些信息。操作方法有两个途径：第一，选项卡功能；第二，鼠标右键菜单。这里以隐藏列为例，介绍如下。

方法一：通过选项卡功能设置

操作步骤

Step 1：单击列标，选中列，可以多选。

Step 2：单击"开始"选项卡中的"格式"按钮，系统下拉各种格式相关选项。

Step 3：单击"隐藏和取消隐藏"，系统弹出二级下拉菜单。

Step 4：在二级菜单中选择"隐藏列"功能。

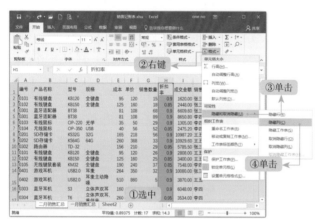

图3-42　利用选项卡功能隐藏列

图3-43　利用鼠标右键菜单隐藏列

方法二：通过鼠标右键菜单设置

Step 1：单击列标，选中列，可以多选。

Step 2：在选中的列上单击鼠标右键，系统弹出右键菜单。

Step 3：在右键菜单中选择"隐藏"功能。

图3-44是隐藏列后的效果，最后一列进入了打印范围。

12	0102	有线键盘	KB150	全键盘	125	160	25	3400.00	王五
13	0105	无线键鼠套装	KM32	全键盘	190	240	37	7548.00	李四
14	0401	游戏耳机	USB2.0	耳麦	264	350	32	10080.00	张三
15	0402	游戏耳机	USB2.0	耳麦主动降噪	510	860	5	3870.00	王五
16	0303	蓝牙机	S3	立体声双耳	160	210	32	6048.00	李四
17	0304	蓝牙机	T6	立体声双耳,重低音	隐藏列后的效果		32	3534.00	李四
18									

图3-44　隐藏列后的效果

实用技巧

隐藏列的快捷键为Ctrl+0，而隐藏行的快捷键为Ctrl+9，在选中列或行后，在键盘上按快捷键即可实现隐藏功能。取消隐藏列的快捷键是Ctrl+Shift+0，取消隐藏行的快捷键是Ctrl+Shift+9。

隐藏行与隐藏列的操作相似，这里不再赘述。

3.3.7 数据排序与筛选

原始数据一般总是无序的，只有通过数据排序、筛选等操作，才能看出其中规律。Excel提供了数据直接排序与筛选功能。

数据排序与筛选功能被放在了"开始"选项卡和"数据"选项卡中。我们以"开始"选项卡为例进行介绍。

数据排序操作如下。

操作步骤

Step 1：将光标停留在需要排序的列。

Step 2：单击"开始"选项卡中的"排序与筛选"下拉功能列表按钮。

Step 3：选择"升序"或者"降序"，系统即会按照升序或者降序将工作表的数据重新排列。

说明：

1. 编号之所以采用字符型数字，例如，0101、0102等，主要目的就是保证排序更加合理。

2. 字符型数据排序时是按ASC II码或汉字内码次序排列。

3. 如果需要对多个关键字进行排序，可以利用自定义排序功能进行。如图3-46所示，当主要关键字为"销售员"，次要关键字为"成交金额"时，我们就可以看出某位销售员

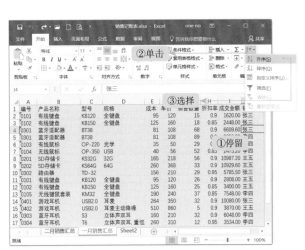

图3-45 工作表数据排序

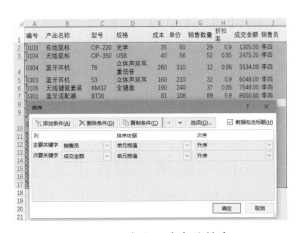

图3-46 自定义多条件排序

在哪个产品销售方面业绩更好。

在有的应用中，可能需要达到某种特殊的组合排序要求，例如，根据成本与折扣率联合排序，这时，可以插入一个临时列，按组合排序要求进行计算后，再以此排序即可。

工作表筛选的建立如下。

操 作 步 骤

Step 1：单击"开始"选项卡"编辑"组的"排序与筛选"下拉功能列表。

Step 2：在下拉功能中选择"筛选"功能，系统即会在每一列的标题（字段名）上生成下拉按钮，这个下拉按钮中就包括了基于本列进行数据筛选的控件和数据。

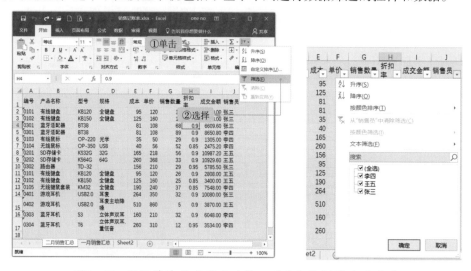

图3-47　数据筛选的实现及对某一列进行数据筛选的效果

实现数据筛选的快捷键是Ctrl+Shift+L，对任意工作表，按下这一快捷键，则数据表的每一个标题上即会生成下拉按钮，再次按下这一组合键，则生成的下拉按钮消失。

实际上，数据的排序与筛选，还有3.3.8的数据分类汇总与分级显示，都是对Excel表的操作，即对工作表中含有数据的表格的管理与分析。

将数据表转换为Excel表后，系统会对每一列自动生成数据筛选按钮。

3.3.8　数据的分类汇总与分级显示

分类汇总和分级显示是Excel中最常用的功能之一，它能够以某一个字段为分类项，对数据列表中的数值字段进行各种统计计算，如求和、计数，求平均值、最大值、最小值等。

分类汇总实际上是在数据排序基础上进行的，这样既可保证速度，又可保证数据显示的清晰性。参考如下实例进行介绍。

操作步骤

Step 1：将光标停留在需要排序分类的列上，例如，销售记账表中的"销售员"。

Step 2：单击功能选项卡标签"数据"。

Step 3：单击"排序"按钮，工作表数据即按照"销售员"进行了排序。

Step 4：点击分级显示中的"分类汇总"功能，系统弹出"分类汇总"选择窗口。

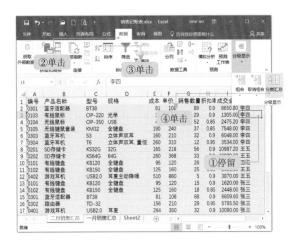

图3-48 为分类汇总做准备的排序

Step 5：在"分类汇总"选择窗中，选择分类字段，默认为排序的字段，然后选定汇总方式与汇总项，例如"销售数量""成交金额"，点击"确定"。系统即会以"销售员"为分类字段进行分类汇总统计（如图3-49）。

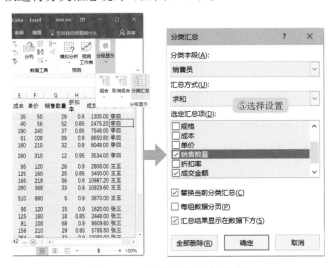

图3-49 分类汇总选择设置

说明：

1. 排序是分类汇总的基础，如果不进行排序，系统将会认为每一行就是一个类别，失去了分类的能力。

2. 分类汇总的分类字段还可以是其他字段，例如"名称"或者"型号"，获得不同的分析。

3．在数据透视表中，可以进行更为复杂的分类汇总和分析，获得灵活而且独立的汇总结果。关于数据透视表，后面会单独介绍。

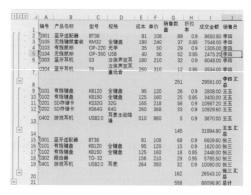

图3-50　分类汇总结果

4．当我们将光标移动到某一个分类汇总单元格时，可以看到，分类汇总实际上是在排序后调用了一个函数（SUBTOTAL），关于函数的应用基础，我们将在3.7予以介绍。

5．在分类汇总中的数据是分级显示的，汇总后工作表的左上角出现了一个分级显示级别标识 1 2 3 。单击级别标识1，在表中就只有总计项出现，单击2，则只出现分类汇总结果，如图3-51所示：

		编号	产品名称	型号	规格	成本	单价	销售数量	折扣率	成交金额	销售员
	8							251		29561.00	李四 汇总
	14							145		31994.80	王五 汇总
	20							162		26543.10	张三 汇总
	21							558		88098.90	总计

图3-51　分级显示结果

6．进行分类汇总后，有时希望将汇总结果复制到一个新的数据表中，如图3-52。但是，如果直接进行复制，会发现无法只复制汇总结果，而是复制了所有数据。此时我们只需要在选中复制区域后，单击"Alt+;"（Alt+分号键）组合键

销售数量	折扣率	成交金额	销售员
251		29561.00	李四 汇总
145		31994.80	王五 汇总
162		26543.10	张三 汇总
558		88098.90	总计

图3-52　选择复制汇总结果

选取当前屏幕中显示的内容，然后再进行复制粘贴（Ctrl+C、Ctrl+V）即可。

3.3.9　拆分和冻结窗口 ● ● ●

拆分窗口：当数据表记录较多时，我们可以将窗口拆分为不同的窗格，这些窗格可以单独滚动显示不同区域的数据。如图3-53所示。

操作步骤

Step 1：将光标停留在某一窗格内，例如，B2单元格。

Step 2：单击功能选项卡"视图"标签，系统打开"视图"选项卡。

Step 3：点击"拆分"功能，则系统在光标停留的单元格上方和左侧出现横向和纵向两条分割线，此时，数据显示窗口被分成了两个可以独立滚动的窗口。

说明：

1. 窗口的拆分，一方面是为了在数据较多时对比前后数据或者上下数据记录之间的差别；另一方面是为了能够冻结某些窗格，以便翻页时能够更好地对应相应的栏目名称或者记录名称。

2. 如果想要冻结第一行以及A、B两列，此时只需要将光标放在第一行的下面以及A、B两列的右侧，即C2单元格，然后点击冻结拆分窗格即可冻结第一行以及A、B两列。

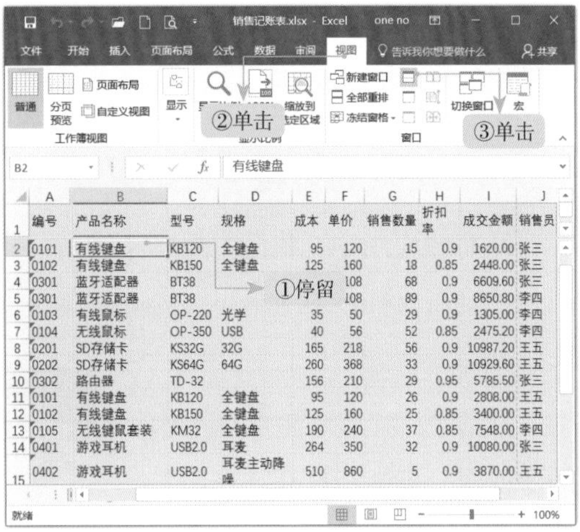

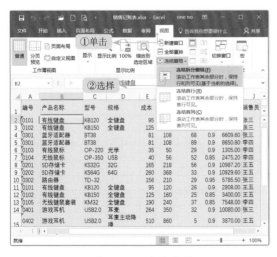

图3-53 拆分窗口

3. 而如果只需要垂直拆分，可直接拖动横向拆分线到顶端，横向拆分线就会消失；纵向亦然。

4. 再次点击"拆分"按钮，则取消了窗口拆分操作。

5. 拆分窗口只是显示模式的调整，不会对数据产生任何影响。

为了在翻看数据时更好地对应纵向的数据栏目或者横向的数据记录，可以采用冻结窗格的方法来进行操作。冻结窗格的方法如下。

操作步骤

Step 1：点击"视图"选项卡标签。

Step 2：选择"冻结拆分窗格"功能，此时，光标所停留的窗格的上方和左侧窗格将被冻结，下方窗格仍然可以独立地上下翻页，右侧窗格也可以左右滚动；也可以选择"冻结首行"或者"冻结首列"，此时，Excel只冻结了首行或者首列。

图3-54 冻结窗格

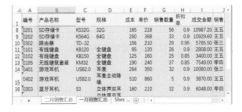

图3-55 未冻结的窗格可以独立翻页

说明：要取消被冻结的窗格，只需按上面步骤再次操作即可。窗格被冻结后，"冻结拆分窗格"功能按钮就自动变成了"取消冻结窗格"，单击即取消窗格的冻结。

3.3.10　创建多个窗口

在有些应用中，我们需要一边查看信息，一边录入或者修改信息，相互参照对应，因此，就需要打开多个窗口。为此，Excel提供了多窗口操作模式。

操作步骤

Step 1：单击功能选项卡中的"视图"标签，打开"视图"选项卡。

Step 2：点击"窗口"组的"新建窗口"功能，系统即会打开一个新窗口，同时打开了当前工作表的副本，文件名为"原文件名:2"标识（二号窗口），而原窗口的文件名被自动标识为"原文件名:1"（一号窗口）。

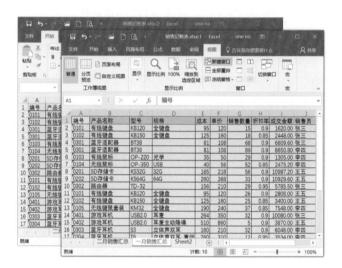

图3-56　创建多个窗口

说明：

1．图3-56为了讲解的方便，将原窗口（一号窗口）提到前方来了，实际上，打开的新窗口（二号窗口）默认在前方。

2．多窗口打开的只是当前工作簿的副本，所以，在任何一个窗口中改变数据时，另一个窗口的数据会发生同步改变。

3．Excel支持打开更多的窗口，同样是原工作簿的副本，方便我们在对照的状态下进行数据处理。

4．可以利用"全部重排"功能来重新排列窗口位置。

3.3.11　套用表格格式，使用快速样式

Excel工作表一般用于采集、存放数据，但是，在很多的应用中，Excel中的表格仍需要用于打印输出，因此，表格的外形格式漂亮与否也很重要。Excel提供了一系列非常方便的工作表格式样式供用户直接套用。如图3-57所示。

操作步骤

Step 1：将光标停留在工作表数据区。

Step 2：单击“开始”选项卡的“套用表格格式”功能，系统下拉列表显示按照“浅色”“中等色”和“深色”组织的数十个预设表格格式。

Step 3：在系统预设的表格样式中选择一个样式，则系统如图3-57弹出“套用表格式”所示的表数据来源地址确认窗，其中“表数据的来源”表明，Excel系统已经自动找到了工作表的数据区。

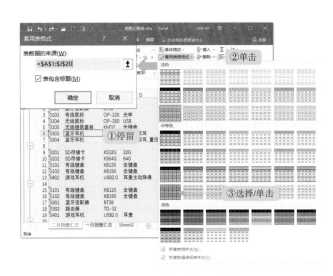

图3-57　套用表格样式

Step 4：单击“套用表格式”小窗口的“确定”或者直接按回车键，系统即对找出的数据区套用表格格式。效果如图3-58所示。

	编号	产品名称	型号	规格	成本	单价	销售数量	折扣率	成交金额	销售员
2	0301	蓝牙适配器	BT38		81	108	89	0.9	8650.80	李四
3	0103	有线鼠标	OP-220	光学	35	50	29	0.9	1305.00	李四
4	0104	无线鼠标	OP-350	USB	40	56	52	0.85	2475.20	李四
5	0105	无线键鼠套装	KM32	全键盘	190	240	37	0.85	7548.00	李四
6	0303	蓝牙耳机	S3	立体声双耳	160	210	32	0.9	6048.00	李四
7	0304	蓝牙耳机	T6	立体声双耳，重低	260	310	12	0.95	3534.00	李四
8							251		29561.00	李四 汇总
9	0201	SD存储卡	KS32G	32G	165	218	56	0.9	10987.20	王五
10	0202	SD存储卡	KS64G	64G	260	368	33	0.9	10929.60	王五
11	0101	有线键盘	KB120	全键盘	95	120	26	0.9	2808.00	王五
12	0102	有线键盘	KB150	全键盘	125	160	25	0.85	3400.00	王五
13	0402	游戏耳机	USB2.0	耳麦主动降噪	510	860	5	0.9	3870.00	王五
14							145		31994.80	王五 汇总
15	0101	有线键盘	KB120	全键盘	95	120	15	0.9	1620.00	张三
16	0102	有线键盘	KB150	全键盘	125	160	18	0.85	2448.00	张三
17	0301	蓝牙适配器	BT38		81	108	68	0.9	6609.60	张三
18	0302	路由器	TD-32		156	210	29	0.95	5785.50	张三
19	0401	游戏耳机	USB2.0	耳麦	264	350	32	0.9	10080.00	张三
20							162		26543.10	张三 汇总
21							558		88098.90	总计

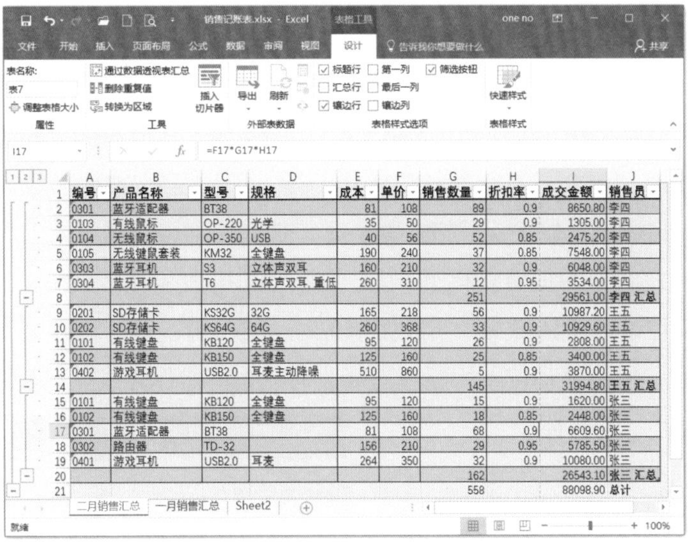

图3-58　套用表格样式后工作表转化为了表对象

说明：

1．“套用表格格式”功能只对无填充的单元格有效，只要单元格设置了填充颜色，无论填充颜色是在套用格式之前还是之后设置的，都会被套用格式的颜色设置所覆盖。

2．可以看到，在套用表格格式后，不仅表格显示以隔行填充的方式变得突出、漂亮了，而且，工作表被自动转为了Excel表，且自动在标题行加上了“数据排序与筛选”下拉按钮，可以方便地直接对数据表格进行排序、筛选、调整格式等操作。

3．我们还可以在"插入"选项卡选择"表格"功能，同样可以将工作表转换为Excel表。

4．在功能区自动增加了一个"设计"选项卡标签时，系统自动切换到了"设计"选项卡，以方便用户设置Excel表。对于Excel表的应用，我们将在3.4.2予以专门讨论。

5．这时可以通过"设计"选项卡的"快速样式"改变表格样式。

6．如果你有足够的耐心，还可以设计新的表格样式。

实用技巧

Excel提供了自定义表格样式功能。我们可以将自己或者公司常用的有特色的表格样式通过自定义的方式获得新的样式，在今后的工作中直接调用，即可高效获得符合规范的表格格式。

3.3.12　获取外部数据，导入"沪深300指数"数据．．．

外部数据源是广泛的，而Excel的数据是规范的，而且Excel有众多的分析工具，其中某些分析工具甚至在一些管理系统中都很难实现，例如后面我们将讨论到的Excel表和数据透视表。所以，在实际应用中，我们经常需要导入其他数据源的数据。

当数据量小时，例如只有十几行或者几十行，用"复制/粘贴"导入数据不失为一个简捷的方法，但数据量较大，且格式复杂时，就需要利用数据导入工具了。

例如，如果从其他数据源获得了部分"沪深300指数"日K线的txt文件，打开后仅凭人工方式甚至很难读懂其格式，当数据量大时，更不可能手工整理这些数据，但我们若将其导入Excel，即可自动按结构整理出规范的数据。操作方式如下。

图3-59　文本文件数据源

图3-60　导入文本文件数据（1）

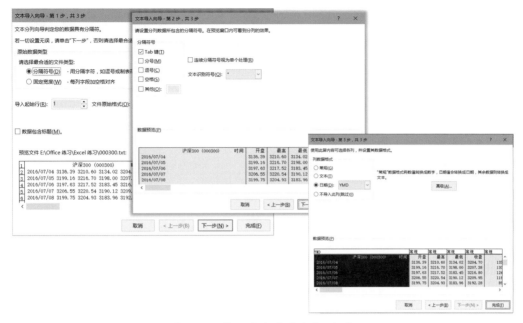

图3-61　导入文本文件数据（2）

Step 1：新建一个工作表，点击功能选项卡"数据"标签。

Step 2：点击"获取外部数据"，选择"自文本"，系统弹出文件选择窗。

Step 3：在文件选择窗中找到合适的文件，然后点击"导入"按钮（或者双击要选择的文件），系统打开"文本导入向导"窗口。

Step 4：在"文本导入向导"窗口中选择分隔符，确认起始行，如果原文件包含标题还需选择确认"数据包含标题"，在这个过程中，预览窗口随时可以看到效果。

Step 5：在"文本导入向导"窗口中点击"下一步"，导入向导进入第二步。

Step 6：向导第二步，系统会让用户选择分列分隔符，用户可以根据原始文本文件的情况进行选择。选择后再次点击"下一步"，向导进入第三步。

温馨提示

　　需要注意的是，如果原始数据里面包含有日期型数据，请务必进入下面介绍的第三步，如此一来，系统可以将日期型数据转为Excel格式的日期，以便后面筛选统计。

Step 7：Excel会找出日期型字段，用户为其选择合适的格式，单击"完成"按钮，系统弹出数据存放位置确认窗口。

Step 8：确认导入数据存放位置后，点击"确定"，系统即会完成数据导入工作。

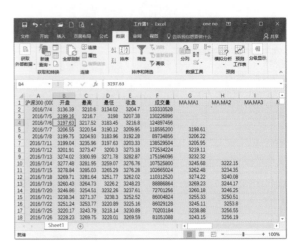

图3-62　数据导入窗口和导入效果

说明：

1. Excel还可以从其他各类数据源导入数据。其中来自Access的数据也很简洁、易操作；而来自网站的数据一般只是导入了页面的结构信息，如果需要抓取页面其他动态信息，还需要其他的软件工具，如果导入的数据不多，还是对表格进行"复制/粘贴"来得快；至于需要导入其他数据源，例如SQL Server数据库或XML中的信息，需要更深入的知识。由于篇幅的关系，在此不再介绍。

2. 在"导入数据"确认窗口中，可以选择将导入数据存放到新工作表中，如此一来，系统就会建立一个新工作表，存放导入的数据。

3. 在"导入数据"确认窗口中，如果点击"属性"按钮，系统会弹出"外部数据区域属性"设置窗口，在其中可进行一些深入设置，一般应用可以不考虑。

格式规范

显然，只要是从规范的管理系统中导入的数据，一般数据的规范性是有保证的，但是，在数据格式方面，例如保留小数位数等，还需要进行专门设置。

3.3.13　页面设置、打印区域与打印标题

1．页面设置

Excel文档的打印是按工作表来打印的，即一个工作簿含有多个工作表，打印时默认是打印当前打开的工作表。

与Word类似，Excel也提供了页面布局与页面设置选项。

由于Excel的主题中包括了一套精彩的配色方案，而这些配色方案只对Excel表有效果，所以，关于主题与配色方案，我们将放在3.4.3介绍，这里主要介绍Excel的页面设置。

页面设置的效果是针对Excel工作表中的数据区域实现的。与Word类似，页面设置主要包括调整页边距、纸张方向、纸张大小等功能，我们只需单击"页面布局"功能选项卡标签页，即可方便调整。也可点击"页面设置"组的对话框启动器打开页面设置窗口进行调整，或者在文件的打印页面进行调整。具体调整方法与效果参见1.2.10的介绍。

2．打印区域

这里仅说明Excel特有的打印区域设置功能。

操作步骤

Step 1：选中数据区域。

Step 2：单击功能选项卡"页面布局"标签，系统打开"页面布局"选项卡。

Step 3：在"页面设置"组点击"打印区域"功能下拉列表。

Step 4：在"打印区域"功能列表中，选择"设置打印区域"功能。

说明：

1．设置打印区域实际上是基于页面的纸张大小、纸张方向和页边距，然后

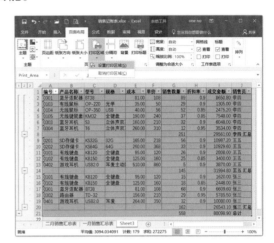

图3-63　打印区域设置

根据选中的区域规划出打印区域，设置后，系统会给出打印区域标记线，如上例"销售员"列就在打印区域外，这样一来，就会被打印到第二页了。

2．确认打印区域后，可以通过调整页面设置和列宽达到正确的打印效果。

3．打印标题

有的工作表数据区域较长，那么，打印就需要多页，而每一页的表头都应该有标题，此时，我们可以采用"打印标题"功能解决。

操作步骤

Step 1：选中需要打印的区域。

Step 2：单击功能选项卡"页面布局"标签。

Step 3：单击"打印标题"按钮，系统弹出页面设置窗口，自动定位到

图3-64　打印标题设置

最后一页"工作表"，且打印区域为选中区域。

Step 4：初次打印时"顶端标题行"可能为空，我们可以直接用鼠标点击标题行的行标，或者输入绝对地址范围，例如A2:O2。

Step 5：单击"打印预览"，系统即会弹出打印预览窗口，可以看到，所有页的表格都加上了标题。

编号	产品名称	型号	规格	成本	单价	销售数量	成交金额	销售员
0101	有线键盘	KB120	全键盘	95.00	120	15	1620.00	张三
0102	有线键盘	KB150	全键盘	125.00	160	18	2448.00	张三
0301	蓝牙适配器	BT38						
0301	蓝牙适配器	BT38						
0103	有线鼠标	OP-220						
0104	无线鼠标	OP-350						
0201	SD存储卡	KS32G						
0202	SD存储卡	KS64G						

编号	产品名称	型号	规格	成本	单价	销售数量	成交金额	销售员
0402	游戏耳机	USB2.0	耳麦主动降	510.00	860	5	3870.00	王五
0303	蓝牙耳机	S3	立体声双耳	160.00	210	32	6048.00	李四
0304	蓝牙耳机	T6	立体声双耳	260.00	310	12	3534.00	李四

图3-65　多页带标题打印预览

高手进阶——工作表操作练习（1）

中国的人口发展形势非常严峻，为此国家统计局每十年进行一次全国人口普查，以掌握全国人口的增长速度及规模。按照下列要求完成对第五次、第六次人口普查数据的统计分析：

1. 新建一个空白Excel文档，将工作表sheet 1更名为"第五次普查数据"，将sheet 2更名为"第六次普查数据"，将该文档以"全国人口普查数据分析.xlsx"为文件名进行保存。

2. 浏览网页"第五次全国人口普查公报.htm"，将其中的"2000年第五次全国人口普查主要数据"表格导入到工作表"第五次普查数据"中；浏览网页"第六次全国人口普查公报.htm"，将其中的"2010年第六次全国人口普查主要数据"表格导入到工作表"第六次普查数据"中（要求均从A1单元格开始导入，不得对两个工作表中的数据进行排序）。

3. 对两个工作表中的数据区域套用合适的表格样式，要求至少四周有边框且偶数行有底纹，并将所有人口数列的数字格式设为带千分位分隔符的整数。

4. 将两个工作表内容合并，合并后的工作表放置在新工作表"比较数据"中（自A1单元格开始），且保持最左列仍为地区名称、A1单元格中的列标题为"地区"，对合并后的工作表适当地调整行高列宽、字体字号、边框底纹等，使其便于阅读。以"地区"为关键字对工作表"比较数据"进行升序排列。

5．在合并后的工作表"比较数据"中的数据区域最右边依次增加"人口增长数"和"比重变化"两列，计算这两列的值，并设置合适的格式。其中，人口增长数=2010年人口数−2000年人口数；比重变化=2010年比重−2000年比重。

6．打开工作簿"统计指标.xlsx"，将工作表"统计数据"插入到正在编辑的文档"全国人口普查数据分析.xlsx"中工作表"比较数据"的右侧。

7．在工作簿"全国人口普查数据分析.xlsx"的工作表"比较数据"中的相应单元格内填入统计结果。

8．基于工作表"比较数据"创建一个数据透视表，将其单独存放在一个名为"透视分析"的工作表中。透视表中要求筛选出2010年人口数超过5000万的地区及其人口数、2010年所占比重、人口增长数，并按人口数从多到少排序。最后适当调整透视表中的数字格式。（提示：行标签为"地区"，数值项依次为2010年人口数、2010年比重、人口增长数）

线上学习更轻松

3.4 Excel表，设置"学生成绩登记表"

为了更加简捷地对数据表进行排序、筛选、调整格式等管理和分析工作，从Excel 2007开始，引入了Excel表（table）或Excel表格的概念，对工作表（worksheet）中的一组含有相关数据的单元格进行组织编排。在Excel 2007之前的版本，Excel表被称为列表（list）。最典型的表就是工作表中含有数据的表格区域。也就是说，工作表是个可以存放数据的二维空间（最大列数为16,384，最大行数为 1,048,576），而Excel表只是其中含有相关数据的那一片区域。所以，上一节所讨论的数据排序与筛选、数据的分类汇总与分级显示等功能，严格意义上讲只是对存有数据的Excel表的管理，而不是对工作表的操作。

3.4.1 Excel表

在之前的学习中我们已经说过，当我们套用表格格式时，Excel系统会自动找到工作表的数据区，并给这个区域加上选定的表格样式，同时在表头生成筛选按钮，实际上是系统在给数据区加上预设格式（表格线、填充、字体等）的同时，自动将数据区转换成了Excel表。

当然，获得Excel表的方法不止"套用表格格式"一种方法，其中，更为直观的方法是使用"插入"选项卡的"表格"功能。具体操作如下。

操作步骤

Step 1：将光标停留在数据区的任何单元格上。

Step 2：单击功能选项卡的"插入"标签，系统打开"插入"选项卡。

Step 3：单击"表格"功能，系统则找出数据区域，并弹出"创建表"窗口，窗口中显示"表数据来源"，这个来源于数据绝对地址标识。

Step 4：在"创建表"窗口中修改数据来源，例如，在本例中，由于标题包含了两行，正式数据是从第

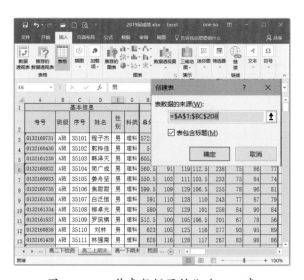

图3-66 工作表数据区转化为Excel表

三行开始，因此，将数据来源"=＄A＄1：＄BC＄208"改为"=＄A＄2：＄BC＄208"后，单击"确定"，系统即会将数据区域转换为Excel表。

说明：

1. 实际上，"开始"选项卡的"套用表格格式"功能也将工作表的数据区转化为Excel表。

2. 可以看到，转为Excel表后，系统功能选项卡增加了针对Excel表的"设计"选项卡。

3. Excel表的填充以用户对表格的填充为先，只有用户没有设置填充的单元格区域会随Excel表的快速样式变化。

4. 对Excel表向下拉滚动条时，表格标题行会自动被锁定到表头上。

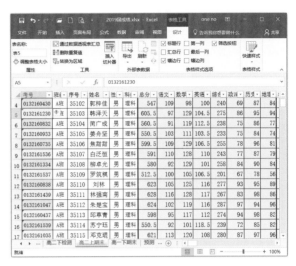

图3-67　Excel表

5. 如果要将Excel表转换为普通区域，只需点击"设计"选项卡的"转换为区域"即可。

3.4.2 Excel表的表格样式

当没有填充的工作表数据区被转为Excel表后，就可以套用Excel预设的常用表格格式。套用的方法有两个入口：第一，"开始"选项卡的"套用表格格式"功能；第二，"设计"选项卡的"快速样式"功能。

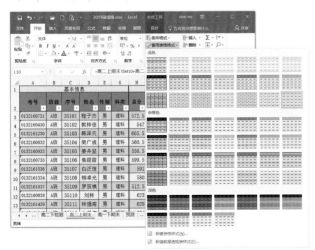

图3-68　Excel表的表格格式　　　　图3-69　工作表不能自动维护填充

打开Excel预设的这些表格样式后，当我们用鼠标指针在预设格式窗口中接触到某一样式时，Excel表的填充均会可视化地相应改变。

另一方面，在Excel表中插入行以后，深浅相间填充的填充模式系统会自动维护，不会产生混乱，而在工作表的区域中插入行以后，其填充则需要人工维护。而且，将Excel表转换为区域后，虽然深浅相间的填充会被保留，但是，在插入行时，系统不会维护其变化规律，从而出现如图3-69所示的填充模式效果。这就体现了Excel表的显著优势。

3.4.3 页面主题与配色方案

与Word类似，Excel提供了一系列的"主题"，这些主题包括了字体、字号与填充，每一个主题下又可以选用不同的配色方案。Excel主题的字体设定会改变工作表的字体，但是，配色方案却只能改变Excel表的填充配色。因此，我们在此才介绍页面主题与配色方案。

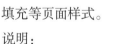

操作步骤

Step 1：单击功能选项卡"页面布局"标签，系统打开"页面布局"选项卡。

Step 2：单击"主题"功能下拉列表按钮，系统打开"主题"选择下拉窗。

Step 3：在"主题"选择下拉窗中，选择一种主题，则系统会基于该主题的设定，改变Excel表的字体、填充等页面样式。

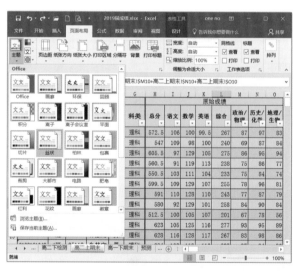

图3-70　工作表数据区转化为Excel表

说明：

1. 在确定了主题之后，可以通过配色方案进一步改变Excel表的填充配色。

2. 页面布局中的页面设置，包括设置页边距、纸张方向、纸张大小等功能，在整个Office中具有一致性，所以，我们已在1.2.10中对此进行介绍，请读者自行参阅，在此不再赘述。

3. "背景"仅为编辑界面加上一个背景图片，对打印不会造成影响。

4. 打印区域与打印标题参见3.3.13。

3.4.4 Excel表——数据排序与筛选

Excel表的标题都具有数据排序与筛选按钮后，我们即可利用这些按钮来进行快捷的数据排序和筛选工作。如图3-71所示。

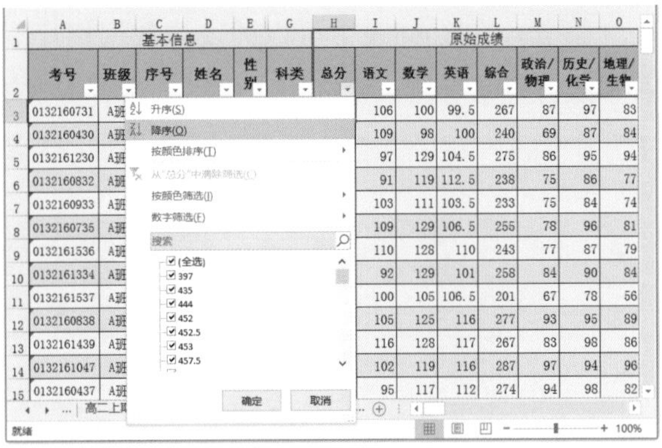

图3-71 Excel表——数据排序与筛选

操作步骤

Step 1：选择需要排序的列，例如“总分”列，点击标题上的下拉按钮，系统弹出包含有排序、搜索和筛选的功能窗口。

Step 2：在功能窗口中选择某种排序方式或者某个筛选条件，例如对总分按照降序排列，或者按班级选择B班，可以获得如下效果。

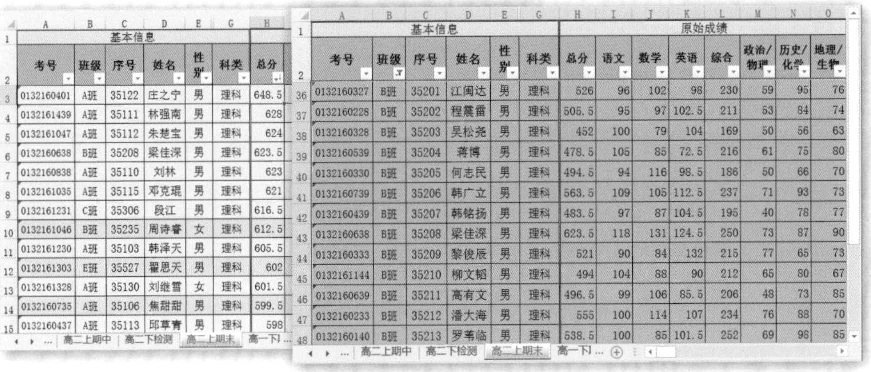

图3-72 按总分排序和按班级筛选B班以后的效果

当然，我们可以同时使用筛选与排序，则结果获得某班的排序效果。

3.4.5 Excel表的操作——数据切片器

Excel表有一些操作，能使我们的数据处理与分析变得有趣。

第一，它可以生成数据透视表，数据透视表功能强大，我们将在3.5中专门讨论。

第二，Excel表本身可以扩大或者缩小，如图3-73，用鼠标按住Excel表右下角的小三角拖拉，即可自由改变Excel表的范围。

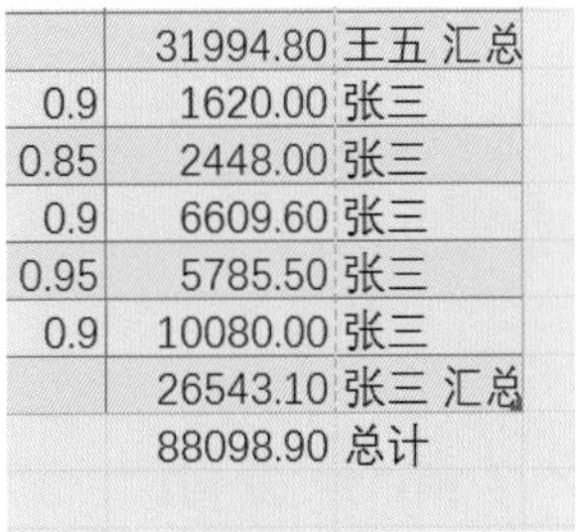

	31994.80	王五 汇总
0.9	1620.00	张三
0.85	2448.00	张三
0.9	6609.60	张三
0.95	5785.50	张三
0.9	10080.00	张三
	26543.10	张三 汇总
	88098.90	总计

图3-73 拖拉改变Excel表的大小

第三，在Excel表中可以通过点击“转换区域”按钮轻易地将其转换为工作表的区域。

第四，在Excel表中可以方便地基于任何一列或多列的信息，删除重复值。

第五，在Excel表中可以插入"数据切片器"，而数据切片器严格意义上讲就是一种多维分类筛选器，允许用户用多种组合方式筛选数据。例如我们在前文的"销售汇总表"中插入一组"数据切片器"后获得如图3-74的效果：

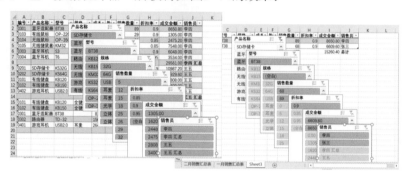

图3-74　Excel表数据切片器筛选数据效果

数据切片器之间的数据是相互关联、相互制约的，我们可以从图中看出每一个切片器都受到其他切片器的影响。

温馨提示

数据切片器是可以进行多选的，只要点击右上角的多选按钮，该切片器就允许进行多选了。此时，只需点击该切片器的多个记录，就获得了多个分类项的数据。

第六，Excel表的函数计算会基于第一行的录入自动生成表中其他行的函数计算结果，免除了函数计算的拖拉过程。实现方法如图3-75所示。方法简捷，不再详述。

图3-75　Excel表计算公式快速覆盖

高手进阶——工作表操作练习（2）

1. 利用本书提供的Excel模板将"客户订单明细表"转换为Excel表，并尝试针对各个列进行排序和筛选。

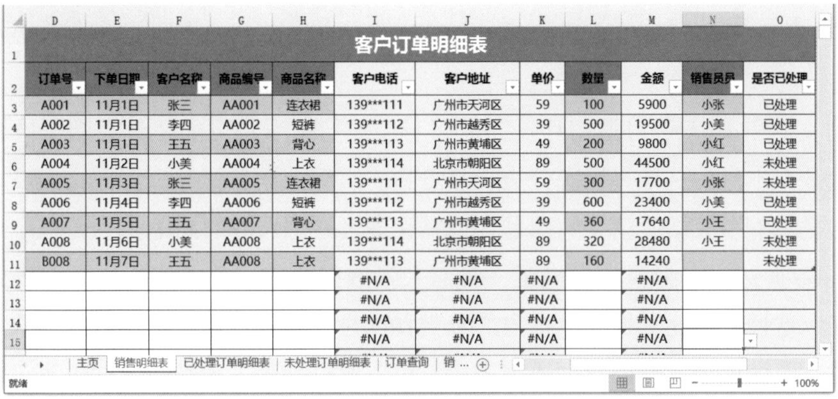

订单号	下单日期	客户名称	商品编号	商品名称	客户电话	客户地址	单价	数量	金额	销售员	是否已处理
A001	11月1日	张三	AA001	连衣裙	139***111	广州市天河区	59	100	5900	小张	已处理
A002	11月1日	李四	AA002	短裤	139***112	广州市越秀区	39	500	19500	小美	已处理
A003	11月1日	王五	AA003	背心	139***113	广州市黄埔区	49	200	9800	小红	已处理
A004	11月2日	小美	AA004	上衣	139***114	北京市朝阳区	89	500	44500	小红	未处理
A005	11月3日	张三	AA005	连衣裙	139***111	广州市天河区	59	300	17700	小张	未处理
A006	11月4日	李四	AA006	短裤	139***112	广州市越秀区	39	600	23400	小美	已处理
A007	11月5日	王五	AA007	背心	139***113	广州市黄埔区	49	360	17640	小王	已处理
A008	11月6日	小美	AA008	上衣	139***114	北京市朝阳区	89	320	28480	小王	未处理
B008	11月7日	王五	AA008	上衣	139***113	广州市黄埔区	89	160	14240		未处理
					#N/A	#N/A	#N/A		#N/A		
					#N/A	#N/A	#N/A		#N/A		
					#N/A	#N/A	#N/A		#N/A		
					#N/A	#N/A	#N/A		#N/A		

图3-76 客户订单明细表图例

2．小张是南方公司的会计，利用自己所学的办公软件进行记账管理，为节省时间，同时又确保记账的准确性，她使用Excel编制了2018年3月员工工资表“Excel.xlsx”。请你根据下列要求帮助小张对该工资表进行整理和分析（提示：本题中若出现排序问题则采用升序方式）：

（1）通过合并单元格，将表名“南方公司2018年3月员工工资表”放于整个表的上端、居中，并调整字体、字号。

（2）在“序号”列中分别填入1到15，将其数据格式设置为数值、保留0位小数、居中。

（3）将“基础工资”（含）往右各列设置为会计专用格式、保留2位小数、无货币符号。

（4）调整表格各列宽度、对齐方式，使得显示更加美观。并设置纸张大小为A4、横向，整个工作表需调整在1个打印页内。

（5）参考考生文件夹下的“工资薪金所得税率.xlsx”，利用IF函数计算“应交个人所得税”列。（提示：应交个人所得税=应纳税所得额×对应税率-对应速算扣除数）

（6）利用公式计算“实发工资”列，公式为：实发工资=应付工资合计-扣除社保-应交个人所得税。

（7）复制工作表“2018年3月”，将副本放置到原表的右侧，并命名为“分类汇总”。

（8）在“分类汇总”工作表中通过分类汇总功能求出各部门“应付工资合计”“实发工资”的和，每组数据不分页。

（9）将“南方公司2018年3月员工工资表”转为Excel表，并采用“中等深浅4”的表格样式。

3.5 数据透视表，分析“企业维修保养费用”

从前文的Excel表“数据切片器”可以看出，数据本身可能是带有多层次分类的。如何利用数据本身的这种多层次分类，来分析、组织数据，挖掘出深埋在大量数据中的规律，这是每一个数据使用者的课题，也是管理者最感兴趣的问题。

Excel数据透视表为我们提供了一种对大量数据快速汇总并建立交叉列表的交互式动态表格，这种表格能利用数据本身的分类特征，帮助用户重新组织数据，从而分析数据内部的对照性规律。建好数据透视表后，可以通过列联表和新的数据子集，对数据透视表进行重新安排，以便从不同的角度查看数据，计算平均数、标准差、百分比等。数据透视表可以从数据内部本身所具有的多层次分类的角度，从大量数据中寻找数据的对比性规律，从而将纷繁的数据转化为有价值的信息，以供分析和决策所用。甚至有人说：数据透视表是Excel中最有价值的功能！

3.5.1 创建数据透视表

Excel经常被作为一个数据采集、转换与分析的工具使用。图3-77是某企业从其ERP系统中导出的2017年度的维修保养费用表的一部分，为了反映出其概况，我们选取了Excel表的首尾信息。

	A	B	C	D	E	F
1	日期	单位	维保类别	工时	维修费	材料费
2	2017/1/24	涂装分厂	委外维修	50	43300.00	75570.53
3	2017/1/24	涂装分厂	委外维修	[illegible]	[illegible]	[illegible]
4	2017/1/24	涂装分厂	点检			
5	2017/1/24	涂装分厂	委外维修			
6	2017/1/24	涂装分厂	润滑			
7	2017/1/24	涂装分厂	保养			
8	2017/1/24	涂装分厂	内委维修			
9	2017/1/24	涂装分厂	点检			
10	2017/1/24	焊装分厂	委外维修			
11	2017/1/24	焊装分厂	点检			
12	2017/1/24	焊装分厂	委外维修			
13	2017/1/24	调试分厂	委外维修			
14	2017/1/24	焊装分厂	润滑			
15	2017/1/24	调试分厂	委外维修			
16	2017/1/24	焊装分厂	内委维修			
17	2017/1/24	焊装分厂	保养			
18	2017/1/24	调试分厂	点检			

1173	2017/12/25	冲压分厂	保养	30	8538.81	7584.84
1174	2017/12/27	冲压分厂	保养	105	7243.94	4874.45
1175	2017/12/27	冲压分厂	保养	35	7498.38	2191.36
1176	2017/12/27	冲压分厂	内委维修	244	41595.07	37113.49
1177	2017/12/27	冲压分厂	保养	800	38574.98	32622.67
1178	2017/12/27	冲压分厂	点检	60	840.94	880.63
1179	2017/12/27	冲压分厂	点检	3500	12380.46	9686.97
1180	2017/12/28	冲压分厂	内委维修	3414	199062.00	167153.50
1181	2017/12/29	冲压分厂	保养	18	22319.33	20792.48
1182	2017/12/29	冲压分厂	点检	8	5136.41	4587.58
1183	2017/12/29	冲压分厂	内委维修	40	15073.91	15053.04
1184	2017/12/29	冲压分厂	润滑	10	897.61	577.55
1185	2017/12/29	冲压分厂	点检	60	47941.51	44535.76
1186	2017/12/29	冲压分厂	润滑	48	16394.52	14523.89
1187	2017/12/29	冲压分厂	点检	2200	7782.00	6087.41
1188	汇总				30420231.73	24473434.98

图3-77　包含有多层次的内部分类信息的数据表

从图中可以明显看出，这个具有一千多条数据的表格具有以下特点：

1．数据规范，这些数据出自企业ERP系统，保证了数据的规范性。

2．数据量较大，一个大型企业的运行数据是巨大的，这些维修保养数据实际上只是其运行信息的一部分。

3．这些数据内部具有一定的规律性，即数据本身具有多维度的分类特征，例如，在某一时段内某一分厂的各类维修保养费用的分布等等。对这些规律的挖掘，正是数据透视表的巨大魅力体现。

在没有生成Excel表时，建立数据透视表的途径是通过"插入"选项卡的"表格"组来实现的。如果生成了Excel表，则在Excel表的"设计"的"工具"组，还多了一个"通过数据透视表汇总"功能，以此获得数据透视表。我们以前者为例予以说明。

方法一：通过插入数据透视表创建

操作步骤

Step 1：将光标停留在工作表的数据区域，以便Excel自动找出需要分析的数据。

Step 2：点击功能选项卡的"插入"标签。

Step 3：单击"表格"组中的"数据透视表"功能，系统弹出"创建数据透视表"窗口。

Step 4："创建数据透视表"窗口已经自动找出了数据透视表需要分析的数据区域，确认或修改数据地址、数据透视表的位置等信息，点击"确定"按钮，系统则建立了如图3-79所示的数据透视表。

图3-78　利用工作表数据区创建数据透视表

重要提示

　　Excel找出的数据分析区域以绝对地址范围的模式给出，如本例中的Sheet 1! \$A\$1:\$F\$1188，表明待分析的数据是在Sheet 1上，从A列至F列，从第1行至第1188行。这里特别需要注意开始行，例如本例中的第1行，Excel会自动提取该行的信息作为"分析字段"。如果我们的数据表第1行不是"分析字段"而是表格名称等其他信息，则需要修改上述地址，例如，将开始行由第1行改为第2行。

说明：

1. 创建数据透视表可以使用外部数据源，这需要ODBC操作，日常应用不必深究。

2. 放置数据透视表的位置默认是新工作表，也可以放在本工作表中，只要选择"现有工作表"，然后填写起始地址，例如G2，则Excel将在当前工作表中建立数据透视表。

3. 可以将当前建立的数据透视表加入到数据模型中，将来应用时可以引用。

图3-79　数据透视表

数据透视表的使用方法参见3.5.2节。

方法二：通过"推荐的数据透视表"创建

操作步骤

Step 1：点击功能选项卡的"插入"标签。

Step 2：点击"表格"组中的"推荐的数据透视表"功能按钮，系统打开"推荐的数据透视表"窗口，其中左侧列出了数个数据透视表，右侧为透视表的预览。

Step 3：在"推荐的数据透视表"窗口中选择满意的数据透视表，单击"确定"按钮。

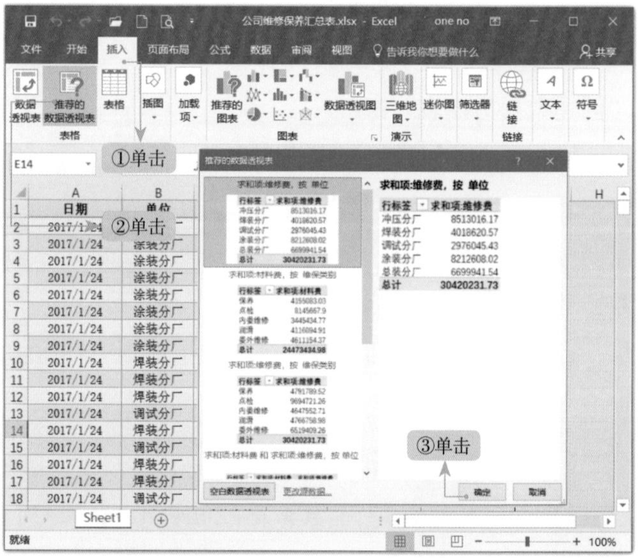

这种方式建立的数据透视

图3-80　利用"推荐的数据透视表"创建数据透视表

表其实跟方法一是基本相同的，只是简捷地将求和项预先设定好了。当然，这样建立的数据透视表仍然可以进一步修改、增强，以满足更为深入、复杂的分析要求。

3.5.2　数据透视表的快捷使用 ● ● ●

在创建数据透视表后，系统并没有安排任何的分析表格，而是基于原始工作表（或者Excel表）的第一行"栏目"信息，给出了一个选择列表和四个数据分析字段定义窗口。我们完全可以在不考虑这些字段含义的前提下，直接点击那些"栏目"，获得最为快捷的分析表。

例如，对上例"企业维修保养费用"表格的分析，在直接点击"单位""维保类别""工时""维修费"和"材料费"项目后，系统直接将"单位"和"维保类别"作为了"行"，然后将另外几个数值型数据作为了求和项，获得了按"单位"和"维保类别"进行分类的汇总数据表。

图3-81 数据透视表一

如果我们选取分析项的次序发生改变，例如，变为先选"维保类别"，再选"单位"，再依次选择后面的几个数值型数据项，则得到了图3-82"数据透视表二"所示的效果。

仅仅从这两个快捷使用我们就可以看到数据透视表的强大之处了。

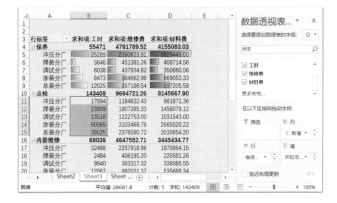

图3-82 数据透视表二

此时，如果我们再点选"日期"数据项，可以获得更加令人吃惊的效果：数据透视表竟然将各个统计项按月份进行了分类汇总。如图3-83"数据透视表三"所示。

图3-83 数据透视表三

从这一直接的数据透视表可以看出，数据透视表善于进行多层次、多角度的数据统计分析。

下面，我们将对数据透视表进行更为深入的讨论。

3.5.3 使用"数据透视表字段"列表

数据透视表创建时，即提取了工作表数据区顶部的栏目名称并对其性质进行了分类，将这些栏目名称放在了"字段名称"复选框区域，这个区域里的"字段"就是我们进行各种组合统计的基础，只要选择要添加到数据透视表的任何字段即可。

默认情况下，非数值字段添加到"行"区域，日期和时间字段添加到"列"区域，数值字段添加到"值"区域，还可将任意可用项手动拖动到任意数据透视表字段区域中。如果不再需要数据透视表中的某个项，只需将其拖出字段列表或取消选中该项。

数据透视表的另一项重要功能是能够重新排列字段项，便于快速轻松更改其统计方式。

例如，上例中，我们如果要分析各个单位按月度的维修保养工时，则可以按以下方法操作。

图3-84　数据透视表重新排列字段项

Step 1：用鼠标将复选框中的"日期"字段拖入"列"字段区域。

Step 2：将"单位"字段拖入"行"字段区域中。

Step 3：点击"工时"字段，或者将其拖入"值"字段区域中。

通过以上操作，数据透视表即会自动按照单位，对各个月度的维修工时分布进行统计。

温馨提示

Excel表现出非常"智能"的一个数据处理功能是：当我们选择时间作为分类的行字段或者列字段时，它自动形成了一个"月"字段，并将数据按月度进行汇总分类，极大地方便了用户的数据分析。

当然，也可以变换方向，获得如图3-85所示的按月度各个单位的维修费用统计表。而且，这个统计表还可以对行标签和列标签进行筛选。这样的统计能力的确超出了很多普通的管理信息系统。

	A	B	C	D	E	F	G
1							
2							
3	求和项:维修费	列标签					
4	行标签	冲压分厂	焊装分厂	调试分厂	涂装分厂	总装分厂	总计
5	⊞1月	165693.76	131049.22	160116.25	316998.37	347253.30	1121110.90
6	⊞2月	463270.42	84485.09	187129.13	195039.55	105940.35	1035864.54
7	⊞3月	689765.77	87912.09	98528.16	1788863.00	800824.90	3465893.92
8	⊞4月	1475966.31	83200.88	241869.89	576831.24	2952394.60	
9	⊞5月	931670.74	86679.86	136967.38	484967.01	662964.00	2303248.99
10	⊞6月	694491.82	167199.69	146488.92	323517.24	329583.74	1661281.41
11	⊞7月	790919.01	237529.68	407179.34	387626.91	592388.68	2415643.62
12	⊞8月	417413.90	243694.23	111106.93	370987.80	499294.66	1642497.52
13	⊞9月	665769.39	851342.72	246604.47	716061.95	450725.73	2930504.26
14	⊞10月	504058.74	453192.02	180206.61	611061.76	577578.25	2326097.38
15	⊞11月	678103.06	365243.33	200043.74	2118503.68	1221209.41	4583103.22
16	⊞12月	1035893.25	1227091.76	859804.61	324454.47	535347.28	3982591.37
17	总计	8513016.17	4018620.57	2976045.43	8212608.02	6699941.54	30420231.73
18							
19							
20							
21							

图3-85　数据透视表四

3.5.4　数据透视表排序与筛选

数据透视表的数据排序与筛选是非常灵活的，既可以基于行标签排序与筛选，又可以基于列标签排序与筛选。假设我们已经创建了以"单位"和"维保类别"为行分类字段，以"时间"为列字段的数据透视表，那么接下来，我们以行标签排序为例说明。

Step 1：点击数据透视表中"行标签"上的下拉列表按钮，系统弹出排序与筛选下拉窗。

Step 2：选择"单位"为排序字段。

Step 3：选择"升序"或者"降序"。

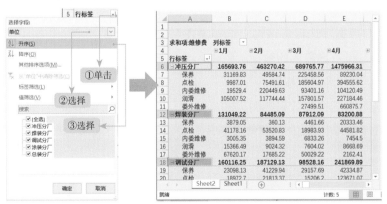

图3-86　数据透视表基于行标签排序

另外，选择"其他排序选项"，系统即会打开排序选项窗口，我们可以选中"手动"模式，单击"确定"按钮。有了这一选项，就可以选中一行主分类字段，按住其边缘，向上或者向下拖拉这一行，如此一来，这一行的数据及其下级分类的数据均会一起被移动到另外一个位置，从而实现对分析数据的自由排序功能。

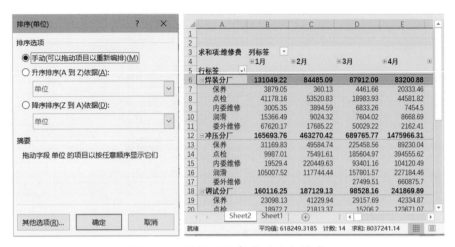

图3-87 数据透视表手动自由排序

显然，数据透视表本身已经设计了基于行标签或列标签的筛选，例如，如果只需要对比某两个分厂，例如焊装分厂和总装分厂，某两个月，例如7月、8月的维保费用，操作方法如下。

Step 1：点击数据透视表中"行标签"上的下拉列表按钮，系统弹出排序与筛选下拉窗。

Step 2：在数据筛选树形结构上选择需要对比的两个或者多个数据（选择技巧：先取消"全选"，再点选需要的数据）。

Step 3：点击"确定"按钮。

Step 4：点击数据透视表中"列标签"上的下拉列表按钮，系统弹出排序与筛选下拉窗。

Step 5：在数据筛选树形结构上选择需要对比的两个或者多个数据（选择技巧：先取消"全选"，再点选需要的数据）。

Step 6：点击"确定"按钮。

筛选后的数据透视表效果如图3-89所示。

图3-88 行标签与列标签数据筛选操作　　图3-89 筛选后的数据透视表

这样的统计和筛选效果，是不是漂亮得有点令人难以置信呢？

实际上，对行标签的排序或者筛选，还可以在数据透视表的"字段列表"下拉窗中进行设置，如图3-90所示。读者可自行尝试，这里不再赘述。

图3-90　通过数据透视表字段列表进行筛选

3.5.5　数据透视表值计算方法——求均值、最大值、最小值等

数据透视表统计值默认是求和，实际上，Excel对数据透视表的"值字段"还提供了求均值、最大值、最小值、方差等选项。例如，在对学生成绩进行分析时，这些操作就具有重要意义。下面所举的例子是从某学校的高二考试成绩中生成的数据透视表，"值字段"包括：总分、语文、数学、英语、综合，默认的计算方法为求和，需要改为求均值。

修改入口有四个：第一，双击计算值表头标题单元格；第二，"分析"选项卡"字段设置"功能；第三，数据透视表字段列表区"字段设置"功能；第四，计算值表头鼠标右键菜单。第二和第三这两个方法具有相似性，为了节省篇幅，我们统一进行介绍。

首先需要生成数据透视表，以"考试"和"班级"为"行字段"，"值字段"包括："总分""语文""数学""英语"和"综合"，表中的标题"高二各班平均分分析"为手工添加，且单元格合并居中。

方法一：双击计算值表头标题单元格

这是最简捷的修改方法。操作步骤如下。

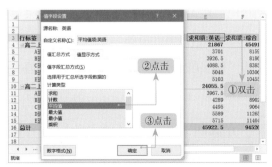

图3-91　双击计算值表头单元格设置

Step 1：双击计算值表头标题单元格，系统打开"值字段设置"窗口。

Step 2：在"值字段设置"窗口选择合适的计算方法，例如，平均值。

Step 3：单击"值字段设置"窗口的"确定"按钮。

注意：在修改计算方法的同时，点击"数字格式"按钮，系统弹出数字格式设置窗口，在其中将数字格式（主要是小数位数）设置到一个合适的值，以便数据显示对齐。

方法二、三：打开"字段设置"功能设置"值字段"的计算方法

这两个方法具有相似性，合并介绍如下。

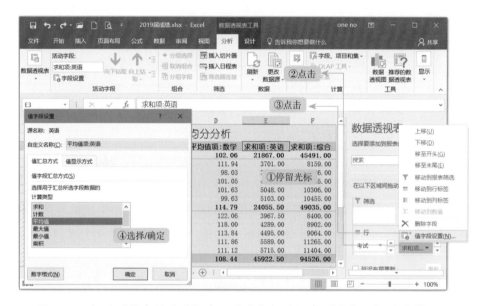

图3-92　打开"值字段设置"窗口更改数据透视表"值字段"的计算方法

Step 1：将光标停留在数据透视表需要改变计算方法的那一列内部任意单元格上。

Step 2：点击功能选项卡的"分析"标签，或者点击数据透视表"值字段"列表中的相应字段（系统弹出"值字段"设置菜单）。

Step 3：点击"分析"选项卡的"字段设置"功能，或者点击"值字段"设置菜单中的"值字段设置"功能，系统弹出"值字段设置"窗口。

Step 4：在"值字段设置"窗口中选择"平均值"，点击"确定"按钮。

方法四：通过计算值表头鼠标右键菜单修改"值字段"的计算方法

操作步骤

图3-93　更改数据透视表"值字段"的计算方法

Step 1：在需要改变计算方法的计算值表头（例如"求和项：综合"）等上点击鼠标右键，系统弹出右键菜单。

Step 2：在鼠标右键菜单中选择"值汇总依据"下的"平均值"。

说明：

1. 可以看到，用户还可以利用"值字段"的"其他选项"，计算方差或其他统计值，获得对数据更加深入的统计规律。例如，将"综合"和"英语"改为求方差，可以看到E班的期末综合成绩方差过大，表明学生成绩非常不均衡（图3-94的左图）。

2. 对于"值字段"，还可以设置其"数字格式"，以保证数据对齐的规范性。

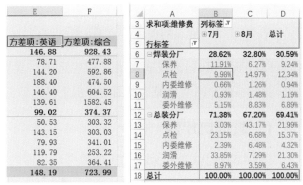

图3-94　修改"值字段"后的数据透视表

3. "值字段"设置中，还可以设置显示方式。例如，我们对上面的例子——企业7、8月维修保养费用统计，选择显示方式为"列汇总的百分比"形式，效果如图3-94的右图所示。

4. "值"和百分比同时显示的方法：只需将"值字段"两次拖到"值"部分，然后为每个项设置"汇总值依据"和"值显示方式"选项。

3.5.6　数据透视表设计

Excel对数据透视表还提供了各种设计功能，主要包括三个方面：

1. 布局设置，包括：分类汇总设置、总计设置、报表布局设置和空行的处理。

2．数据透视表样式选项，主要包括：行标题、列标题、镶边行、镶边列。

3．数据透视表样式。这是系统提供的一些数据透视表的填充与字体设置预置样式，方便用户直接套用，获得大方漂亮的数据分析表格。

如图3-95所示，这些功能使用方法简捷，在此不再具体介绍。

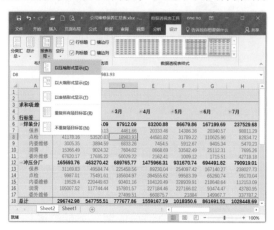

图3-95　数据透视表的设计

3.5.7　数据透视表分析

Excel还为数据透视表提供了一些选项、设置与分析功能，归总在"分析"选项卡。我们在此介绍两个最为实用的分析工具：数据切片器和日程表。

1．数据切片器

在3.4.5我们就学习了Excel表的数据切片器的应用，在数据透视表中，Excel也提供了数据切片器，其使用方法与Excel表的数据切片器完全一样。操作方法如下。

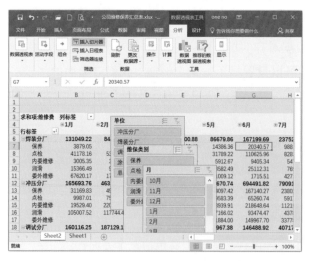

图3-96　数据透视表的数据切片器

操作步骤

Step 1：将光标停留在数据透视表内任意单元格上。

Step 2：点击功能选项卡中的"分析"标签，系统打开数据透视表的"分析"选项卡。

Step 3：点击"插入切片器"功能，系统弹出如图3-96的右图的"插入切片器"复选窗。

Step 4：在"插入切片器"复选窗中选择"单位""维保类别"和"月"三项，单击"确定"，系统自动关闭"插入切片器"复选窗，同时，在主窗口插入了三个数据切片器（见图3-96的左图）。

说明：

这里的数据切片器与Excel表的数据切片器相同，实际上是一组多维数据筛选器。在数据切片器上点选，数据透视表即会同步获得相关的筛选结果。图3-97是在单位切片器中选择"调试分厂"与"总装分厂"，在月度切片器中选择10月、11月、12月的结果。

图3-97　利用数据切片器筛选后的数据透视表

实用技巧

在数据切片器上选择数据项时，仍然遵循Windows选择对象多选快捷按键的规定：按下Ctrl键实现多选，按下Shift键实现由起点到终点的选择。

2. 日程表

Excel对含有日期字段的数据透视表提供了"日程表"筛选器，帮助用户方便地按照日程进行数据筛选。具体方法如下。

操作步骤

Step 1：将光标停留在数据透视表内任意单元格上。

Step 2：点击功能选项卡中的"分析"标签，打开数据透视表的"分析"选项卡。

Step 3：点击"插入日程表"功能，系统弹出如图3-98的"插入日程表"窗口。

Step 4：在"插入日程表"窗口选择"日期"字段，点击"确定"按钮，系统即弹出"日程表"窗口。

可以看出，这里的"日程表"实际上是一个基于日期的筛选器，当用户拉动下面的选择条时，则可以同步筛选出主窗口中相应日期内的统计数据。

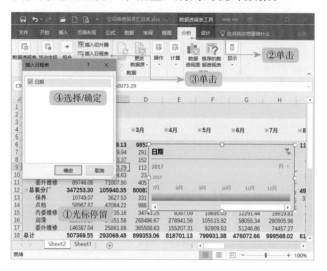

图3-98　数据透视表日程表

3.5.8　数据透视表数字格式

设置数字格式可以保证有效的数据对齐，从而有利于我们更好地查看数据。对于数据量巨大的数据透视表，调整好数字格式更有必要。

数据透视表数字格式的设置与工作表的数字格式设置方法相同，但是，对于工作表，一般是针对单元格或者选中的单元格范围进行设置的，而数据透视表是作为一个整体设置的，设置更为简捷，即不必选择单元格范围。

图3-99　数据透视表数字格式设置

操作步骤

Step 1：在数据透视表任一数字型单元格上单击鼠标右键，系统弹出右键菜单。

Step 2：在鼠标右键菜单中单击"数字格式"功能，系统弹出"设置单元格格式"窗口。

Step 3：在"设置单元格格式"窗口中，调整数字格式，例如，选择"货币"。

Step 4：单击"设置单元格格式"窗口的"确定"按钮，整个数据透视表的数字格式都会按照设置选定的格式显示。

3.5.9　数据透视表的刷新与删除

如果向数据透视表数据源添加新数据，需要刷新基于该数据源生成的所有数据透视表，否则，新数据不会自动被统计进数据透视表中。

若是只刷新一张数据透视表，可以右键单击数据透视表区域的任意位置，然后选择"刷新"。

如果有多个数据透视表，首先在任意数据透视表中选择任意单元格，然后在选项卡上转到"分析"—"数据"，然后单击"刷新"按钮下的箭头并选择"全部刷新"。或者按快捷键：Ctrl+Alt+F5。

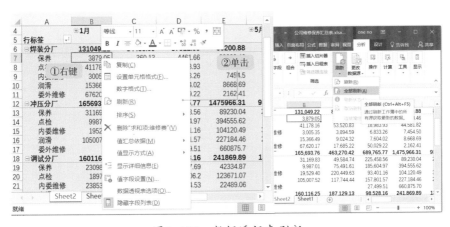

图3-100　数据透视表刷新

如果不再需要创建的数据透视表，只需选择整个数据透视表区域，然后按"开始"选项卡上的"删除"按钮，或者是直接在键盘点击"删除"。删除操作只会删除当前数据透视表，不会对周围的其他数据、数据透视表或图表产生任何影响。

如果数据透视表位于单独工作表上，里面没有用户想要保留的数据，则快速删除数据透视表的方法是删除该工作表。

高手进阶——计算列、表格样式和数据透视表应用

为让利消费者，提供更优惠的服务，某大型收费停车场规划调整收费标准，拟从原来的"不足15分钟按15分钟收费"调整为"不足15分钟部分不收费"的收费政策。市场部抽取了5月26日至6月1日的停车收费记录进行数据分析，以期掌握该项政策调整后营业额的变化情况。请根据素材文件夹下"停车收费素材.xlsx"中的各种表格，帮助市场分析员小罗完成此项工作。具体要求如下：

1．将素材"停车收费素材.xlsx"文件另存为"停车场收费政策调整情况分析.xlsx"，所有的操作基于此新保存好的文件。

2．在"停车收费素材"表中，涉及金额的单元格格式均设置为保留2位小数的数值类型。依据"收费标准"表，利用公式将收费标准对应的金额填入"停车收费记录"表中的"收费标准"列；利用出场日期、时间与进场日期、时间的关系，计算"停放时间"列，单元格格式为时间类型的"××时××分"。

3．依据停放时间和收费标准，计算当前收费金额并填入"收费金额"列；计算拟采用的收费政策的预计收费金额并填入"拟收费金额"列；计算拟调整后的收费与当前收费之间的差值并填入"差值"列。

	收费标	进场日期	进场时间	出场日期	出场时间	停放时间	收费金额
1		E	F	G	H	I	J	K
2	1.50	2014年5月26日	0:06:00	2014年5月26日	14:27:04	14时21分	87.00
3	2.50	2014年5月26日	0:15:00	2014年5月26日	5:29:02	5时14分	52.50
4	2.00	2014年5月26日	0:28:00	2014年5月26日	1:02:00	0时34分	6.00
5	2.50	2014年5月26日	0:37:00	2014年5月26日	4:46:01	4时09分	42.50
6	2.50	2014年5月26日	0:44:00	2014年5月26日	12:42:04	11时58分	¥120.00
7	2.50	2014年5月26日	1:01:00	2014年5月26日	2:43:01	1时42分	17.50
8	2.00	2014年5月26日	1:19:00	2014年5月26日	6:35:02	5时16分	44.00
9	2.00	2014年5月26日	1:23:00	2014年5月26日	11:02:03	9时39分	78.00
10	2.50	2014年5月26日	1:25:00	2014年5月26日	9:58:03	8时33分	87.50
11	1.50	2014年5月26日	1:26:00	2014年5月26日	15:44:05	14时18分	87.00
12	2.50	2014年5月26日	1:31:00	2014年5月26日	10:05:03	8时34分	87.50
13	1.50	2014年5月26日	1:35:00	2014年5月26日	13:43:04	12时08分	73.50
14	2.00	2014年5月26日	1:37:00	2014年5月26日	18:04:05	16时27分	¥132.00
15	2.00	2014年5月26日	1:52:01	2014年5月26日	10:43:03	8时51分	72.00
16	1.50	2014年5月26日	1:52:01	2014年5月26日	4:04:01	2时12分	13.50
17	2.00	2014年5月26日	2:00:01	2014年5月26日	15:02:04	13时02分	¥106.00
18	2.50	2014年5月26日	2:04:01	2014年5月26日	15:43:05	13时39分	¥137.50
19	2.00	2014年5月26日	2:14:01	2014年5月26日	13:24:04	11时10分	90.00
20	2.50	2014年5月26日	2:21:01	2014年5月26日	18:28:05	16时07分	¥162.50
21	2.00	2014年5月26日	2:49:01	2014年5月26日	12:31:04	9时42分	78.00
22	1.50	2014年5月26日	3:41:01	2014年5月26日	20:12:06	16时31分	¥100.50
23	2.00	2014年5月26日	3:51:01	2014年5月26日	17:53:05	14时02分	¥114.00

图3-101 "停车收费记录"表样

4．将"停车收费记录"表中的内容套用表格格式"表样式中等深浅12"，并添加汇总行，最后三列"收费金额""拟收费金额"和"差值"汇总值均为求和。

5．在"收费金额"列中，将单次停车收费达到100元的单元格突出显示为黄底红字的货币类型。

6．新建名为"数据透视分析"的表，在该表中创建3个数据透视表，起始位置分别为A4、A12、A20单元格。第一个透视表的行标签为"车型"，列标签为"进场日期"，求和项为"收费金额"，可以提供当前的每天收费情况；第二个透视表的行标签为"车型"，列标签为"进场日期"，求和项为"拟收费金额"，可以提供调整收费政策后的每天收费情况；第

	A	B	C	D
4	行标签	2014年5月26日	2014年5月27日	2014年5月28日
5	大型车	1000	452.5	835
6	小型车	622.5	321	313.5
7	中型车	796	522	554
8	总计	2418.5	1295.5	1702.5
9				
10				
11	求和项:拟收费	列标签		
12	行标签	2014年5月26日	2014年5月27日	2014年5月28日
13	大型车	920	412.5	775
14	小型车	574.5	291	291
15	中型车	732	480	508
16	总计	2226.5	1183.5	1574
17				
18				
19	求和项:差值	列标签		
20	行标签	2014年5月26日	2014年5月27日	2014年5月28日
21	大型车	80	40	60
22	小型车	48	30	22.5
23	中型车	64	42	46
24	总计	192	112	128.5

图3-102 "停车收费记录数据透视表"表样

三个透视表行标签为"车型"，列标签为"进场日期"，求和项为"差值"，可以提供收费政策调整后每天的收费变化情况。

3.6 图表分析工具的使用，分析"公司损益表"

Excel图表是Excel的又一个巨大的亮点，图表基于数据表，利用条、柱、点、线、面等图形按双向联动的方式组成，这些图形能够将数据趋势或者比例鲜活地展示出来。Excel无须复杂的编程即可制作出规范漂亮的分析图，为我们的分析工作带来了巨大的便利。用户使用Excel工作表或者数据透视表的数据制作图表，生成的图表被存放在工作簿中。

3.6.1　Excel图表创建

图表是基于一定的数据画出来的，所以首先需要打开一定的数据表。这里以一个科技公司的损益表为例说明图表的使用。

损益表本身是一个公司某个时间段内的收支及预算情况统计表，损益表本身的设计就需要体现公司经营动态与各种比例，而利用图表，则可以更加直观地反映这种动态和占比情况。

Excel插入图表的方法有很多，最直接的入口有：第一，跟随式工具栏；第二，选项卡功能。具体操作方法如下。

方法一：利用跟随式工具栏

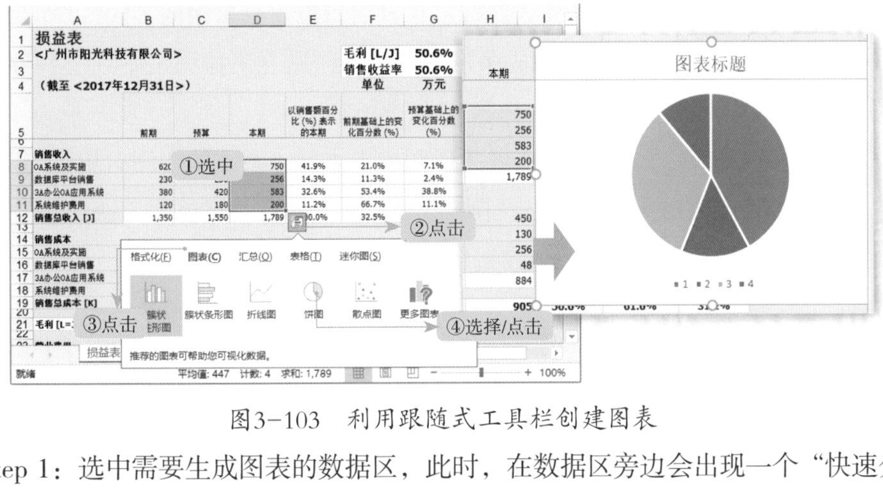

图3-103　利用跟随式工具栏创建图表

Step 1：选中需要生成图表的数据区，此时，在数据区旁边会出现一个"快速分析"工具按钮。

Step 2：点击"快速分析"工具按钮，系统下拉一系列的工具。

Step 3：点击"图表"组，系统列出常用的几种图表格式，包括"更多图表"按钮，可以打开"插入图表"窗口。

Step 4：点击系统列出的几种图表之一，或者点击"更多图表"选择一种图表，系统即会根据选中的数据画出相应的图表。操作中，当鼠标移动到某一种推荐的图表时，系统会实时开出一个小窗口画出这一图表。

方法二：利用选项卡功能

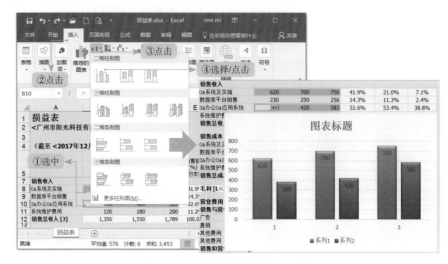

图3-104 利用选项卡插入图表

Step 1：选中需要生成图表的数据区，可以多选，例如，本例中我们选中了两个系列"OA系统及实施"和"3A办公OA应用系统"，其目的就是既要表现出两个系统的变化趋势，又要反映出两个系列的对比情况。

Step 2：单击功能选项卡的"插入"标签，这时可以看到可用的各式各样的图表。

Step 3：选择点击"插入柱形图或条形图"，系统则在下拉列表中列出各种柱形图或条形图。

Step 4：选择一种合适的柱形图或者条形图，点击后，系统即会画出相应的图表。

注意：为了使图表更为显眼一点，图3-104中图表的背景被修改为淡黄色。修改方法为在图表上点击鼠标右键，选择"设置图表区域格式"进行设置。

说明：

1．Excel提供的图表很多，一般而言，图表最主要的目的就是使数据对比和变化趋势更为直观。所以，一般常用的多为柱形图（或条形图）、折线图、饼图，雷达图则是一个表现对象多个属性的强弱的好工具。

2．如果Step 3点击"推荐的图表"，则系统会打开图表选择窗，用户可以从中选择满意的图表。

3．生成的图表被放在一个独立的窗口内，整个窗口都可以被复制出来使用，例如，可以粘贴到Word文档中，用以说明数据的趋势或对比。

4．图表是可以修改的。图表由文本框和各类形状组成，这些文本框和形状由Excel

中的原始数据决定，可以修改的是其标题、填充或背景等表现形式。

3.6.2 图表设计

图表被创建后，或者选中一个以前创建的图表，Excel功能区立即多出一个"设计"、一个"格式"标签。下面我们分别进行讨论。

1. 图表形式的设计

图表的设计主要包括：添加图表元素、快速布局、更改颜色、图表样式、切换行列、选择数据、更改图表类型和移动图表。这里着重介绍某些必须修改的项目，例如，图表标题、横坐标标签等。

（1）修改图表标题：新创建的图表是无标题的，在标题上仅仅给出了一个"图表标题"占位符。而图表标题的修改非常简捷，只需将标题占位符作为文本框，用鼠标点入文本框或者点击鼠标右键，然后选择"编辑文字"即可修改。

（2）选择数据：自动生成的图表横坐标一般默认只是用1、2、3等序数作为轴标，如果是多组数，每组数是以"系列1""系列2"为标识的，显然不能令人满意，应该改为与原数据表相应的数据项。修改方法有两个途径：第一，选项卡功能，第二，鼠标右键菜单，这里合并介绍如下。

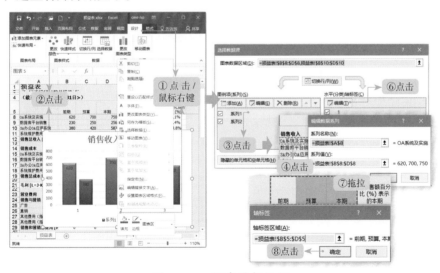

图3-105 图表选择数据

操作步骤

Step 1：点击功能选项卡"设计"标签；或者在图表上任意位置点击鼠标右键，系统弹出右键菜单。

Step 2：单击"设计"选项卡内的"选择数据"功能，或者单击鼠标右键菜单中的

"选择数据"功能，系统都会弹出"选择数据源"窗口。

Step 3：在"选择数据源"的"图例项（系列）"中选中一项，例如，系列一，点击"编辑"按钮，系统弹出"编辑数据系列"窗口，光标停留到"系列名称"上。

Step 4：回到数据表，点击与系列名称相关的单元格，例如，本例中为"OA系统及实施"，该单元格的内容被自动复制到"系列名称"上；本例中，系列一被改为"OA系统及实施"。

Step 5：选择其他系列，重复Step 3~Step 4，获得所有的系列名，例如，系列二等。

Step 6：点击"水平（分类）轴标签"下的"编辑"按钮，系统弹出"轴标签"修改窗口。

Step 7：回到原数据表，在与分类相关的单元格上拖拉鼠标，例如本例中，拖拉"前期""预算""本期"（即B5~D5）的单元格，则单元格地址返回到轴标签区域，单元格的值被显示在标签之后。

Step 8：数据源数据选择好以后，图表的标识已经同步，也很明确，这时，单击"确定"即可。

说明：

1．在"选择数据源"窗口中，可以选择"图表数据区域"，这相当于更改图表的数据源，需要慎重考虑。一般在创建图表的时候，用户就应考虑需要用哪些数据来生成图表，所以，更改数据源是对图表的一个较为彻底的改动。

2．在"选择数据源"窗口中可以"切换行/列"，切换后的效果如图3-107所示。

3．在"选择数据源"窗口中的"图例项（系列）"中可以增加系列，一般来说，

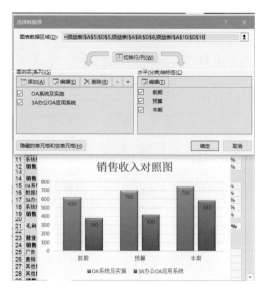

图3-106　图表选择数据以后的效果

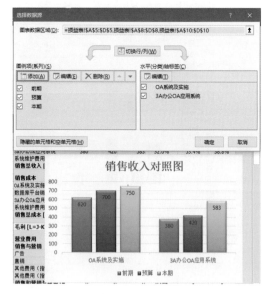

图3-107　修改数据源之切换行/列

增加的系列与原系列性质相同，有对照意义。

4. 在"编辑数据系列"窗口下方显示了系列值的地址，旁边显示了值的大小，可以修改，例如挑选工作簿中其他位置的数据。

2. 添加图表元素

图表元素的添加、调整与大多数常用功能一样，具有两个典型方法入口：第一，选项卡功能；第二，快捷工具栏。

方法一：利用选项卡功能

这里以添加坐标轴标题为例（坐标轴标题可以进一步说明横坐标和纵坐标的情况），介绍通过选项卡功能添加图表元素的方法。

操作步骤

Step 1：选中需要修改的图表。

Step 2：在"设计"选项卡中点击"添加图表元素"功能下拉按钮，系统下拉各种可以添加的元素分组列表。

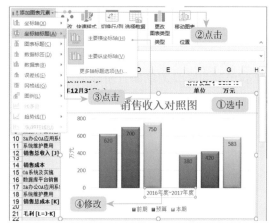

图3-108　图表添加元素——坐标轴标题

Step 3：单击"坐标轴标题"，分别选择"主要横坐标"和"主要纵坐标"，系统即会给横坐标和纵坐标添加标题文本框，默认的标题文字为"坐标轴标题"。

Step 4：修改为需要的标题，本例中，横坐标标题被修改为"2016年度~2017年度"，纵坐标标题为"万元"。

其他元素的添加与修改类似。由于篇幅的关系，这里不再赘述。

方法二：利用快捷工具栏

这里以添加线性预测为例，说明通过快捷工具栏添加图表元素的方法。

操作步骤

Step 1：单击图表，选中之，系统弹出图表操作快捷工具栏，其中，

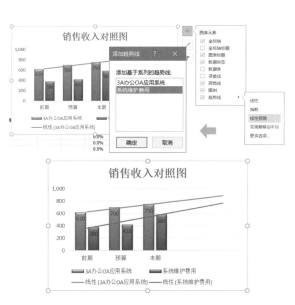

图3-109　通过快捷工具栏添加图表元素

第一个即"添加图表元素"。

Step 2：单击"添加图表元素"快捷工具栏按钮，系统弹出"图表元素"菜单。

Step 3：从"图表元素"菜单中选择需要的功能，例如，"趋势线"—"线性预测"，系统弹出"添加趋势线"窗口。

Step 4：在"添加趋势线"窗口选择趋势线的数据系列，然后单击"确定"。

3.6.3 图表格式修改 ● ● ●

格式标签所包括的功能，完全是基于将图表作为文本框处理而提供对文本框基本元素的修改，例如，字体、边框、填充，还提供了很多预设样式供用户选用。

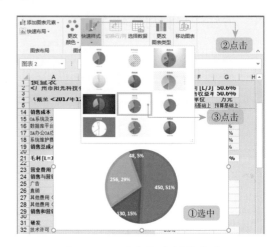

利用快速样式可以快速获得更加突出的图表，具体操作如下。

Step 1：选中需要更改样式的图表。

Step 2：点击"设计"选项卡中的"快速样式"功能，系统下拉窗列出各种预设的图表样式，当用鼠标指针接触一个样式时，图表会可视化地相应发生改变。

图3-110　图表快速样式修改

Step 3：选择合适的样式单击之。

进入快速样式还有一个便捷方法：在选中图表时，图表右上角外侧即会弹出三个快捷工具，其中第一个为增加图表元素工具按钮，第二个即快捷样式按钮，点击后，即可选中合适的样式。如图3-111所示。

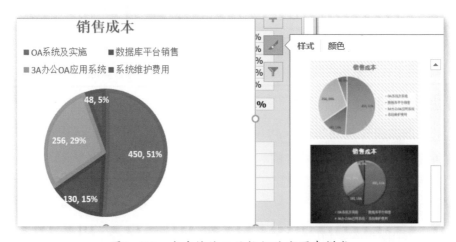

图3-111　点击快捷工具按钮改变图表样式

高手进阶——条件格式、函数、图表综合应用

小蒋是一位中学教师，在教务处负责初一年级学生的成绩管理。由于学校地处偏远地区，缺乏必要的教学设施，只有一台配置不太高的PC可以使用。他在这台电脑中安装了Microsoft Office，决定通过Excel来管理学生成绩，以弥补学校缺少数据库管理系统的不足。

现在，第一学期期末考试刚刚结束，小蒋将初一年级三个班的成绩均录入了文件名为"Excel.xlsx"的Excel工作簿文档中。

请根据下列要求帮助小蒋老师对该成绩单进行整理和分析。

1. 对工作表"第一学期期末成绩"中的数据列表进行格式化操作：将第一列"学号"列设为文本，将所有成绩列设为保留两位小数的数值；适当加大行高、列宽，改变字体、字号，设置对齐方式，增加适当的边框和底纹以使工作表更加美观。

2. 利用"条件格式"功能进行下列设置：将语文、数学、英语三科中不低于110分的成绩所在单元格以一种颜色填充，其他四科中高于95分的成绩以另一种颜色的字体标出，所用颜色深浅以不遮挡数据为宜。

3. 通过函数计算第一个学生的总分及平均成绩，以公式复制的形式得到其他人的总分及平均分。

4. 从左往右数，"学号"列的第3、4位代表学生所在的班级，例如：120101，代表12级1班1号。请通过函数提取每个学生所在的班级并按下列对应关系填写在"班级"对应列中，例：

"学号"的第3、4位	对应班级
01	1班
02	2班
03	3班

5. 复制工作表"第一学期期末成绩"，将副本放置到原表的右侧；改变副本表标签的颜色，并将副本重新命名，新表名需包含"分类汇总"字样。

6. 通过分类汇总功能求出每个班各科的平均成绩，并将每组结果分页显示。

7. 以分类汇总结果为基础，创建一个簇状柱形图，对每个班各科平均成绩进行比较，并将该图表放置在一个新的工作表中。

8. 保存文件，并将文件以文件名"学生成绩单.xlsx"另存在Office练习目录下。

3.7 公式和函数简介，销售订单管理

Excel函数其实是一些预定义的公式和计算方法，使用以单元格地址为基础、按特定的顺序或结构组成的参数进行计算，并且将所得结果放入另外一些单元格内。用户可以利用函数对某个区域内的数值进行一系列运算，例如，分析和处理日期值和时间值确定贷款的支付额，甚至可以根据单元格中的数据大小给出特定的显示等等，因此，公式和函数可以说进一步延伸了Excel的应用范围。而在日常应用中，灵活运用Excel函数，会收到立竿见影的效果。

Excel在多年的发展过程中，已经积累了十三类函数，包括：兼容性函数、多维数据集函数、数据库函数、日期和时间函数、工程函数、财务函数、信息函数、逻辑函数、查找和引用函数、数学和三角函数、统计函数、文本函数、Web函数（自Office 2013起），可见，Excel的函数应用是一个涉及面非常广的课题。接下来，我们以最常用的一些函数为例，对Excel函数应用进行初步的介绍。

3.7.1 公式创建

公式是由用户根据需求以及单元格之间的数据关系，结合常量数据、单元格引用、运算符等元素进行数据处理和计算的算式。这些算式计算出来的结果将自动填入某些单元格，或者据之做出某种标记。

在创建工作表时，我们就会发现：列与列之间，或者行与行之间，甚至是单元格之间，都可能具有一定的数据关系，这些关系包含了深入的业务内涵，例如，应用一系列复利率计算的初始本金的未来值，或者将多个区域的字符串组合起来等。如此一来，在建立工作表时就有了一定的函数应用需求。

Excel中的公式都是以等号"="开头，下面的表达式就是一个简单的公式：

=(A2+B2)*0.5

该公式表示对A2单元格与B2单元格的数据求算术平均值。从公式的结构来看，构成公式的元素通常包括等号、常量、引用和运算符等元素。其中，等号是不可或缺的。而且，必须注意，公式中的符号，例如括号，都必须是半角符号。在实际应用中，公式还可以使用数组、Excel函数或名称（命名公式）等数据来进行运算。

温馨提示

公式或函数中的符号，例如等号、逗号、引号等，都应该是半角符号。

3.7.2 相对引用与绝对引用

Excel对单元格数据的引用有三种方式：相对引用、绝对引用和混合引用。引用即从地址找到数据的方式。要引用单元格的数据，就涉及单元格的地址。

相对引用：引用单元格的地址可能会发生变动。一般公式所在单元格的位置改变，引用也随之改变。例如，我们将公式"=(A2+B2)*0.5"放在单元格C2中，将C2的运算向下拖拉到C3时，C3的公式即为"=(A3+B3)*0.5"。相对引用所采用的地址称为"相对地址"。

绝对引用：引用单元格的地址不发生变动的引用。存放数据的单元格如果是应用中的某种恒定量，则其地址不变，这样的地址用"$列标$行标"表示，例如，A1。这种单元格里可能存放着类似利率、阈值这类相对不变的"恒量"。绝对引用所采用的地址被称为"绝对地址"。

混合引用，分为两种情况：一是列绝对、行相对；二是行绝对、列相对。

1. 列绝对、行相对：复制公式时，列标不会发生变化，行号会发生变化，单元格地址的列标前添加$符号。如$A1，$C10，$B1:$B4等等。

2. 行绝对、列相对：复制公式时，行号不会发生变化，列标会发生变化，单元格地址的行号前添加$符号，如A$1，C$10，B$1:B$4等等。

3. 区域标识：如果需要定义一个区域，一般可以这样标识："工作表名称!行标:列标"，例如，"货物信息!A$3:E$800"表示名为"货物信息"的工作表中从A$3单元格至E$800单元格的区域。

3.7.3 函数使用

普通公式或者函数的使用，一般只涉及一个工作表中的信息，我们在3.2.10中已有所介绍，在这里再次给出一个说明。

Excel函数应用有下列基本特点：

1. 任何函数应用时一般都需要一些参数，这些参数往往是以单元格或者单元格区域的形式出现。

2. 函数都会返回一个值，这个值可能是某个单元格的信息，也可能是函数执行结果，例如是否找到某个变量等等，这个返回值一般就是我们想要的结果。

3. 对单个单元格编写的函数，只有通过Excel的"格式复制"功能，才能被其他单元格所使用。"格式复制"一般采用拉动单元格右下角的填充柄即可。

1. 普通公式的使用

这是应用最为广泛也最容易使用的一种公式和函数应用。

操作步骤

Step 1：建立工作表，录入各单元格信息及各个列标题。

Step 2：在计算列或计算行的第一个单元格输入等号，如在"金额"标题下方的M3单元格键入"="。

Step 3：点击相关单元格，例如同一行"单价"标题下的K3单元格。

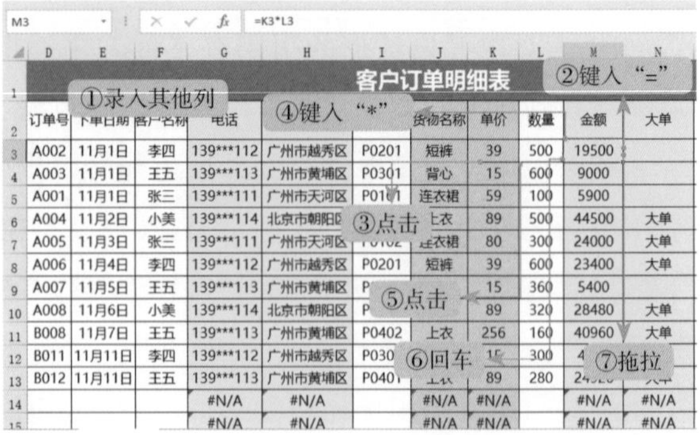

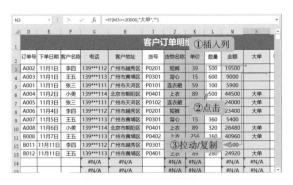

图3-112　通过普通公式自动获得计算列

Step 4：键入乘号"*"。

Step 5：单击另一个相关单元格，例如，同一行"数量"标题下的L3单元格。

Step 6：按回车键，M3单元格自动算出了K3*L3的数值，而且，编辑栏（公式栏）出现了"M3=K3*L3"的公式。

Step 7：按住M3单元格右下角的填充柄，向下拉动，M列的所到之处均被自动按照上述公式计算出来，例如，"M4=K4*L4"等等。

实际上，上面公式可以直接在编辑栏（公式栏）中编辑。

2．判断型函数的使用

在有的应用中，需要根据某些数据让系统自动做出某种判断，例如，成绩低于60判断为"不及格"等。在上例中，我们可以将金额大于等于20000元的订单自动判断为重要订单，令系统标注为"大单"。操作方法如下。

Step 1：在金额右侧插入一列，取名为"大单"。

Step 2：在"大单"列的第一个单元格N3中键入公式"= IF(M3>= 20000,"大单","")"，按回车键。

Step 3：按住N3单元格右下角的填充柄，向下拉动，所到之处凡是满足"金额>=20000的"均被自动按照上述公式计算出来，并给出了"大单"的判断。

图3-113　判断型函数的使用

说明：

1．判断与赋值利用了函数IF()，即是一个做出判断后进行赋值的过程。该函数一般的格式为：=IF(逻辑判断,"真返回值","假返回值")，即逻辑判断为真时，返回中间的参数，逻辑判断为假时，返回最后一个参数。

2．上述函数，还可以在编辑栏中直接录入，这时，系统对函数的格式还会自动提醒。

3．保持数据的唯一性

为了保证数据的规范性和一致性，一般而言，对于一个严谨的系统，基础数据录入后，其他业务表格需要用到这些基础数据时，应该采用引用的方式而不是重新录入。严格来讲，就是数据应该满足第三范式。

例如，用Excel来记录一个公司的销售情况，虽然应用的核心是销售订单的处理，但是，正确的应用过程是，在"客户信息"表中，录入客户基础信息，在"货物信息"表中，录入货物的基础信息，而在"订单明细表"中，可以利用客户名称以及货号，从"客户信息"表和"货物信息"表中调取客户和商品的信息，而且"客户名称"和"编号"作为"客户信息"表和"商品信息"表的主键必须保证唯一性。如图3-114所示：

图3-114　货物信息和客户信息

上述基础数据表中，"货物信息"表中的"编号"和"客户信息"表中的"客户名称"必须保证唯一性。对此，我们可以用Excel的"数据验证"功能实现，这也是一个典型的函数应用。以"货物信息"表为例，具体操作如下。

Step 1：将光标停留在需要保持唯一性的列中任一单元格内，一般是第一个单元格，例如，A1。

Step 2：单击"数据"标签，打开"数据"选项卡。

Step 3：点击"数据工具"组中的"数据验证"功能，系统打开"数

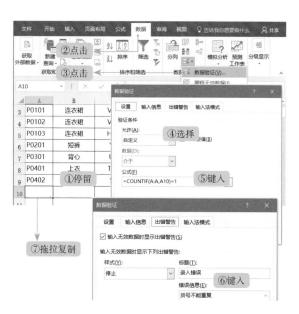

图3-115　通过数据验证，保证编码的唯一性

据验证"窗口。

Step 4：在"数据验证"窗口的"设置"页中，将验证条件下"允许"项改为"自定义"，这时，系统会显示"公式"项，允许用户输入特定的公式来进行数据验证。

Step 5：在"公式"中，键入"=COUNTIF(A:A, A10)=1"。

Step 6：在"出错警告"页中，"样式"默认为"停止"，"标题"键入"录入错误"，"错误信息"键入"货号不能重复"。

Step 7：用拖拉复制的方法，将上述定义复制到整个列足够多的单元格。

通过上述步骤，即实现了一列数据唯一性验证与报错提示的设置。实际效果如图3-116所示。

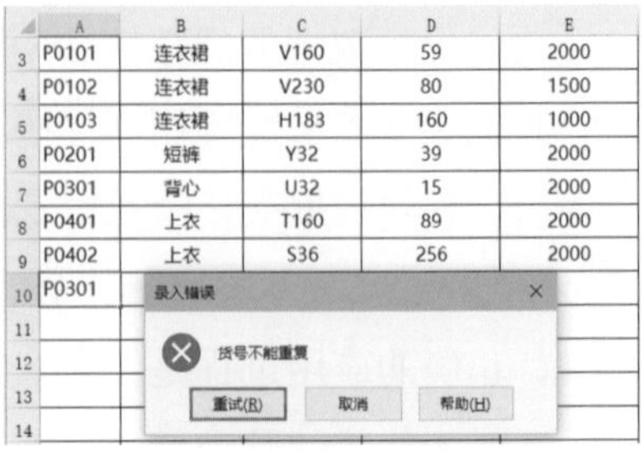

图3-116 数据唯一性验证效果

说明：

1. Excel工作簿和工作表本身是开放的，要想保证其中的信息严格符合第三范式也不太现实。但是，一些正式应用，例如企业、学校的正式数据，还是需要尽可能地保持其规范性和一致性。这就需要我们在使用Excel时，将数据信息进行规划、拆分，区分基础信息表和工作信息表，然后通过唯一性校验和引用，保证整体数据的规范性和一致性。

2. 本应用中的关键是函数"=COUNTIF(A:A, A10)=1"的使用，它表示在范围A:A（即第A列）中查找单元格A10中的信息并计数，然后判断是否等于1，等于，则返回真（TRUE），否则，返回假（FALSE）。

4. 在表格或区域中按行查找并引用信息函数的使用

当建立了保持编号唯一性的"货物信息"表和保持名称唯一性的"客户信息"表后，在录入订单信息时，客户信息和货物信息即可直接从这两张基础信息表中引用，这就要用到函数"VLOOKUP()"。工作方式设计如下。

（1）建立订单明细表，包含数据表标题和每一列的标题。

（2）订单明细表中，"客户名称""电话"和"客户地址"是存放、显示客户信息的列，操作和引用方式为：键入"客户名称"，让Excel到"客户信息"表中自动提取"电话"与"客户地址"。

（3）订单明细表中的"货号""货物名称""单价"是存放和显示货物信息的列，操作和引用方式为：键入"货号"，让Excel到"货物信息"表中自动提取"货物名称"和"单价"。

（4）最后，键入数量，系统自动算出金额。到此，基本完成了"订单明细"的设计。

上述设计的关键点有两个，一个是到“客户信息”表引用信息，另一个是到“货物信息”表引用信息。设置方法如下。

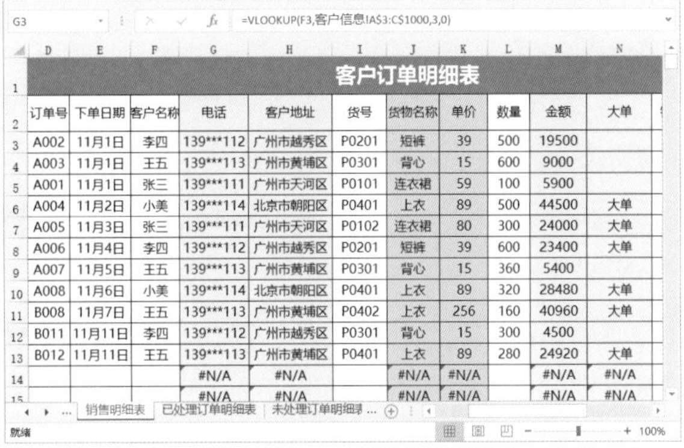

订单号	下单日期	客户名称	电话	客户地址	货号	货物名称	单价	数量	金额	大单
A002	11月1日	李四	139***112	广州市越秀区	P0201	短裤	39	500	19500	
A003	11月1日	王五	139***113	广州市黄埔区	P0301	背心	15	600	9000	
A001	11月1日	张三	139***111	广州市天河区	P0101	连衣裙	59	100	5900	
A004	11月2日	小美	139***114	北京市朝阳区	P0401	上衣	89	500	44500	大单
A005	11月3日	张三	139***111	广州市天河区	P0102	连衣裙	80	300	24000	大单
A006	11月4日	李四	139***112	广州市越秀区	P0201	短裤	39	600	23400	大单
A007	11月5日	王五	139***113	广州市黄埔区	P0301	背心	15	360	5400	
A008	11月6日	小美	139***114	北京市朝阳区	P0401	上衣	89	320	28480	大单
B008	11月7日	王五	139***113	广州市黄埔区	P0402	上衣	256	160	40960	大单
B011	11月11日	李四	139***112	广州市越秀区	P0301	背心	15	300	4500	
B012	11月11日	王五	139***113	广州市黄埔区	P0401	上衣	89	280	24920	大单
			#N/A	#N/A		#N/A	#N/A		#N/A	#N/A
			#N/A	#N/A		#N/A	#N/A		#N/A	#N/A

图3-117　VLOOKUP()函数应用

Step 1：在“电话”列标题下面的第一个单元格G3中录入公式“=VLOOKUP(F3,客户信息!A$3:C$1000,3,0)”，按回车键；或者将光标停留在G3单元格，在列标上的编辑栏（公式栏）中输入上面的函数，然后按回车键。

Step 2：按住G3单元格右下角的填充柄，向下拖拉，将键入的公式复制给本列其他单元格。

Step 3：在“客户地址”列标题下面的第一个单元格H3中输入公式“=VLOOKUP(F3,客户信息!A$3:E$1000,5,0)”，按回车键；或者将光标停留在H3单元格，在列标上的编辑栏（公式栏）中输入上面的函数，然后按回车键。

Step 4：按住H3单元格右下角的填充柄，向下拖拉，将键入的公式复制给本列其他单元格。

Step 5：在“货物名称”列标题下面的第一个单元格J3中输入公式“=VLOOKUP (I3,货物信息!A$3:E$800,2,0)”，按回车键；或者将光标停留在J3单元格，在列标上的编辑栏（公式栏）中输入上面的函数，然后按回车键。

Step 6：按住J3单元格右下角的填充柄，向下拖拉，将键入的公式复制给本列其他单元格。

Step 7：在“单价”列标题下面的第一个单元格K3中输入公式“=VLOOKUP (I3,货物信息!A$3:E$800,4,0)”，按回车键；或者将光标停留在K3单元格，在列标上的编辑栏（公式栏）中输入上面的函数，然后按回车键。

Step 8：按住K3单元格右下角的填充柄，向下拖拉，将键入的公式复制给本列其他单元格。

说明：

1．函数“=VLOOKUP()”是一个查找和引用函数，它可以在表格或区域中按行查找内容，按照精确匹配或近似匹配的结果，返回“引用列号”的信息。其格式为：=VLOOKUP（要查找的值，要在其中查找值的区域，区域中包含返回值的列号，精确匹配或近似匹配——指定为 0/FALSE 或 1/TRUE）。

2．Step 1~Step 2完成了客户电话的查找和引用。如果没查到，单元格继续显示"#N/A"。

3．Step 3~Step 4完成了客户地址的查找和引用。如果没查到，单元格继续显示"#N/A"。

4．Step 5~Step 6完成了货物名称的查找和引用。如果没查到，单元格继续显示"#N/A"。

5．Step 7~Step 8完成了货物单价的查找和引用。如果没查到，单元格继续显示"#N/A"。

由上述的几个实例中可以看出，Excel函数的应用，实际上就是一个编程的过程，要实现较好的应用，首先需要清晰描述需求，其次需要好的设计，而这一切的基础是熟悉Excel各种函数的用法。

3.7.4　Excel常用函数 ． ． ．

Excel函数可分为十三类共四百多个，这里以列表的方式说明常用函数的用法，并在列表后选择性地给出适当实例。

函数名称	功能	用途，用法
ABS()	求绝对值	单个数据或数据单元格，ABS(number)
AND()	逻辑"与"运算	两个值或多个值求"与"，判断是否为真，Excel设定数值不为零为真（TRUE），AND(logcal1,[logcal2],…)
AVERAGE()	求均值	多个数据或数据单元格，AVERAGE(number1, [number2], …)，number1可以是一个区域，如果是，则对区域内的数据求均值
COLUMN()	求列值	单元格定位，例如，F列返回6，AD列返回30
CONCATENATE()	合并字符	将多个字符文本或单元格中的数据连接在一起，显示在一个单元格中，CONCATENATE(text1,[text2],…)。参见用法一
COUNTIF()	条件计数	统计某个单元格区域中符合指定条件的单元格数目，如大于90分的记录数，COUNTIF(range, criteria)。参见用法二
COUNTIFS()	条件计数	多区域计数，多区域间的关系为逻辑"与"，即计算同时满足各个判断条件的单元格数目，COUNTIFS(criteria_range1, criteria1, [criteria_range2, criteria2],…)，重要：每一个附加的区域都必须与参数 criteria_range1 具有相同的行数和列数。这些区域无须彼此相邻。参见用法三
DATE()	转换日期	将数值转化为日期，DATE(year, month, day)

（续上表）

函数名称	功能	用途，用法
DATEDIF()	计算日期之差	返回两个日期之间的年数、月数或者天数，DATEDIF(start_date,end_date,unit)，unit分三种："Y"/"M"/"D"
IF()	条件计算	根据对指定条件的逻辑判断的真假结果，返回相对应条件触发的计算结果。参见3.7.3
INDEX()	数据定位	返回列表或数组中的元素值，此元素由行序号和列序号的索引值进行确定，INDEX(array, row_num, [column_num])
INT()	取整	数值取整
LEFT()	字符截取	从一个文本字符串的第一个字符开始，截取指定数目的字符，LEFT(text, [num_chars])，支持双字节：即每个汉字、日文假名或朝鲜字按1字符算
LEN()	字符数统计	统计文本字符串中字符数，LEN(text)
MATCH()	匹配位置	返回在指定方式下与指定数值匹配的数组中元素的相应位置，MATCH(lookup_value, lookup_array, [match_type])，参见用法四
MAX()	求最大值	求出一组数中的最大值，MAX(number1, [number2], ...)，number1可以是区域，函数从数组中找到最大值再与number2、number3…比较，返回最大值
MID()	取字符串	返回文本字符串中从指定位置开始的特定数目的字符，该数目由用户指定，MID(text, start_num, num_chars)，支持双字节：即每个汉字、日文假名或朝鲜字按1字符算
MIN()	求最小值	求出一组数中的最小值，MIN(number1, [number2], ...)，number1可以是数组，函数从数组中找到最小值再与number2、number3…比较，返回最小值
MOD()	求余数	求出两数相除的余数，MOD(number, divisor)
MONTH()	求月份	返回指定日期或引用单元格中的日期的月份，1~12数值，例如，MONTH(now())，则返回当前月度
NOW()	求此刻时间	返回当前系统的日期和时间，时间到分钟，如2018/4/15 7:27
OR()	逻辑"或"运算	两个值或多个值求"或"，判断是否为真，Excel设定数值不为零为真（TRUE），OR(logcal1,[logcal2],…)
RANK()	数据排序	返回某一数值在一列数值中的相对于其他数值的排位，RANK(number,ref,[order])，例如，=RANK(A3,A2:A6,1)返回A3单元格中的数值在A2:A6范围内的排位，order为1是指升序，order为0是指降序

（续上表）

函数名称	功能	用途，用法
RIGHT()	字符截取	从一个文本字符串的最后一个字符开始，向右截取指定数目的字符。RIGHT(text, [num_chars])，支持双字节：即每个汉字、日文假名或朝鲜字按1字符算
ROUND()	四舍五入	将数字四舍五入到指定的位数，ROUND(number, num_digits)
SUM()	求和	可以将单个值、单元格引用或是区域相加，或者将三者的组合相加，SUM(number1, [munber2],…)，如，=SUM(A2:A10)，或者=SUM(A2:A10, C2:C10)
SUMIF()	条件求和	对范围中符合指定条件的值求和，SUMIF(range, criteria, [sum_range])，参见用法五
SUMIFS()	条件求和	计算其满足多个条件的全部参数的总量。例如，可以使用SUMIFS 计算一个国家/地区内邮政编码为同一个且销售额超过了特定值的零售商的总量，SUMIFS(sum_range, criteria_range1, criteria1, [criteria_range2, criteria2], ...)
TEXT()	数值文本转换	根据指定的数值格式将相应的数字转换为文本形式，TEXT(value, format_text)，格式变化多，参见用法六
TIME()	获得时间	返回特定时间的十进制数字。如果在输入该函数之前单元格格式为"常规"，则结果将使用时间格式，例如，=TIME(22,15,20)返回10:15 PM
TODAY()	获得日期	给出系统日期
WEEKDAY()	求周几	返回对应于某个日期的一周中的第几天。默认情况下，天数是 1（星期日）到7（星期六）范围内的整数。WEEKDAY(serial_number,[return_type])，单元格格式如果是日期，则返回从1900年1月1日（星期日）向后计算的星期数
VLOOKUP()	查找值	在表中查找值，并引用。VLOOKUP(lookup_value, table_array, col_index_num, [range_lookup])，参见3.7.3

注意：Excel函数的大小写是没有区别的，这里为了格式规整统一采用了大写。

说明：

1．Excel中函数的应用是以"="（等号）开始的。

2．函数输入可以直接到"函数"选项卡按类进行查找。

3．上表中凡是参数为多个数据（如number1等）或区域（range）的函数，均支持拖拉获得单元格参数。

4．篇幅关系，我们不能对上述函数都举例说明，仅对一些复杂函数给予说明。

用法一：CONCATENATE()函数的用法

将两个或多个文本字符串联接为一个字符串。

此函数实际上不支持域操作，但是，可以拼接出一些有意义的字符串。例如：
=CONCATENATE(C2,"为: ",C3, "的",B3,F2,"是：",F3)的返回结果是"规格为: A4,70g,8包的打印纸进货价是：175"

A	B	C	D	E	F	G
办公用品清单						
序号	用品名称	规格	单位	单位件数	进货价	数量
01	打印纸	A4,70g,8包	箱	8	175.00	6
02	打印纸	A3, 70g, 5包	箱	5	232.00	2

图3-118　CONCATENATE()函数应用

用法二：COUNTIF()函数的用法

统计满足某个条件的单元格的数量，支持域操作。

例如，如果数据表如图3-119所示，则[1]：

	A	B
1	水果 ▾	数量 ▾
2	苹果	32
3	橙子	54
4	桃子	75
5	苹果	86

图3-119　COUNTIF()函数应用

公式	说明
=COUNTIF(A2:A5,"苹果")	统计单元格A2到A5中包含"苹果"的单元格的数量。结果为"2"
=COUNTIF(A2:A5,A4)	统计单元格A2到A5中包含"桃子"（A4中的值）的单元格的数量。结果为1
=COUNTIF(A2:A5,A2)+COUNTIF(A2:A5,A3)	计算单元格A2到A5中苹果（A2中的值）和橙子（A3中的值）的数量。结果为3。此公式两次使用 COUNTIF 表达式来指定多个条件，每个表达式一个条件。也可以使用COUNTIFS函数
=COUNTIF(B2:B5,">55")	统计单元格B2到B5中值大于55的单元格的数量。结果为"2"
=COUNTIF(B2:B5,"<>"&B4)	统计单元格 B2 到 B5 中值不等于 75 的单元格的数量。与号（&）合并比较运算符不等于(<>)和B4中的值，因此为=COUNTIF(B2:B5,"<>75")。结果为"3"
=COUNTIF(B2:B5,">=32")–COUNTIF(B2:B5,">85")	统计单元格B2到B5中值大于(>)或等于(=)32且小于(<)或等于(=)85的单元格的数量。结果为"3"
=COUNTIF(A2:A5,"*")	统计单元格A2到A5中包含任何文本的单元格的数量。通配符星号(*)用于匹配任意字符。结果为"4"
=COUNTIF(A2:A5,"??子")或者=COUNTIF(A2:A5,"*子")	统计单元格A2到A5中正好为4个字符且以字符"子"结尾的单元格的数量。通配符问号(?)用于匹配单个字符，"*"用于匹配多个字符。结果为"2"

[1]　本例与后面几个例子来源于微软支持网站https://support.office.com/zh-cn，略有改动。

注意：1. COUNTIF将忽略文本字符串中的大小写。2. 可以在criteria中使用通配符，即问号(?)和星号(*)。问号匹配任何单个字符。星号匹配任何字符序列。如果要查找实际的问号或星号，则在该字符前键入波形符(~)。

用法三：COUNTIFS()函数的应用

COUNTIFS(criteria_range1, criteria1, [criteria_range2, criteria2],…) 函数语法具有以下参数：

- "criteria_range1"：必需。在其中计算关联条件的第一个区域。
- "criteria1"：必需。条件的形式为数字、表达式、单元格引用或文本，它定义了要计数的单元格范围。例如，条件可以表示为32、">32"、B4、"apples"或 "32"。
- "criteria_range2, criteria2, ..."：可选。附加的区域及其关联条件。最多允许127个区域/条件对。

注意：每一个附加的区域都必须与参数criteria_range1具有相同的行数和列数。这些区域无须彼此相邻。

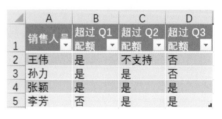

图3-120　COUNTIFS()函数应用

对于如图3-120的数据表，有下列计算实例。

公式	说明	结果
=COUNTIFS(B2:D2,"是")	计数王伟超出Q1、Q2和Q3阶段销售配额的次数（仅Q1）	1
=COUNTIFS(B2:B5,"是",C2:C5,"是")	计算有多少销售人员同时超出其Q1和Q2配额（孙力和张颖）。可见，两个判断是"与"的关系	2
=COUNTIFS(B5:D5,"是",B3:D3,"是")	计数李芳和孙力在Q1、Q2和Q3阶段两人都超出销售配额的次数（仅Q2）	1

用法四：MATCH()函数的使用

使用MATCH函数在特定范围中搜索特定的项，然后返回该项在此区域中的相对位置。

语法：MATCH(lookup_value, lookup_array, [match_type])

MATCH 函数语法具有下列参数：

- "lookup_value"：必需。要在 lookup_array 中匹配的值。例如，如果要在电话簿中查找某人的电话号码，则应该将姓名作为查找值，但实际上需要的是电话号码。

"lookup_value" 参数可以为值（数字、文本或逻辑值）或对数字、文本或逻辑值的单元格引用。

- "lookup_array"：必需。要搜索的单元格区域。
- "match_type"：可选。数字–1、0或1。match_type参数指定Excel如何将 lookup_value与lookup_array中的值匹配。此参数的默认值为 1。

match_type	行为
1 或省略	MATCH查找小于或等于lookup_value的最大值。lookup_array参数中的值必须以升序排序，例如：…–2, –1, 0, 1, 2, …, A~Z, FALSE, TRUE
0	MATCH查找完全等于lookup_value的第一个值。lookup_array参数中的值可按任何顺序排列
–1	MATCH查找大于或等于lookup_value的最小值。lookup_array参数中的值必须按降序排列，例如：TRUE, FALSE, Z~A, …2, 1, 0, –1, –2…

对于如图3-121所示数据表，有下列结果。

	A	B
1	农产品	计数
2	香蕉	25
3	橙子	38
4	苹果	40
5	梨	41

图3-121 MATCH()
函数应用

公式	说明	结果
=MATCH(39,B2:B5,1)	由于此处无精确匹配项，因此函数会返回单元格区域B2:B5中最接近的下个最小值（38）的位置	2
=MATCH(41,B2:B5,0)	单元格区域B2:B5中值41的位置	4
=MATCH(40,B2:B5,–1)	由于单元格区域B2:B5中的值不是按降序排列，因此返回错误	#N/A

用法五：SUMIF()函数的用法

本函数对范围中符合指定条件的值求和。

语法：SUMIF(range, criteria, [sum_range])

SUMIF 函数语法具有以下参数：

- "range"：必需。根据条件进行计算的单元格的区域。每个区域中的单元格必须是数字或名称、数组或包含数字的引用。空值和文本值将被忽略。所选区域可以包含标准Excel格式的日期。
- "criteria"：必需。用于确定对哪些单元格求和的条件，其形式可以为数字、表达式、单元格引用、文本或函数。例如，条件可以表示为 32、">32"、B5、"32"、"苹果" 或 TODAY()。

   注意：任何文本条件或任何含有逻辑或数学符号的条件都必须使用双引号 (") 括

起来。如果条件为数字，则无须使用双引号。

- “sum_range”：可选。要求和的实际单元格（如果要对未在range参数中指定的单元格求和）。如果省略sum_range参数，Excel会对在range参数中指定的单元格（即应用条件的单元格）求和。
- 可以在criteria参数中使用通配符：包括问号 (?) 和星号 (*)。问号匹配任意单个字符；星号匹配任意一串字符。如果要查找实际的问号或星号，则在该字符前键入波形符 (~)。

注意：

- 使用SUMIF函数匹配超过255个字符的字符串或字符串#VALUE!时，将返回不正确的结果。
- sum_range参数与range参数的大小和形状可以不同。求和的实际单元格通过以下方法确定：使用sum_range参数中左上角的单元格作为起始单元格，然后包括与range参数大小和形状相对应的单元格。

对于如图3-122所示数据表，有下列计算函数及结果。

	A	B	C
1	类别	食物	销售额
2	蔬菜	西红柿	¥23,000
3	蔬菜	西芹	¥55,000
4	水果	橙子	¥8,000
5		黄油	¥4,000
6	蔬菜	胡萝卜	¥42,000
7	水果	苹果	¥12,000

图3-122　SUMIF()函数应用

公式	说明	结果
=SUMIF(A2:A7,"水果",C2:C7)	“水果”类别下所有食物的销售额之和	￥20,000
=SUMIF(A2:A7,"蔬菜",C2:C7)	“蔬菜”类别下所有食物的销售额之和	￥120,000
=SUMIF(B2:B7,"西*",C2:C7)	以“西”开头的所有食物（西红柿、西芹）的销售额之和	￥78,000
=SUMIF(A2:A7,"",C2:C7)	未指定类别的所有食物的销售额之和	￥4,000

用法六：TEXT()函数的用法

TEXT函数可通过格式代码向数字应用格式，进而更改数字的显示方式。如果要按更可读的格式显示数字，或者将数字与文本或符号组合，它将非常有用。

注意：TEXT函数会将数字转换为文本，这可能使其在以后的计算中难以引用。最好将原始值保存在一个单元格中，然后在另一单元格中使用TEXT函数。随后如果需要构建其他公式，请始终引用原始值，而不是TEXT函数结果。

语法：TEXT(value, format_text)

参数：value为要转换为文本的数值。format_text为一个文本字符串，定义要应用于所提供值的格式。

公式	说明
=TEXT(1234.567,"$#,##0.00")	货币带有1个千位分隔符和2个小数，如\$1,234.57。请注意，Excel将该值四舍五入到小数点后两位
=TEXT(TODAY()，"MM/DD/YY")	目前日期采用YY/MM/DD格式，如12/03/14
=TEXT(TODAY(),"DDDD")	一周中的当天，如Sunday等
=TEXT(NOW(),"H:MM AM/PM")	当前时间，如11:23 AM
=TEXT(0.285,"0.0%")	百分比，如28.5%
=TEXT(4.34 ,"# ?/?")	分数，如4 1/3
=TRIM(TEXT(0.34,"# ?/?"))	分数，如1/3。注意，这将使用TRIM函数删除带十进制值的前导空格
=TEXT(12200000,"0.00E+00")	科学记数法，如1.22E+07
=TEXT(1234567898,"[<=9999999]###-####;(###) ###-####")	特殊（电话号码），如(123)456-7898
=TEXT(1234,"0000000")	添加前导零(0)，如0001234
=TEXT(123456,"##0° 00' 00''")	自定义——纬度/经度

本质上，TEXT函数起到的作用，与单元格数据格式设置（快捷键Ctrl+1）是相同的。

高手进阶——函数综合应用

小李今年毕业后，在一家计算机图书销售公司担任市场部助理，主要的工作职责是为部门经理提供销售信息的分析和汇总。

请你根据销售数据报表("书店素材.xlsx"文件)，按照如下要求完成统计和分析工作。

1. 请对"订单明细表"工作表进行格式调整，通过套用表格格式的方法将所有的销售记录调整为一致的外观格式，并将"单价"列和"小计"列所包含的单元格调整为

"会计专用"（人民币）数字格式。

2．根据图书编号，请在"订单明细表"工作表的"图书名称"列中，使用VLOOKUP函数完成图书名称的自动填充。"图书名称"和"图书编号"的对应关系在"编号对照"工作表中。

3．根据图书编号，请在"订单明细表"工作表的"单价"列中，使用VLOOKUP函数完成图书单价的自动填充。"单价"和"图书编号"的对应关系在"编号对照"工作表中。

4．在"订单明细表"工作表的"小计"列中，计算每笔订单的销售额。

5．根据"订单明细表"工作表中的销售数据，统计所有订单的总销售金额，并将其填写在"统计报告"工作表的B3单元格中。

6．根据"订单明细表"工作表中的销售数据，统计《MS Office高级应用》图书在2012年的总销售额，并将其填写在"统计报告"工作表的B4单元格中。

7．根据"订单明细表"工作表中的销售数据，统计隆华书店在2013年第3季度的总销售额，并将其填写在"统计报告"工作表的B5单元格中。

8．根据"订单明细表"工作表中的销售数据，统计隆华书店在2012年的每月平均销售额（保留2位小数），并将其填写在"统计报告"工作表的B6单元格中。

9．将分析好的工作簿另存为"书店完成.xlsx"文件。

零壹快学微信小程序
扫一扫，免费获取随书视频教程

POWER

P

第 4 章

POWER | POINT

熟练使用 PowerPoint

PowerPoint是用于组织幻灯片、编制演讲与演示文稿的应用软件。PowerPoint将文本框、图片、形状、艺术字和各类多媒体元素有机组合起来，形成幻灯片，多张幻灯片联合起来组成了PowerPoint演示文稿（简称PPT文档或PPT文稿）。

PPT文档通常可以设置多种页面切换方式和动画放映方式，通过投影仪或者其他大屏幕放映设备播放出来，所以，它是一个一对多的交流媒介。

PPT文档的编辑与设计一般分为三个层面：第一，基础应用层面，能够建立幻灯片，能够插入、调整主要的对象，能够使用设置幻灯片背景等手段美化幻灯片，并且通过复制等手段生成新幻灯片等的应用；第二，在第一个层面的基础上，能够总体规划设计PPT文档的整体架构，使用"节"来组织幻灯片，熟练使用幻灯片母版、版式与主题，并设置各种切换与动画模式，使PPT文档在整体篇章和细节上都有所提高；第三，在第二个层面的基础上，能够交叉应用各种对象的选项，利用某些平面设计的手段，做出令人惊艳的演示文稿。

本章中，我们将利用丰富的实例，介绍快速建立主题突出、风格清新、生动活泼的演讲与演示文稿的方法，展示高效制作、编辑、修改与美化这些演示文稿的技巧，使读者既能熟练掌握第一、第二个层面的方法，又能够获得第三个层面的技巧。

4.1 创建演示文稿，建立"新项目策划方案"

演示文稿即PPT文档，其基本操作包括新建、保存或另存为、页面设置和文件加密等。

正如第1章所介绍的，建立一个新的Office文档有许多方法，而建立一个新演示文稿的方法也是多种多样的。

新建一个演示文稿的方式可以参见1.2.1"新建文档"和1.2.2"利用模板新建文档"，文档保存、保护等操作请阅读1.2节的相关内容。新建演示文稿最常用的方法如图4-1所示，即进入PowerPoint的"开始窗"，或者称为"打开与新建文档"窗口，在此窗口上点击"空白演示文稿"，或者选择某个模板，即可新建一个演示文稿。

Step 1：启动PowerPoint系统

在Windows"开始"菜单、桌面快捷方式或者任务栏快捷方式找到Microsoft PowerPoint，点击进入。这时，PowerPoint的"开始窗"（"打开与新建文档"窗口）被打开，如图4-1的左图所示；用户在此可以建立新的演示文稿或打开最近使用的演示文稿。

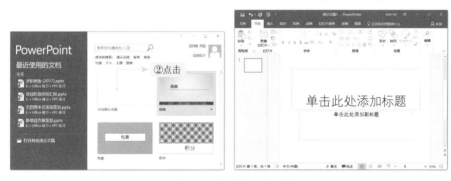

图4-1　新建演示文稿

Step 2：点击"空白演示文稿"，新建"演示文稿1"，打开了如图4-1的右图所示的编辑界面，这就是一个空的PowerPoint文档（简称PPT文档）。当然，我们也可从已建立的演示文稿中再打开一个，然后，将其修改并"另存为"一个新的PPT文档。

在新建演示文稿的编辑窗口中，光标一般停留在导航栏的起始页上，等待我们开始编辑演示文稿的第一张幻灯片：封面。

4.1.1　纵横比

我们需要注意观察新建演示文稿的纵横比，并且在掌握演示环境（主要是投影器材的纵横比或者分辨率）的情况下，及时调整演示文稿纵横比，以便获得最佳演示效果。

由于目前大多数的显示器都是16∶9的纵横比，所以，PowerPoint 2016在新建演示文稿时，往往都默认16：9的纵横比。但是，实际演示环境可能会有所不同。

以下这种情况尤其令人担心：演示文稿是按照16：9的纵横比编制的，演示环境却只能提供4：3的投影器材，于是，在已经完成编写、排版的情况下，只好强行更改纵横比，幻灯片中的各种元素都发生错位，演示效果将大打折扣。

改变演示文稿纵横比的方法如图4-2所示。

操作步骤

Step 1：单击功能选项卡的"设计"标签，系统打开演示文稿的"设计"选项卡。

Step 2：在"自定义"组中找到"幻灯片大小"功能，选择合适的纵横比。

这里更改的纵横比是针对整个演示文稿的，即更改后，本演示文稿的所有幻灯片将采用这一纵横比。

考虑到目前国内大多数演示环境还是以4：3为主，所以，本书后面的例子多数是4：3的纵横比。

图4-2　改变演示文稿幻灯片纵横比

4.1.2　演示文稿标题及幻灯片中的文字

新建的空演示文稿实际上是第一张幻灯片，这里的标题一般是指整个演示文稿的标题。单击标题处，键入新建演示文稿的标题，开始创建一个全新的PPT文档。

Step 1：单击中间"单击此处添加标题"文本框占位符，添加标题。

Step 2：单击标题下侧的"单击此处添加副标题"文本框占位符，添加副标题。

这样，即完成了最简单的第一张幻灯片的建立。

说明：

1．显然，演示文稿中的文字是以文本框形式进行组织的，即PPT文档的文字都需要放到一个个文本框中，形成一个个的"文字块"。这主要是由于演示文稿本身的文字需要进行各种形式的调整和安排，"文字块"多半需要有不同的格式，可以随意放置到相应的位置上。例如，上面的"标题"和"副标题"字体就有差异，其位置也能灵活安排——只有文本框才具有这样的灵活性。

2．既然PPT文档中的"文字块"都是以文本框形式组织的，那么，我们在2.3.5介绍Word文档中的文本框的内容即适用于PPT的文本框。例如，改变填充、添加阴影等。

3．占位符是允许添加文档元素（文字、图片、表格等）的虚拟对象，在放映时不会显示。虚拟对象就是先分配一个固定的位置，等待用户通过点击某一类元素（例如表格、图表、SmartArt等）的提示图标，即可在幻灯片里面添加相应内容。占位符由一个虚线边框所标识。

4．我们当然希望PPT文档作为演示文稿能呈现出图文并茂、生动活泼的效果，所以，我们可以根据需要添加其他元素。

5．PPT文档的组织方式是：一个演示文稿一般包含许多张幻灯片，每一张幻灯片中又含有多个对象，例如，文本框、形状、图片等，每一个对象都有各自的名称。

图4-3　建立第一张幻灯片

例如，封面上的标题的名称为"标题 1"，名称并不能起到对象唯一标识的作用，对象的唯一标识是由系统内部的id所决定的，所以，用户能看到的这个名称是可以重复的。

4.1.3　封面的要素

一个演示文稿，其封面（第一张幻灯片）除了标题和副标题以外，一般需要加入机构名称、时间、演讲人等信息，并且根据演示内容，也可插入反映内容的相关图片等元素对象。这些对象的加入，与在其他普通幻灯片中插入对象的操作方式相同，具体方法参见4.1.5~4.1.8。对象的美化方法参见4.4。

加入相关对象并适当美化后，一个演示文稿的封面可以如图4-4所示。

图4-4　一个完整的演示文稿封面

4.1.4 新建幻灯片

新建幻灯片的方式主要有两个：第一，在导航栏中直接按回车键；第二，通过"插入"选项卡新建幻灯片。分别介绍如下。

方法一：导航栏插入法

操作步骤

Step 1：单击导航栏中需要新建幻灯片的位置——例如，在现有幻灯片的最后或者两张幻灯片之间，此时系统即出现一条红线，如图4-5所示。

Step 2：按回车键，PowerPoint即会自动在此位置新建一张幻灯片。

图4-5 通过导航栏插入幻灯片

说明：

1. 通过这种方法插入的幻灯片是典型的"标题和内容"版式。即幻灯片上部自动放置了一个标题文本框占位符，而下部放置了既可以添加文本又可以添加表格、图表、图片等内容的大的占位符，即除了可以输入文本以外，这个占位符"内部"还有一些虚化的对象插入按钮，点击任何一个按钮，系统会提示弹出相应的对象插入窗口，方便用户快速插入其他对象。占位符只是一个编辑工具，在放映时不会显示，所以，占位符一般由虚线边框所标识。

2. 实际上，在导航区点击鼠标右键，系统会弹出一个小的右键菜单，在这个小菜单中也可以实现新增幻灯片的操作。

方法二：通过"插入"选项卡新建幻灯片

这是典型的对象插入方法。由于新建幻灯片属于常用功能，所以，不仅在"插入"选项卡具有这一功能，在"开始"选项卡也具有这一功能。操作步骤一并讲解如下。

Step 1：单击导航栏中需要新建幻灯片的位置——例如，现有幻灯片的最后或者两张幻灯片之间，系统即会在此画出一条红线。

Step 2：单击功能选项卡"插入"标签，系统打开"插入"选项卡；或者单击"开始"标签，系统打开"开始"选项卡。

图4-6 通过"插入"选项卡插入幻灯片

Step 3：单击"插入"选项卡最左侧的"新建幻灯片"功能，或者"开始"选项卡中"幻灯片"组中的"新建幻灯片"功能，系统即会在选定位置新建一张幻灯片。

说明：

1. 直接点击"新建幻灯片"功能，系统新建的幻灯片是典型的"标题和内容"版式的幻灯片。点击"新建幻灯片"的下拉列表按钮，系统即打开多个主题的新幻灯片版式供用户挑选，这些主题对幻灯片的基本布局有一定的安排，可以保证用户快速高效地建立具有一定布局的新幻灯片。

2. 在下拉列表底部还有三个选择：

第一是"复制选定幻灯片"，可以帮助用户在已经建立的幻灯片基础上，建立新的幻灯片。这是一个常用功能，可以保证整个演示文稿风格统一，并且，每一个幻灯片中都需要拥有的某些元素，如单位名称、LOGO等，都可直接复制下来。当然，最好的共用信息采用方式为：将那些每张幻灯片共有的信息放入幻灯片母版，采用一定的母版后，就可在新建幻灯片时获得这些信息。操作方法参见4.3节。

第二是"幻灯片（从大纲）"，即可以从支持的文件，例如txt，wps，docx等导入信息，这是快速将其他文件中的信息导入PowerPoint的一个方法。

第三是"重用幻灯片"，即可从其他演示文稿中导入规范的幻灯片，如图4-7所示。在浏览打开另一个演示文稿后，可以从中挑选任意多张幻灯片插入新文稿。

图4-7　重用幻灯片

3. PowerPoint还有一个有趣的安排：自动产生的"标题""文本""表格""图表"等占位符，仅仅是为了使用户方便插入这些对象，虽然里面包含了"单击此处添加标题"或者"单击此处添加文本"等文字或内容，但是，这些文字不会影响放映效果，即，在放映一个演示文稿时，这些自动添加的文字完全被忽视了。

4.1.5　幻灯片的要素

从形式上而言，幻灯片的要素包括：背景、版式、切换方式和动画设计。

背景决定了一张幻灯片的外观底色，版式决定了幻灯片的内容布局，而切换方式决定了幻灯片的进入、退出的动态模式，动画设计则定义了各种内容出现的方式和次序。

因此，在制作演示文稿时，首先，应该选择合适的背景主题，然后，设计美观的、能够反映内容主题的版式，最后，设置好放映切换和动画。

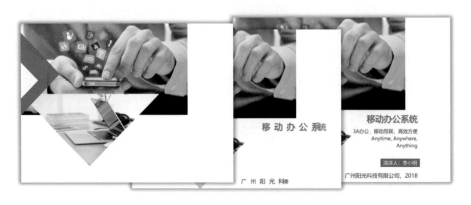

图4-8　一个幻灯片的放映过程

幻灯片背景主题与版式的相关内容将在4.2讨论，动画与多媒体的相关内容将在4.5讨论，而放映和交互式输出的相关内容将在4.7讨论。

从内容上而言，幻灯片的要素包括：标题文字、内容文字、适当的形状、图片、图表、表格等。下面我们逐个说明一些主要内容元素对象的插入或创建；在4.4中，我们会详细讲解各种对象的美化方法。

4.1.6　文本框建立与编辑

文本框是PPT文稿中最常用的对象，文本框本质上是一个矩形形状，它可以将文字组织成"文字块"以便和其他图片或形状等对象进行合理安排。

PowerPoint将文本框大致分为标题文本框和文字文本框，这样，方便直接安排每一个文本框的内容。另一方面，PowerPoint中的文本框默认都是无填充、无边框的，这也给快速制作一个透明文本框提供了条件。但是，如果在使用过程中需要对某些文本框进行填充，用户就要自行设置了。

新增一个文本框一般有两种方法：第一，通过"插入"选项卡的"插入文本框"功能；第二，直接复制一个文本框。

1.　插入文本框

操作步骤

Step 1：单击功能选项卡"插入"标签，系统打开"插入"选项卡。

Step 2：在"插入"选项卡中单击"文本框"中的"绘制横排文本框"或者"竖排文本框"，鼠标指针就变为一个向下的小箭头，按下鼠标后则变成可以通过拖拉绘出文本框范围大小的十字形。

Step 3：拖拉出文本框的范围大小，光标即停留在文本框内等待用户键入内容，同时，功能区自动切换到"开始"选项卡，以便用户调整文本格式。

文本框的复制是一项非常容易的操作，在此不再赘述。

图4-9　在幻灯片中插入文本框

　　Windows操作中最直接的复制副本方法为：选中对象，然后按住键盘的Ctrl键，再用鼠标拖拉对象，系统即可复制出对象的副本。

2. 文本框编辑

除了文本的字体、字号、对齐方式等基本属性以外，PowerPoint几乎给文本框文字提供了Word文字中关于格式和段落的所有设置属性，并且，基于PPT文本框文字显示的特殊需求，给出了更多的设置方式。我们以行距和文字方向为例介绍如下。

（1）设置行距

改变文本框中文字的行距至少有两条途径：第一，通过"开始"选项卡功能；第二，通过鼠标右键菜单或者"开始"选项卡中"段落"的对话框启动器，打开段落设置窗口进行设置。

① 利用"开始"选项卡功能设置文本行距。

操作步骤

Step 1：选中文本框文字。

Step 2：单击"开始"选项卡的

图4-10　通过选项卡功能设置行距

"行距"功能按钮，系统下拉预设的五种行距，鼠标接触其中任何一种时，文本框中文字的行距会相应发生同步改变。

Step 3：选择一种行距。

如果预设的五种行距中没有需要的值，可以点击"行距选项"，系统即打开下一个方法介绍的段落设置窗口，在其中可以设置任意的行间距。

② 利用鼠标右键打开文本框文字段落设置窗口，设置文本行距。

图4-11 通过鼠标右键菜单打开段落设置窗口设置行距

操作步骤

Step 1：在文本框上单击鼠标右键，系统弹出右键菜单。

Step 2：在右键菜单中单击"段落"功能，系统打开段落设置窗口。

Step 3：在段落设置窗口中，设置行间距，然后点击"确定"按钮。

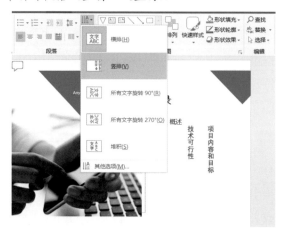

图4-12 文字方向快速设置

（2）文字方向快速设置

在幻灯片中，有时需要改变文字方向，例如将横排的文字转换为竖排等，PowerPoint对此提供了简捷的"一键式操作"模式。操作方法如图4-12所示。

操作步骤

Step 1：选中文本框。

Step 2：单击"开始"选项卡"文字方向"功能按钮，系统下拉"文字方向"列表。同样，当鼠标接触某个方向选项时，选中的文本就会同步发生相应的改变，用户可以根据效果在列表中选择一个方向。

4.1.7 形状的插入与复制

"形状"是一种常用的图形元素,一般用于表达不同内容的含义、分割区域或者吸引注意力等。幻灯片中的"形状"主要通过两种方法获得:第一,插入;第二,复制。分别介绍如下。

1. 插入形状

操作步骤

Step 1:单击功能选项卡"插入"标签,系统打开"插入"选项卡。

Step 2:单击"插入"选项卡的"形状"功能,系统打开一个大的下拉"形状选择窗",列出按照"最近使用的形状""线条""基本形状"等进行分组的各种形状。

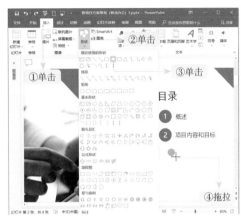

图4-13 形状的插入

Step 3:在"形状选择窗"中选择合适的形状点击,系统关闭"形状选择窗",并在编辑页面上将鼠标指针变为十字形。

Step 4:拖拉十字形鼠标指针,获得相应大小的形状。

实用技巧

Office的主要应用组件Word、Excel和PowerPoint的"形状"功能都是相同的,操作方法也一样。只是由于各个系统的应用对象和版面分布不同,导致"形状"在各个应用组件中的使用方法不尽相同。

另一方面,这些形状都可以用鼠标右键加以点击,然后在右键菜单中选择"编辑文字",为其添加合适的文字。

2. 复制形状

在插入一个形状后,如果需要在幻灯片中再次插入相同的形状,采用复制的方法是最为简捷的,而且,这样获得的形状与前面进行过格式调整的形状格式完全相同,只需修改其文字,无须再进行格式调整。与文本框操作类似,复制对象最简捷的方法就是"Ctrl+拖拉"法,具体方法如图4-14所示。

图4-14 形状的插入与复制

235

操作步骤

Step 1：选中需要复制的对象，例如，目录中的圆形编号和对应的目录文本框。

Step 2：按住键盘上的Ctrl键，用鼠标拖拉选中的对象，系统即会复制出选中对象的副本。

Step 3：松开鼠标Ctrl键，将复制出的对象副本放置到合适的位置。

Step 4：修改复制出的对象副本的文本。

4.1.8 图片的插入

图片会令幻灯片更加生动，合适的图片不仅使幻灯片增色，而且让主题更加突出。所以，在幻灯片中插入图片是一项基本的操作。插入图片一般通过三条途径：第一，"插入"选项卡的"图片"功能；第二，占位符功能；第三，直接粘贴法。分别介绍如下。

方法一：通过"插入"选项卡插入图片

操作步骤

Step 1：单击功能选项卡"插入"标签，系统打开"插入"选项卡。

Step 2：单击"图片"功能按钮，系统弹出"插入图片"选择窗。

Step 3：在图片选择窗中选择图片，双击之，或者单击图片后点击"打开"按钮。

Step 4：将图片以合适的大小调整到合适的位置。

图4-15　在幻灯片中插入图片

方法二：通过占位符功能插入图片

前面已经介绍过，在建立PPT文稿或者是插入幻灯片时，系统会提示选择某一版式，这些版式中大多含有占位符，而有的占位符中就预设了插入图片的操作。利用这样的占位符，就可以实现"一键式"插入图片功能。介绍如下。

操作步骤

Step 1：单击占位符中的"图片"按钮，系统即打开"插入图片"选择窗。

Step 2：在图片选择窗中选择合适的图片，双击，或者单击图片后点击"打开"按钮。

Step 3：将图片以合适的大小调整到合适的位置。

图4-16　通过占位符插入图片

说明：

1．可以看到，插入图片后，系统功能选项卡立即打开了一个"格式"标签，提供图片格式调整功能，这些功能我们在4.4中再进行深入讨论。

2．利用占位符还可以插入表格、图表、SmartArt对象、联机图片和视频，操作方式与插入图片一样。考虑到篇幅的关系，后面的介绍就在"插入"选项卡或者占位符中二选一，不再对两个方法都进行讲解。

3．Office 2010以后的版本都支持联机图片的插入，可以到互联网上查找一定的图片插入到文档中。如果采用联机图片，需要注意其版权信息。

Office的办公组件Word、Excel和PowerPoint插入和调整图片的方法是相同的，因此利用"复制粘贴法"插入图片的操作请参见本书2.3.2的内容，在此不再赘述。

图片的其他布局、格式等调整方法，请参见本书2.3.3和2.3.4的内容。图片美化方法请参见本章4.4.7的内容。

4.1.9　图表的插入与调整

图表是指"柱形图""折线图""饼图"等可以对比数据趋势或者占比的图片，这些图片以一个Excel数据表为基础，修改数据表则图表发生同步改变。

本质上，在Office各个应用组件中插入图表，都是嵌入了一个Excel图表，因此，操作也是一致的。读者可以阅读本书Word和Excel的相关部分。

图表的插入方式也有三种：第一，通过单击"插入"选项卡的"图表"功能按钮插入；第二，通过占位符插入；第三，直接粘贴法。这里以占位符为例加以介绍。

操作步骤

Step 1：在占位符中单击插入图表按钮，系统打开"插入图表"窗口。

Step 2：选择合适的图表，单击"确定"按钮。

Step 3：系统即在演示文稿中插入了一个图表，同时打开了一个临时的Excel数据表，供用户调整数据。

Step 4：在Excel数据表中，填入自己的数据，则可获得需要的图表，例如，我们复制一组数据进入临时数

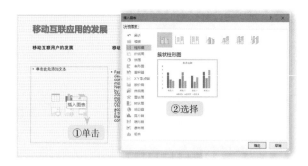

图4-17　通过占位符插入图表

据表中，并且，对系列和类别进行修改，得到如图4-18所示的效果。

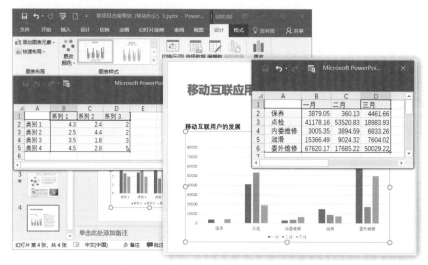

图4-18　修改数据获得需要的图表

说明：

1. 插入图表的初始数据是系统随机生成的，图表的"系列"与"类别"都可以随需要增减，相关数据我们可以从其他数据表中复制过来。

2. 可以看到，插入图表后，系统功能选项卡立即打开了一个"设计"标签，提供图表设计调整功能，其功能与Excel图表功能相同。读者如果要了解详情，可参见本书3.6.2与3.6.3的内容。

4.1.10　表格的插入与调整

表格是一种工整的信息对照方式，所以，它也是演示文稿中不可或缺的应用对象。

在幻灯片中插入表格的方法很多，典型的途径有：第一，"插入"选项卡的拖拉功能；第二，"插入"选项卡的"插入表格"功能或者占位符中的"插入表格"功能；第三，直接粘贴。我们以第一、第二为例进行说明。

方法一：通过"插入"选项卡拖拉创建

操作步骤

Step 1：单击"插入"选项卡的"表格"功能按钮，系统打开可视化的表格创建下拉窗。

Step 2：将鼠标在窗格上按住并拖拉，拖拉出需要的范围后松开鼠标，即可在幻灯片中插入表格。

图4-19　在幻灯片中插入表格

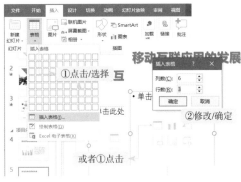

图4-20　利用"插入表格"功能创建表格

方法二：通过"插入表格"功能创建

操作步骤

Step 1：点击"插入"选项卡"表格"功能按钮，选择"插入表格"功能，或者在具有含"插入表格"功能的占位符中单击插入表格按钮，通过这两个途径都能让系统打开"插入表格"窗口。

Step 2：在"插入表格"窗口中修改列数和行数，点击"确定"，占位符消失，系统即在幻灯片中插入了一个空表格。

插入表格后，即可在表格中进行数据输入、文字字体、字号、对齐方式调整等基本工作。并且，选中表格，功能区即出现了针对表格的"设计"和"布局"选项卡，如图4-21所示。

说明：

1．因为篇幅的关系，图4-21拼接了"设计"和"布局"两个选项卡。

2．显然，这里的表格"设计"与"布局"功能与Word的表格基本相同，但是简捷很多。

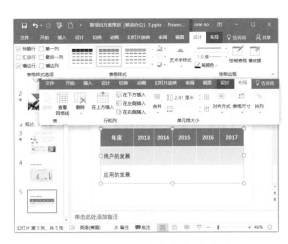

图4-21　幻灯片中表格的设置

3．实际操作表明，PowerPoint中的表格，在"表格样式选项"方面，比Word反应更为迅速，其他操作相同。

技巧提升：Excel表格的导入，再谈粘贴选项

Excel数据表格的导入有三种方法：第一，直接粘贴；第二，插入Excel表格；第三，利用插入对象导入Excel数据。其中，第一种是将Excel工作表或者数据透视表作为一个表格直接粘贴到幻灯片中，这样产生的表格实际上是一个PPT表格，插入后可以按照4.1.10的方法进行编辑调整；第二种方法插入的Excel表格本质上是一个Excel嵌入对象，此时甚至可以在PowerPoint中建立整个工作簿，如果通过"复制—粘贴"导入数据，可以应用丰富的"粘贴选项"获得不同的结果。

如果无须导入数据，可以将Excel表格的数据作为图片粘贴到PPT文档中。操作方法参见本书1.3.4的内容，由于篇幅的关系，在此不再详述。

方法一：直接粘贴Excel表格数据

操作方法如图4-22所示。

图4-22　直接粘贴Excel表格到幻灯片中，粘贴选项

操作步骤

Step 1：在Excel中选中需要导入数据的单元格区域，复制（可以直接Ctrl+C）。

Step 2：在PPT幻灯片中点击鼠标右键，系统弹出右键菜单。

Step 3：用鼠标选择"粘贴选项"中的一个选项进行粘贴，即可将Excel工作表中的数据导入到PPT幻灯片中。

说明：

1．将Excel表格粘贴到PPT幻灯片的粘贴选项分为"使用目标格式""保留源格式""嵌入""图片"和"只保留文本"。

2．"使用目标格式""保留源格式"两项只是将表格和数据粘贴过来，保持了一

定的格式，数据可以直接修改，不会影响到表格中的运算，例如，修改了某一单元格的数据，求和不会发生相应变化。

3．"嵌入"选项是将Excel表格嵌入PPT幻灯片中，嵌入时不仅复制了表格与数据，而且获得了整个工作簿的信息，在双击嵌入的表格后，系统功能区即切换到Excel系统的功能区，可以利用Excel的各种样式和函数等进行细致的数据处理。

4．"图片"选项即将原表格作为一张图片粘贴到幻灯片中。

5．"只保留文本"选项即只粘贴原表格中的文本。

方法二：插入Excel表格

插入Excel表格，然后将Excel数据表中的单元格区域复制粘贴过来，获得的效果与上面"说明"中第3项"嵌入"的情况相同。

图4-23　在幻灯片中插入Excel电子表格

操作步骤

Step 1：在PowerPoint中单击"插入"选项卡"表格"下的"Excel电子表格"，系统即在幻灯片中插入了一个嵌入的Excel表格。

Step 2：在Excel中复制需要的单元格区域（选中单元格区域，Ctrl+C即可），然后到PowerPoint中嵌入的Excel表格中进行粘贴（Ctrl+V）。

Step 3：将粘贴了数据的电子表格拖拉到合适大小，并在"粘贴选项"中选择合适的选项。

说明：

1．可以看到，插入的Excel表格为完整的Excel工作簿，在操作插入的Excel表格时，系统功能区被置换为Excel的功能区，因此，可以插入各种Excel数据表。

2．如前所述，"嵌入"法模式导入的Excel数据的优势是表格中具有完整的Excel功能，可以按照Excel的工作方式获得各种样式或者图表显示模式。

3．当利用复制粘贴模式导入数据时，"粘贴选项"更为丰富，鉴于篇幅的关系，这里对这些选项不再详述，读者可自行探索其不同之处，找到适合自己应用的选项。

方法三：利用插入对象导入Excel工作簿

Office组件中均可以插入各类对象，对象的插入是各类应用系统之间信息导入的一个简捷方法，插入对象实际上就是将对象嵌入到本文档中。在PowerPoint中插入Excel表格也可以通过插入对象实现。这里还可以分为两种方法，一种方法是通过新建Excel worksheet实现，如图4-24所示。

操作步骤

Step 1：单击"插入"选项卡"文本"组中的"对象"功能，系统弹出"插入对象"选择窗。

Step 2：在"插入对象"选择窗中选择"Microsoft Excel Worksheet"。

Step 3：单击"确定"，系统即会在幻灯片中插入一个Excel工作表。

说明：新建的Excel工作表没有数据，数据导入以及粘贴选项与上述方法二相同，不再重复介绍。

图4-24　通过插入对象导入Excel工作表（1）

另一种方法是"由文件创建"，通过查找相应文件后即可将Excel工作簿嵌入到PPT幻灯片中。如图4-25所示。

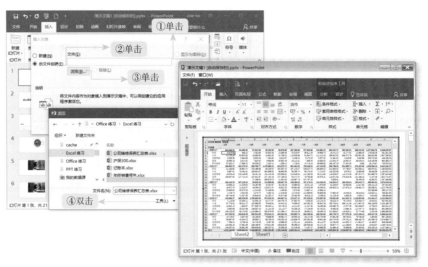

图4-25　通过插入对象导入Excel工作表（2）

Step 1：单击"插入"选项卡"文本"组中的"对象"功能，系统弹出"插入对象"选择窗。

Step 2：在"插入对象"选择窗中选择"由文件创建"。

Step 3：点击"浏览"，系统打开"浏览"窗口。

Step 4：在"浏览"窗口中浏览并找到需要插入的Excel文档，双击之，或者选中后单击"确定"按钮，系统即会将所选工作簿整个插入到幻灯片之中。

4.1.11 SmartArt图形的插入与调整

SmartArt图形是预设的图形形状组合，Office利用SmartArt为用户提供了各种形状、文本框组合形成的图形表达模块，为用户增强文档表现力提供了有力工具。

图4-26　工作表数据区转化为Excel表

操作步骤

Step 1：单击"插入"选项卡SmartArt功能，或者在占位符中单击"插入SmartArt"按钮，通过这两个途径都能让系统打开"选择SmartArt图形"窗口。

Step 2：在"选择SmartArt图形"窗口中选择合适的图形，然后单击"确定"按钮，系统即会在幻灯片中插入SmartArt图形。

可以看到，选定SmartArt图形后，系统功能选项卡增加了"设计"和"格式"两个工具，可以使用它们对SmartArt图形进行设置。如图4-27所示（图4-27下端叠加了"格式"选项卡）。

SmartArt图形的设置方法在整个Office中是相同的，我们将之放到第5章进行介绍，在此不再赘述。

图4-27　SmartArt形状的调整

4.1.12 视频的插入

视频分为联机视频和本地视频。联机视频演示时可能会因两个因素产生问题：一是视频的版权，二是演示时的网络环境。基于此，一般不建议重要演示采用联机视频。本地视频的插入方法如下。

图4-28 本地视频的插入

Step 1：单击"插入"选项卡"媒体"组"视频"功能中的"PC上的视频"功能选项，系统弹出视频选择窗口。

Step 2：在视频选择窗口中选择合适的视频，双击之，或者选中后单击"插入"按钮，选择的视频即被插入到幻灯片中。在幻灯片播放时，即可按照视频播放的方式进行播放。如图4-28的右图所示。

注意：由于技术的发展，视频格式文件层出不穷，PowerPoint支持主流的视频格式文件，如AVI或MP4等，但是，某些较为新颖的视频编码格式可能不能直接受到支持。如果实在需要，则需用户自行进行格式转换。

特别说明

PPT文档一般用于放映演示，只有在某些特殊情况下需要打印，打印时，可以选择打印当前幻灯片，也可选择在一页上打印多张幻灯片的打印模式，操作方便。在此，不再赘述。

高手进阶——创建演示文稿，主要元素的综合

1. 演示文稿的建立，文本框、形状、图片的插入调整，文档保存

为培训新员工，某公司人事部门需要制作一个"新员工入职培训.pptx"演示文稿，具体要求如下：

（1）设置幻灯片的纵横比为16：9。

（2）第一张幻灯片的标题为"广州阳光2018新员工培训"，副标题为"新开始，新征程"。

（3）第二张幻灯片为"目录"，请选用合适的文本框输入目录，包括：一、公司发展历程；二、公司架构；三、各部门职责；四、主要工作流程；五、员工手册。

（4）以上面五个内容为标题，分别制作五个幻灯片页面，插入一定的形状和图片，增强幻灯片的表现力，并且，将可以重复使用的形状从一张幻灯片复制粘贴到其他几张幻灯片中。

（5）将制作好的演示文稿以"2018年新员工入职培训.pptx"为名，存入到"PPT练习"文件夹中。

2. 幻灯片中图表、表格和SmartArt图形的插入与调整

以"2018网店图书销售总结"为题新建一个演示文稿，具体要求如下：

（1）起始幻灯片标题为文稿名称，副标题为"紧跟时代潮流，开拓崭新市场"。

（2）在标题为"2018年同类图书销量统计"的幻灯片页中，插入一个6行5列的表格，列标题分别为"图书名称""出版社""作者""定价""销量"。

（3）在标题为"新版图书创作流程示意"的幻灯片页中，将文本框中包含的流程文字利用SmartArt图形加以展现。

线上学习更轻松

4.2 分节、主题与版式，制作"项目阶段总结汇报"

PowerPoint以分节的方式组织幻灯片，并且，通过设置主题和版式快速设置幻灯片的各种元素，获得风格一致、美观的幻灯片。

4.2.1 演示文稿组织——分节

PowerPoint通过分节的方式组织幻灯片。"节"类似文章中的章节，但比章节更具特色：同一节的幻灯片，可以具有相同的主题样式，不同节的幻灯片，可以具有不同的主题样式。用户可以通过对不同的"节"使用不同的主题，使一个演示文稿更加鲜明，更加容易区分不同的章节内容。"节"的设置与修改有两个途径：第一，导航栏中的鼠标右键菜单；第二，"开始"选项卡的"节"功能列表。给演示文稿分节的方法如图4-29所示。

操作步骤

Step 1：在导航栏的适当位置点击鼠标右键，系统弹出右键菜单。

Step 2：在右键菜单中选择"新增节"，系统立即给PPT文档新增一个节并命名为"无标题节"，然后弹出"重命名节"窗口。

Step 3：在窗口中输入新增节的名称，例如"系统设计概况"，然后单击"重命名"按钮。这样，新增的节就被定义为需要的名称了。

图4-29 给PPT文档分节

说明：

1. PowerPoint利用"节"把幻灯片分组，从而达到更方便管理的目的，例如，我们在导航栏中点击一个节的名称，则选中了这个节下属的所有幻灯片，此时，我们可以通过拖拉的方式将一个节的所有幻灯片移动到某一位置或者按节配置主题等。

2. 节是可以修改的，例如，可以将某些幻灯片通过拖拉的方式加入节，也可以删除节，甚至删除节与幻灯片。具体操作方法如下。

操作步骤

Step 1：鼠标右键单击导航栏中的节名称，系统弹出"节操作"右键菜单。

Step 2：在"节操作"右键菜单中，选择
合适的功能，例如，删除节，移动节，或者
折叠、展开全部节。

说明：

1. 修改节还可以利用"开始"选项卡中
"节"功能的下拉功能列表进行。

2. 如果要折叠或者展开一个节，只需点
击节名称前面的小三角即可。

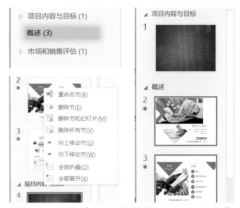

图4-30　整节幻灯片调整位置，删除节

重要提示

　　"删除节与幻灯片"要谨慎操作，因为操作不慎可能会导致大量幻灯片同时被删
除，给工作带来损失。

4.2.2　幻灯片主题

与Word的主题类似，PowerPoint也提供
了预设背景、字体、字号和其他效果的主
题，方便用户快速创建演示文稿，修改幻
灯片的整体外观。

应用主题的方法如图4-31所示。

操作步骤

Step 1：在导航栏单击一个节的名称，
选中一个节下面的所有幻灯片，或者在节
中任意选中一张幻灯片。

Step 2：单击功能选项卡"设计"标

图4-31　基于"节"的主题改变

签，我们看到，PowerPoint的"设计"选项卡主要有三个功能组"主题""变体"和"自
定义"，主题组列出了许多预设主题。

Step 3：在预设的32个主题中选择一个合适的，单击。则选择的主题被应用到了选
中的节中的所有幻灯片上。

说明：

1. 可以看到，新建演示文稿时就是在这些主题中进行选择以确定幻灯片基本外观。

2. 选项卡的主题选择框大小有限，我们可以通过单击下拉按钮来打开主题选择下
拉窗，以列出更多的主题。另一方面，当鼠标移动到某一主题上时，编辑空间中的幻灯

片会根据这一主题的设定同步相应发生变化，以便用户能实时看到效果。

3．如上所述，PPT文稿是按节来组织幻灯片的，因此，主题的采用也是按节来进行的。也就是说，可以在一个节中采用某个主题，改变的只是这个节的幻灯片的外观，而其他节的整体外观不会发生改变。

4．主题对版式有着深刻的影响，对此，我们将在4.2.5中予以讨论。

5．如果对主题进行了某些自定义，可以保存到自己的主题库中，以便在其他演示文稿中采用。

选择某一主题后，如果还需要某些改变或美化，可再在其数个"变体"中单击某一变体，即可获得主题变体的效果，甚至可以对其基本元素进行自定义。操作方法如下。

操作步骤

Step 1：单击"变体"选择窗中的某一个主题变体。

Step 2：单击"变体"下拉按钮，系统弹出"颜色"下拉窗，提供了数十种颜色组合，也可以自定义；还可以选择"字体""效果"和"背景样式"等效果，改变当前的主题效果。

Step 3：可以选择某种配色效果或者字体等主题效果。

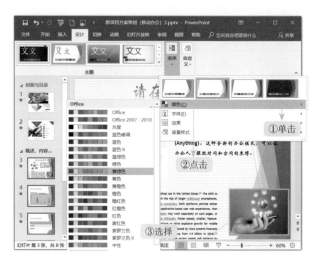

图4-32　主题的变体和配色自定义

4.2.3　自定义幻灯片背景

选定主题后，获得了某种背景效果，在此基础上，我们还可以自定义幻灯片（或者一个"节"的幻灯片）的背景，其入口至少有三个：第一，"设计"选项卡的"自定义"组中的"设置背景格式"功能；第二，主题变体下拉窗口中"背景样式"中的"设置背景格式"选项；第三，幻灯片右键菜单中的"设置背景格式"功能（只能改变当前幻灯片的背景）。操作方法相同，作用范围不同，我们以第一个入口为例进行介绍。

操作步骤

Step 1：在导航栏中单击幻灯片或者"节"的名称，选中幻灯片或者"节"。

Step 2：单击功能选项卡"设计"标签，系统打开演示文稿的"设计"选项卡。

Step 3：点击"自定义"组"设置背景格式"功能，即打开"设置背景格式"浮动窗。

说明：

1. 幻灯片背景对幻灯片的总体效果影响较大，颜色、纹理等设置的选定是一项平面设计或美工工作，需要谨慎对待。

2. 选中"节"，更改背景，则该节下的所有幻灯片的背景都改变了。如图4-34所示。

3. 可以将选定的背景"应用到全部"，即该演示文稿的所有幻灯片都会应用选定的背景。

图4-33　打开"设置背景格式"浮动窗

图4-34　改变"节"背景

4.2.4　创建自己的主题

由前文可知，主题包括了背景颜色、纹理或图片、字体等幻灯片基本要素，PowerPoint提供了许多通用的主题，这些主题虽然能起到快速设计幻灯片的作用，但缺乏个性，尤其是缺乏提高机构识别度的标识，更何况，微软提供的这些主题也并不十分美观，所以对于很多场合，我们需要创建自己的主题。创建方法如下。

操作步骤

Step 1：建立任一新演示文稿。

Step 2：按照上述自定义背景格式的方法修改其背景格式，例如，改为浅色横条。

Step 3：单击背景设置窗口中的"应用到全部"按钮。

Step 4：单击"主题"的下拉列表按钮，系统下拉"主题"列表，最下端为"保存当前主题"。

Step 5：单击"主题"下拉列表最下端的"保存当前主题"，系统弹出保存主题文件窗口，如图4-35所示。

Step 6：给主题取一个文件名，例如"优雅的横条"，点击"保存"。系统即将上述设置保存在一个名为"优雅的横条.thmx"的主题文档中了。

注意：主题的字体要通过幻灯片母版进行修改，我们在4.3节再予以介绍。

这样，我们可以创建多种有个性的主题，例如，浪漫的瓶子等等，在创建演示文稿时即可采用自定义的主题。同时，我们也看到，主题列表中增加了那些自定义的主题。

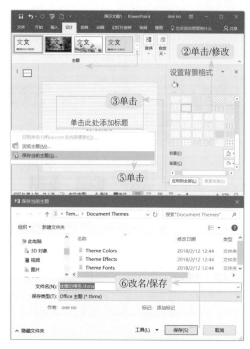

图4-35　自定义主题

图4-36　选择自定义主题创建PPT文档

4.2.5　幻灯片版式

幻灯片版式决定了幻灯片总体布局。PowerPoint提供了十余种典型的版式：标题幻灯片、标题和内容、节标题等，这些版式只是幻灯片中各种元素的初始布局，以便让用户高效地获得幻灯片格式布局。

版式的设置方法如下。

操作步骤

Step 1：在状态栏单击某一张幻灯片或者单击"节"名称，选中。

Step 2：单击功能选项卡的"开始"标签页，系统打开"开始"选项卡。

Step 3：单击"幻灯片版式"按钮，系统打开下拉式的版式选择窗。

Step 4：在版式选择窗中选择一个合适的幻灯片版式。

图4-37　幻灯片不同"节"具有不同版式

说明：

1. 可以看到，幻灯片版式是在幻灯片主题确定的背景上进行布局的，也就是说，幻灯片主题决定了幻灯片背景和字体等基本特征，而布局由版式决定。

2. 版式的核心是文本框和占位符。其中文本框又被分为标题文本框和文字文本框。标题文本框一般是大字体，文字文本框一般会有段落符号。占位符给用户提供了迅速插入各种演示对象的快捷方式。

图4-38 版式的核心——文本框和占位符

3. 实际上，幻灯片可以选择的版式由幻灯片母版决定，由此形成的版式格式则只需要在母版中进行修改，母版中如进行了修改，整个演示文档的版式都会同步变化。方法参见4.3。

高手进阶——分节设置主题，创建特色版式

请根据提供的"ppt素材及设计要求.docx"设计制作演示文稿，并以文件名"ppt.pptx"保存，具体要求如下：

1. 演示文稿中需包含6页幻灯片，每页幻灯片的内容与"ppt素材及设计要求.docx"文件中的序号内容相对应，并为演示文稿选择一种内置主题。

2. 设置第1页幻灯片为标题幻灯片，标题为"学习型社会的学习理念"，副标题包含制作单位"计算机教研室"和制作日期（格式：××××年××月××日）等内容。

3. 设置第3、4、5页幻灯片为不同版式，并根据文件"ppt素材及设计要求.docx"内容将其所有文字布局到各对应幻灯片中，第4页幻灯片需包含所指定的图片。

4. 根据"ppt素材及设计要求.docx"文件中的动画类别提示设计演示文稿中的动画效果，并保证各幻灯片中的动画效果先后顺序合理。

5. 在幻灯片中突出显示"ppt素材及设计要求.docx"文件中的重点内容（素材中加粗部分），包括字体、字号、颜色等。

6. 第2页幻灯片作为目录页，采用垂直框列表SmartArt图形表示"ppt素材及设计要求.docx"文件中要介绍的三项内容，并为每项内容设置超链接，单击各链接时跳转到相应幻灯片。

7. 设置第6页幻灯片为空白版式，并修改该页幻灯片背景为纯色填充。

8. 在第6页幻灯片中插入包含文字为"结束"的艺术字，并设置其动画动作路径为圆形形状。

4.3 幻灯片母版，编制"年度工作总结"

幻灯片母版控制整个演示文稿的外观，包括颜色、字体、背景、效果和其他内容。因此，建立有个性的幻灯片的最佳方法是，将幻灯片中共同的元素——例如背景、字体、徽标（LOGO）等，放入"母版"。放入母版的元素在新建幻灯片时会被直接采用，无须再专门插入，这是高效实现个性化的演示文稿的最佳途径，也有利于维护演示文稿。放入母版的元素更容易维护，"一改百改"，要修改时只需在母版上进行修改即可。

基于此，最好在开始创建各张幻灯片之前先编辑幻灯片母版和版式，这样，添加到演示文稿中的所有幻灯片的修改、演示都会在定义好的母版和版式基础上进行。如果在创建各张幻灯片之后才编辑幻灯片母版或版式，则需要在"普通"视图中对演示文稿中现有的幻灯片重新应用已更改的版式。

4.3.1 幻灯片母版设置，高效操作

新建的PowerPoint演示文稿都有一个默认的空白母版，其中包含了12种"Office版式"。进入自定义母版的方法如图4-39所示。

操作步骤

Step 1：点击功能选项卡"视图"标签，打开"视图"选项卡。

Step 2：在"视图"选项卡单击"幻灯片母版"功能按钮，系统即切换到如图4-39所示的母版视图。

说明：

1. 可以看到，幻灯片母版视图与幻灯片本身的设置具有相似之处，或者说母版设置功能实际上是幻灯片设置功能的一个子集的扩展，因为母版本身可以看成一种特殊的幻灯片。

2. 一组幻灯片母版包含了多张幻灯片，每一张具有不同的样式。

图4-39 进入幻灯片母版设置

3. 幻灯片母版设置就是在PowerPoint提供的空白母版上修改各种对象的格式以获得有个性的自定义幻灯片母版。

幻灯片母版定义有诸多内容，例如版式、背景、主题等，对于其中的对象，例如标题或其他文本框的大小、字体、字号、填充等等，我们不再一一介绍。这里将介绍自定义背景、改变文本框字体、加入LOGO图片等几种常用设置。4.3.2中将介绍新增母版，即对在一个演示文稿中使用多个母版的方法予以介绍。

1. 自定义母版背景

自定义母版背景的途径有两个：第一，"幻灯片母版"选项卡功能；第二，鼠标右键菜单。合并介绍如下。

操作步骤

Step 1：按照前面的操作方法打开幻灯片母版。

Step 2：在导航栏中选择第一张幻灯片，即由数字"1"标识的代表一组母版样式的幻灯片母版。

Step 3：方法一，单击"幻灯片母版"选项卡"背景样式"功能，系统下拉"背景样式"下拉窗；方法二，在母版幻灯片空白处单击鼠标右键，系统弹出右键菜单。

Step 4：在"背景样式"或者在右键菜单中选择"设置背景格式"，系统弹出"设置背景格式"浮动窗。

图4-40　幻灯片母版背景设置

Step 5：在"设置背景格式"浮动窗的"填充"选项中点击"图片或纹理填充"。

Step 6：单击"文件"按钮，系统弹出"插入图片"选择窗。

Step 7：在"插入图片"选择窗中，选择合适的图片，双击之，系统则以选中的图片作为幻灯片母版的背景图片。

2. 改变文本框字体、加入LOGO图片

在选中幻灯片母版的任何对象后，即可以将选项卡切换到"开始"或者"格式"等，针对相应的对象进行格式设置。下面以改变文本框字体、字体颜色为例。

操作步骤

Step 1：按照前面的操作方法打开幻灯片母版。

Step 2：选中文本框，可以多选。

Step 3：在功能选项卡中单击"开始"标签，系统打开"开始"选项卡。

Step 4：在"开始"选项卡进行字体颜色、阴影等设置。

Step 5：选中第一张幻灯片母版，通过"复制—粘贴"的操作，将LOGO粘贴到幻灯片母版中。在第一张幻灯片母版粘贴了LOGO后，其他幻灯片母版也就都有这一LOGO了，可见幻灯片母版PPT内部也是分节管理的。

Step 6：切换到"幻灯片母版"选项卡，点击"关闭幻灯片母版"，或者切换到"视图"选项卡点击"普通"视图，系统关闭幻灯片母版。

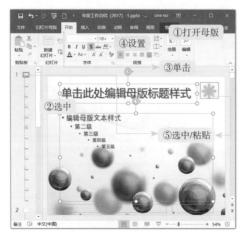

图4-41　幻灯片母版字体设置　　　　图4-42　幻灯片母版修改效果

以上操作完成后，我们发现，改变的标题字体颜色和阴影、引入的LOGO都在幻灯片中得到了体现。

在母版中添加的LOGO图片，在普通视图中是不能被选中并直接修改或删除的。

实用技巧

改变母版背景的另一个简捷的方法是给幻灯片母版选择某一个主题。

4.3.2　使用多个幻灯片母版样式

从前面的操作可以看出，幻灯片母版其实也是分节管理的，当然，这里对"节"的控制是在PowerPoint内部进行的。既然母版分节，那么，我们就可以设置多个母版样式，为一个PPT文稿提供多种主题和版式。

而增加了多个母版后，即可为不同的母版设置不同的主题或背景样式，获得不同的效果，用以增加PPT文稿的变化，获得更丰富的效果。

这里，先介绍增加幻灯片母版的方法，然后说明采用多个幻灯片母版样式的方法。

1. 增加幻灯片母版样式

具体方法有三种，其途径分别是：第一，选项卡功能；第二，鼠标右键菜单；第三，直接增加"主题"。对于第一和第二种方法，合并介绍如下。

操作步骤

Step 1：按照4.3.1的操作打开幻灯片母版。

Step 2：将导航栏位置定位到最后，如果用第一种方法，则直接点击选项卡"插入幻灯片母版"功能按钮，如果用第二种方法，则在导航栏单击鼠标右键，然后选择"插入幻灯片母版"功能。

我们看到，新增的幻灯片母版样式实际上还是空白母版幻灯片，如果需要改变其背景及文本框的各种设置，可以按照4.3.1中介绍的方法进行。

有趣的是，PowerPoint可以直接选择合适的"主题"，来增加幻灯片母版样式。利用这一方法增加的母版样式，直接获得了主题的背景、字体、字号等设置，可谓最为简捷高效的方法。

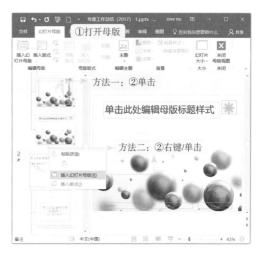

图4-43 增加幻灯片母版

操作步骤

Step 1：按照4.3.1的操作打开幻灯片母版。

Step 2：单击"幻灯片母版"选项卡的"主题"选项，系统下拉主题选择窗。

Step 3：在主题选择窗口中选择合适的主题，系统自动生成一个采用这个主题的幻灯片母版"节"，如图4-44所示。

说明：

1. 新增的幻灯片母版样式不仅具有主题的背景和字体字号设置，同时，系统自动添加了4.3.1中粘贴进来的LOGO图片。

图4-44 通过选择主题增加新的幻灯片母版

2. 新增幻灯片母版样式的名称就是主题的名称，例如上例中的"浪漫的瓶子"，可以对其进行重命名操作，也可以删除。

2. 多样式幻灯片母版的采用

如果设置了多个幻灯片母版，在编辑PPT文稿时，新增幻灯片就可以采用多种母版的主题。介绍如下。

操作步骤

Step 1：在导航栏中，选定新增幻灯片的位置。

Step 2：在"开始"选项卡中，单击"新建幻灯片"功能按钮，系统下拉由幻灯片母版决定的各种幻灯片主题（按照"自定义主题"与"Office主题"分组排列）。

Step 3：选择一个合适的主题，系统即按照选定的主题新建了一张幻灯片。

图4-45　多个幻灯片母版的选用

说明：

1. 幻灯片母版的最大优势就是将演示文稿所需的共有元素自动纳入，集中修改调整，无须在编写演示文案时专门调整。

2. 幻灯片母版也有利于整个PPT文稿的风格统一。

3. 分节使用多个幻灯片母版样式

如4.2所讨论的，PowerPoint可以对演示文稿分节进行管理，所以我们完全可以分节采用不同的幻灯片母版样式，方便简捷地在同一个演示文稿中获得不同母版效果。

假设在演示文稿中已经设置了多个幻灯片母版样式，分节使用方法如下。

图4-46　分节采用不同的幻灯片母版

操作步骤

Step 1：在导航栏中的适当位置单击鼠标右键，系统弹出右键菜单。

Step 2：在右键菜单中选择"新增节"，系统弹出"重命名节"窗口。

Step 3：在"重命名节"窗口中键入节的名称；并且重复Step 1~Step 2，对整个演示文稿进行分节。

Step 4：在导航栏中选中一个节，下属所有幻灯片都不选中。

Step 5：单击"设计"选项卡标签，系统打开"设计"选项卡，其中含有本演示文稿各种基于幻灯片母版的主题。

Step 6：单击"主题"列表中的一个主题，则本节所有幻灯片都采用了这一主题。

高手进阶——多幻灯片母版样式应用：综合背景、主题、图片

1. 利用"PPT练习素材"文件夹中的"公益爱心-01.pptx"演示文稿，完成下列多幻灯片母版样式应用：

（1）给本演示文稿设置两种不同的母版，两种母版分别采用"PPT练习素材"中的"爱心飞扬.jpg"和"爱心满满.jpg"作为背景。

（2）给演示文稿进行分节，分成三个节，对不同的节采用不同的幻灯片母版样式。

2. 为了更好地宣传绿色采购，小张负责制定了"我国绿色采购研究.docx"文件，他需要将"我国绿色采购研究"Word文档的内容制作为可以向上级进行展示的PowerPoint演示文稿。

现在，请你根据"我国绿色采购研究.docx"文件中的内容，按照如下要求完成演示文稿的制作：

（1）创建一个新演示文稿，内容包含"我国绿色采购研究.docx"文件中所有讲解的要点，包括：

①演示文稿中的内容编排，需要严格遵循Word文档中的内容顺序，并仅需要包含Word文档中应用了"标题1""标题2""标题3"样式的文字内容。

②Word文档中应用了"标题1"样式的文字，需要成为演示文稿中每页幻灯片的标题文字。

③Word文档中应用了"标题2"样式的文字，需要成为演示文稿中每页幻灯片的一级文本内容。

④Word文档中应用了"标题3"样式的文字，需要成为演示文稿中每页幻灯片的二级文本内容。

（2）将演示文稿中的第一页幻灯片，调整为"标题幻灯片"版式。

（3）为演示文稿应用一个美观的主题样式，演示播放的全过程要有背景音乐。

（4）在标题为"商业生态系统的生命周期"的幻灯片页中，插入一个5行2列的表格，列标题分别为"发展阶段""战略要点"，从第二行开始，行标题分别为"开创阶段""扩展阶段""领导阶段""发展或更新"。

（5）在标题为"我国商业绿色采购基本结论"的幻灯片中，将文本框中包含的流程文字利用SmartArt图形加以展现。

（6）在该演示文稿中创建一个演示方案，该方案包含第1、2、5、7页幻灯片，并将该方案命名为"放映方案1"。

（7）保存制作完成的演示文稿，并将其命名为"绿色采购演示文稿.pptx"。

线上学习更轻松

4.4 幻灯片美化，改进"五四青年节活动策划"

幻灯片是用于演示的，因此，其美化非常重要。严格意义上来说，幻灯片的美化是一项平面设计工作。这里，不介绍幻灯片美化的美学观念，只从技术上介绍可以用于幻灯片美化的各种对象配置以及软件功能。

4.4.1 文本框的美化

无论是标题文字还是内容文字，PowerPoint都是利用文本框来对之进行组织的。PPT文档中的文本框默认是无填充、无边框的，这样，用户能够迅速将其融入到整个幻灯片背景中。

文本框属性或格式的设置可以分为两个方面：第一是作为形状的文本框本身的填充、线条及其阴影、映像等效果；第二是文本框中的文字的字体、字号、对齐以及阴影、映像等效果。

这里，我们将介绍文本框的基本选项设置，以借助这些操作获得美观的文本框，另一方面，也将在4.4.2中介绍一些特殊的文本框应用，以获得突出的幻灯片效果。

需要说明的是，PowerPoint中的文本框与Word和Excel中的是相同的，设置方法都一样，所以，我们可以参阅前面的章节，这里只是对其美化效果作进一步介绍。我们从文本框本身的设置和文本与文本框的和谐安排两个方面予以说明。

1. 文本框形状效果设置

PPT文稿的大部分文字都是放置在文本框中的，所以，文本框默认是无填充、无边框、无效果的，若要在演示文稿中强调或者突出某些文本框，就需要对文本框格式进行细致设置。进行格式设置的方法主要是在"格式"选项卡做一些快速设置或者打开"设置形状格式"浮动窗。如图4-47所示。

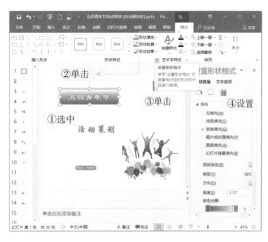

图4-47 打开文本框"设置形状格式"浮动窗

Step 1：选中需要进行格式设置的文本框。

Step 2：单击功能选项卡"格式"标签，系统打开"格式"选项卡。

Step 3：单击"形状样式"的对话框启动器，或者在选中的文本框上点击鼠标右键，选择"设置形状格式"功能，打开"设置形状格式"浮动窗。

Step 4：在"设置形状格式"浮动窗中对文本框格式进行设置。

说明：

1．"格式"选项卡提供了形状格式的一些快捷设置功能，例如典型的有预设主题样式的选择、形状填充、形状轮廓、形状效果和艺术字样式设置等，但是，细致的设置仍然需要打开浮动窗进行。

2．"设置形状格式"浮动窗分为两大选项模块：形状选项与文本选项，前者是为了设置文本框的整体效果，后者是为了设置文本框中的文本效果。

3．设置格式的浮动窗并没有模式化编辑窗，即浮动窗打开后，我们仍然能够在编辑窗口中进行操作，例如，选中其他对象等，而且，在选中其他对象后，浮动窗就变为设置被选中对象格式的窗口。因此，格式设置窗与编辑窗实际上是双向互动的关系，如果用户显示器分辨率足够高，显示器足够大，而又需要经常进行格式设置，可以一直打开格式设置窗。

我们下面以最常用的"填充"和"阴影"为例，介绍文本框格式美化的应用。

Step 1：选中文本框。

Step 2：在"设置形状格式"浮动窗中单击"形状选项"。

Step 3：单击"填充"树形展开按钮，系统打开进行形状填充选项功能，在此进行文本框填充设置。

Step 4：单击"效果"按钮，系统切换到包括"阴影""映像""发光"等选项设置。

图4-48　文本框形状选项设置

Step 5：单击"阴影"展开按钮，系统展开阴影选项设置功能，在此进行阴影设置。

说明：

1．为了突出某些文本框，需要对其进行填充。填充方法包括"纯色填充""渐变填充"等，每一种填充都有不同的具体选项，这些选项带来不同的效果。

2．对于渐变填充，首先选定填充颜色，然后，在某一"预设渐变"的基础上，调整渐变的类型、方向等参数，系统可视化地同步相应改变文本框填充效果，用户可以进行细致的微调，直至获得满意的效果。

3．对于阴影设置，一般是从预设阴影中选择一种阴影模式，然后再细致调整相关参数。

4. 除了"填充与线条"和"效果"设置以外，文本框形状效果还有"大小与属性"设置，内容比较简单，在此不再赘述。

2. 文本框文字效果设置

文本框有衬托其中文字的作用。而文本框的文字效果可以进一步加以美化，采用具有艺术性的文字效果设置对于美化幻灯片而言也十分重要。

操作步骤

Step 1：选中文本框。

Step 2：在"设置形状格式"浮动窗中单击"文本选项"，系统打开与形状选项类似的填充、边框、效果等设置选项。

Step 3：单击"文本填充"树形展开按钮，系统打开文本填充选项功能，进行文本填充设置。

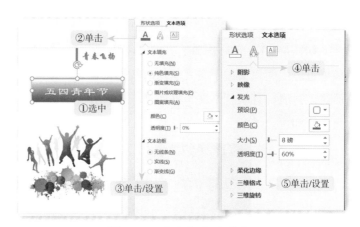

图4-49　文本框文字美化

Step 4：单击"效果"按钮，系统切换到包括"阴影""映像""发光"等选项设置。

Step 5：单击"发光"展开按钮，系统展开文本"发光"选项设置功能及参数，在此进行发光设置。

实用技巧

任何容器类的形状都可以添加文字，所加入的文字也完全可以按照上述办法进行调整美化。

4.4.2 文本框特效

4.4.1节介绍了通过文本框的基本选项美化文本框的方法，它们都是一些常规方法，但经过细致设置，依旧能够获得好的效果。然而，想要获得令人惊艳的效果，就必须使用某些特殊的方法。不拘于幻灯片的内容主题，本节给出几种常用的文本框效果应用。

1. 半透明文本框的应用——衬底

在图片上叠加文字，是经常要用到的操作。但是，我们常常会陷入这样一种困境：图片背景太鲜艳或者杂乱，导致叠加上去的文字不突出。这种情况的解决方案是：只需另加一个具有半透明衬底的文本框，问题就迎刃而解了。请看下面的实例。

图4-50　图片中无衬底的文字

如图4-50，此时叠加上去的文字无论调整成何种颜色和效果，效果都不够突出；如果色差太大，又过于突兀。这时我们只需做一个半透明的衬底，即可获得更好效果。而这个衬底，其实就是文本框的填充，选择一个较为深色的填充颜色，然后将透明度调至合适即可。

图4-51　半透明的文本框背景填充作为文字衬底

实用技巧

在有些应用中，可以利用各种形状，制作上述所说的半透明模板（衬底），遮蔽图片中不重要的部分，突显需要引起观众注意的部分。

2. 环绕型文本框特效

可以通过设置"文本效果"，获得如图4-52的右图所示的花环效果。

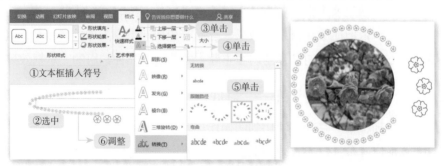

图4-52　将文本框图案转换为环状

操作步骤

Step 1：在幻灯片中插入文本框，然后在文本框中插入需要的符号，例如花朵（符号的插入方法参见本书Word部分），通过多次点击插入获得一长排的符号（或者通过"复制—粘贴"获得），将文本框字体颜色定义为需要的颜色，例如红色。

Step 2：选中文本框。

Step 3：单击"格式"选项卡标签。

Step 4：单击"艺术字样式"组中的"效果"按钮，系统下拉各种效果。

Step 5：选择"转换"功能中的"圆"，系统会将选中的那一排符号文本转换为半圆状。

Step 6：调整半圆状的符号形成需要的环。

最后，按照4.4.5介绍的形状填充特效，在环的中间加一个背景，用适当图片填充成的圆形形状即可。利用上述的方法，我们可以设计出格式多样的环绕型文本框与图片的组合，例如右图所示的徽标。

4.4.3 艺术字样式

PowerPoint预设了很多艺术字样式，利用这些艺术字样式并结合各种字体，我们可以获得各种美观的艺术字效果。最为简捷快速的艺术字样式设置是选择Office预设的快速样式，而如果需要更为细致的设置则需从艺术字效果入手。分别介绍如下。

1. 利用快速样式设置艺术字

Step 1：选中文本框。

Step 2：单击"格式"选项卡标签，打开文本框格式设置选项卡。

Step 3：单击"快速样式"功能，系统下拉拥有20种预设艺术字样式的列表框。

Step 4：用鼠标接触"快速样式"下拉列表框中的某种快速样式，选中的文本框中的文本立即同步显示出相

图4-53　利用快速样式设置艺术字效果

应效果，我们可以从中选择一个满意的快速样式。

2. 利用"设置形状格式"实现艺术字效果

Office提供了一致的"形状格式"设置浮动窗，设置的选项也相同，保证用户熟练

美化各种形状的效果。我们可以通过加阴影和发光等设置实现艺术字效果。方法与4.4.1介绍的类似，不再赘述。

4.4.4 自制艺术字效果

上述介绍的是Office预设的艺术字效果，这些效果虽然能够使文字增色，但是，预设的效果始终较为单调。例如，Office的文字或其他对

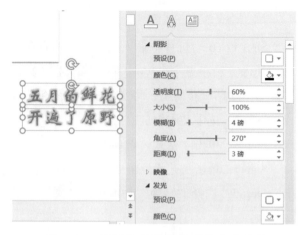

图4-54 利用格式设置实现艺术字效果

象的阴影，一般都是"双层"的，即前景一层，背景一层——即使能通过调整模糊度和距离的数值进行修改，但是仍然较为单薄。实际上，我们只要分析一下这些艺术效果的生成原理，即可自行制作出独特的艺术效果。这里以"阴影"和"发光"为例说明。

1. 自制多层次阴影

阴影实际上是两层文字的错位叠加，沿着这条思路——既然能够进行两层文字的叠加，我们就可以进行多层叠加，做出多层阴影的效果。如图4-55所示。

操作步骤

Step 1：插入文本框，录入需要的文字，定义文字的字体、大小、颜色等基本格式，本例中为蓝色的"奔向未来"。

Step 2：将文本框复制为四份或者更多，然后，分别设置不同的颜色。

Step 3：选中多个文本框，通过"格式"选项卡"排列"组中的"对齐"功能，选择"上对齐"。

Step 4：对每一个文本框的层次进行安排，例如，颜色最浅的置于底层，前景的置于顶层等等。

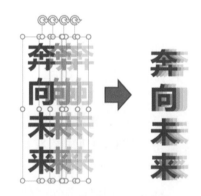

图4-55 自制多层次阴影

Step 5：用键盘左右平移文本框，将各个文本框按一定的距离叠加起来。

2. 自制多层次发光

与阴影相似，Office预设的发光一般都是两个层次，如果我们需要更多层次的发光效果，可自行尝试制作。如图4-56所示。

图4-56 自制多层次发光效果

操作步骤

Step 1：插入文本框，录入文字，调整文字的字体、字号和颜色。

Step 2：复制文本框，然后粘贴为图片。

Step 3：选中粘贴生成的图片，打开"格式"选项卡，选择"艺术效果"的"虚化"功能。

Step 4：改变文本框颜色，重复上面第2、第3步，获得多个虚化的文字图片，然后适当叠加起来，就形成了有各种色调光晕的艺术字效果。

上面介绍的方法还可以有很多变化，读者可以自行尝试，以获得独特的效果。

实用技巧

在制作多层次发光效果时，需特别注意各个层次之间图片的上下层次关系，原文字图片一定放置于顶层，而希望最显眼的背景层次可以略微调大，放于底层。

4.4.5 形状的编辑与美化

"形状"是Office提供的基本画图工具，它已经能够帮助你画出非常丰富的图形，因此，甚至有不少人直接把PowerPoint作为画图工具使用。Office 2007以后的版本，已经把Word、Excel和PowerPoint中的形状对象进行了统一。因此，我们在Word章节里介绍的内容在此也适用，而在这里介绍的内容在其他两个组件中也同样适用。这里我们用几个实例介绍形状的编辑与美化。

1. 形状的填充

形状的填充分为：纯色填充、渐变填充、图片或纹理填充、图案填充和背景填

图4-57 形状填充效果

充。基本效果如图4-57所示。各种填充各有用处，其中，变化最为多样的是图片填充。

我们以图片填充为例，说明利用形状填充做出的美化效果。

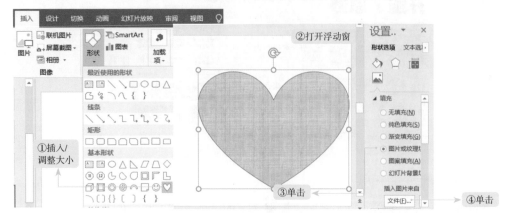

图4-58　形状图片或纹理填充

Step 1：打开"插入"选项卡，选择插入一个适当的形状，并将插入的形状拖拉到合适大小，例如本例中选择插入心形。

Step 2：通过鼠标右键菜单或者选项卡对话框启动器打开"设置形状格式"浮动窗。

Step 3：单击"填充"中的"图片或纹理填充"。

Step 4：单击"文件"按钮，系统打开文件选择窗，在其中选择合适的图片，双击后即可获得以图片为背景的形状（如小图）。

2．形状改变

Office的形状大多预设了"形状调整控制点"。在选中形状后，这些控制点被用黄色加以标识，用鼠标按住这些控制点推拉，就可方便地改变形状"角的大小""圆弧的大小"等属性，如图4-59所示。具体使用非常容易，此处不再详述。

图4-59　利用"形状调整控制点"调整形状

技巧提升：形状特效——透视效果、顶点编辑及合并形状

1. 透视效果

形状的透视效果即让形状呈现远小近大的效果，增强立体感。在Office中，无论是文本框还是形状都可以通过合理的三维及旋转设置实现透视效果。我们以设置一块具有透视效果的广告牌为例进行说明。

操作步骤

Step 1：在幻灯片中插入一个矩形形状，选中新建的矩形。

Step 2：通过"格式"选项卡的"形状样式"对话框启动器，或者鼠标右键菜单"设置形状格式"启动"设置形状格式"浮动窗。

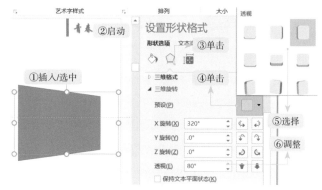

图4-60 矩形形状透视效果设置

Step 3：单击"设置形状格式"浮动窗的"形状选项"中的"效果"选项。

Step 4：单击"效果"选项中的"三维旋转"栏，系统打开各种三维设置选项。

Step 5：单击"预设"按钮，在下拉列表中选择"透视"中的"透视：右"。

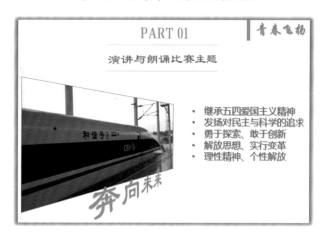

图4-61 矩形形状透视效果

Step 6：调整透视角度到合适的大小，即获得了具有透视效果的矩形形状。

给上述矩形形状填充适当的图片，即可获得如图4-61所示的透视效果图。

2. 形状顶点编辑

除了利用Office预设的形状调整控制点进行形状调整（如右图），Office还可对形状进行任意改变，以便用户获得一些特殊效果，例如，最终效果呈现为一滴透亮的水滴。如图4-62所示。

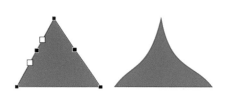

首先在幻灯片中插入一个圆，拖拉成椭圆形状并用蓝色的渐变填充使之具有透亮效果，设置为无边框，然后进行顶点编辑。

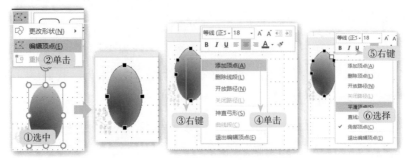

图4-62　形状顶点编辑

操作步骤

Step 1：选中对象。

Step 2：单击对象的"格式"选项卡中的"编辑顶点"功能，被选中对象会出现红色的临时边框，并显示黑色顶点。

Step 3：在对象边缘的适当位置单击鼠标右键，系统弹出边框右键菜单。

Step 4：在右键菜单中选择"添加顶点"，再在适当的位置添加数个顶点。

Step 5：对于需要边缘光滑的位置，在其顶点上点击鼠标右键，系统弹出顶点设置右键菜单。

Step 6：在"顶点右键菜单"中将"角部顶点"改为"平滑顶点"，同时，可以用鼠标拖拉各个顶点的光滑长度。

Step 7：用鼠标点住黑色控制点，推拉，即可改变顶点位置，随后改变图形的形状。过程中如果觉得顶点不够，可以再增加。通过细致调整，可以做出许多漂亮的图形，如上方所示的水滴最终效果。

3. 合并形状

通过合并形状，可以获得各种具有特殊效果的新形状。形状合并的操作一般涉及至少两个形状，所以，需要选中两个形状。形状合并的方式是按照逻辑运算"与""或""非""异或"等几种方式进行，并且可以进行拆分。方法如下。

操作步骤

Step 1：在幻灯片中插入两个对象，例如两个圆，并同时选中。

Step 2：单击对象的"格式"选项卡标签。

Step 3：单击"合并形状"功能，系统下拉五种合并模式列表。

Step 4：选择一种合并模式。

注意：图4-63中的"拆分"模式是将拆分后的旁边两片图形略微位移后的效果。

说明：

1．PowerPoint形状"合并"操作实际上不只限于形状与形状合并，而是形状与大部分的对象均可进行"合并"操作，例如，形状与文本框的组合、形状与图片的合并等。

2．利用形状与文本框的合并操作可以达到拆分文本的效果，即可以将文字拆散后制作成某些特效。

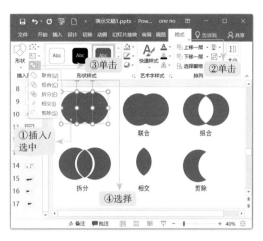

图4-63　合并形状及其效果

4.4.6　三维形状设置

形状的三维特征能够增强图形的视觉效果。Office提供了非常方便的三维特征形状的设置方法。我们可以通过几个步骤，快速创建某种简单的三维物体，例如，一个砚台。过程如图4-64所示。

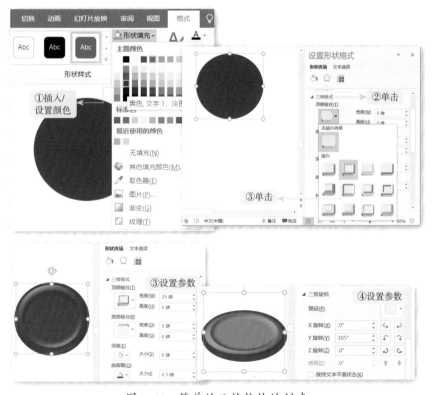

图4-64　简单的三维物件的创建

Step 1：在幻灯片中插入一个圆，将填充颜色设置为黑色，淡色25%。

Step 2：单击"形状选项"中"效果"的"三维格式"。

Step 3：对三维格式进行合理设置，例如，选择"顶部棱台"，并合理设置参数。

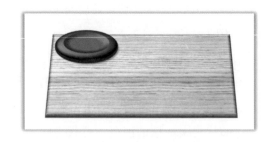

Step 4：选择"三维旋转"选项，设置"Y旋转"305°，即可获得一个具有三维特征的简单圆盘状的砚台。

我们可以将这个"砚台"加上阴影后，放置到一块三维木板上。效果图如上。

4.4.7　图片美化

一张图胜过千句话，图片是演示文稿中的重要对象，而Office对图片的操作与美化在一定程度上已经达到了一些专业图片处理软件的基本功能的程度，而且，基本上很多功能都实现了可视化的一键式操作模式，这为我们丰富演示文稿提供了有力的工具。

图片美化大致分为几个方面，第一，利用滤镜对图像本身进行处理，例如，转为灰度图像、素描图像等；第二，图片外观的设置，例如，图片样式，包括图片的某些特殊变化，例如增加栅格等；第三，多幅图像的组合、布局等等。对于这些美化功能我们分三节讨论，本节以图片调整与外观样式为主，4.4.8节将讨论版式与裁剪，在后面的"技巧提升"中还将介绍某些图片特效的制作。

Office在图片的操作上主要分为"调整""样式""排列"和"大小"几个方面，均放置在图片的"格式"选项卡中。

Office的办公组件Word、Excel和PowerPoint插入和调整图片的方法是相同的，插入图片及图片调整操作方法请参见本书2.3.2至2.3.3部分的内容，在此不再重复介绍。

1. 图片调整

图片的"调整"功能组是指对图像颜色、背景、曝光、艺术效果等的调整。

下面，我们以曝光校正与艺术效果为例进行介绍。

曝光校正严格意义上讲就是图像对比度和亮度的调整，Office将其设计为可视化的一键式操作。

图4-65　图片曝光校正

如图4-65所示，当我们对选用的图片在亮度和对比度方面不够满意时，只需选中图片，然后点击"格式"选项卡下的"校正"功能，再从系统下拉的选项列表中选择一个即可。如果这时还不够满意，可以到"设置图片格式"浮动窗中设置具体的对比度和亮度参数。

2. 图片样式与效果

图像艺术效果主要是利用Office内置的功能对图像进行一键式美化处理的结果，相关步骤较为简捷，在此简单介绍。

直接的艺术效果操作方式一般是先选中图片，然后打开"格式"选项卡，在"调整"组中即有各种艺术效果供用户选择使用。如图4-66，系统给出了几种一键式的艺术效果。

需要说明的是，处于图4-66下方的两种艺术效果都是在删除背景后的图片上进行的。可见，如果要获得较好的效果，可以将多种效果组合起来使用。

图4-66　图像艺术效果

颜色调整和删除背景的方法我们在Word中关于图片的相关章节2.3.4中已给予详细介绍，在此不再重复介绍。

Office还为包括图片在内的很多对象提供默认样式，一般都是边框、阴影等外围效果，使用方便，这里不再赘述。

4.4.8 图片版式

Office中的"图片版式"是指按照SmartArt里的图形排列对一组图片和文字进行组织的方式。这种图片组织方式为用户提供了便捷的图片布局安排手段。如图4-67所示。

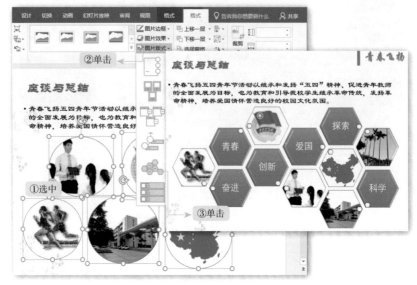

图4-67 图片版式应用

操作步骤

Step 1：选中多幅图片。

Step 2：点击"格式"选项卡中的"图片版式"选项，系统下拉以SmartArt图形模式排列的图片、文本布局选项。

Step 3：在其中选择一种合适的布局，单击之，然后录入布局中的相关文本。

技巧提升：图片特效

图片特效非常多，特别是对于一些设计人员而言，对图片特效的追求几乎是无止境的。这里，我们仅举例介绍一种图像变化方法：图像栅格。

图像变化模式多种多样，但利用的手段大致是以图片作为背景或者作为前景。例如图4-68的栅格效果实际上是将图片作为前景的应用。

图4-68 图片特效：栅格

操作步骤

Step 1：在幻灯片中插入文本框，在文本框中输入一系列短横线（全角的连字符）。

Step 2：单击"格式"选项卡"艺术字样式"组的"文字效果"选项。

Step 3：在"艺术效果"下拉列表中选择"旋转"选项中的"三角：正"，则文本框中的连字符变为了栅格状。

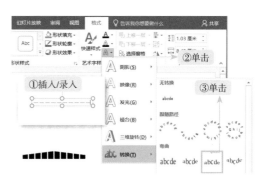

图4-69　利用文本框前景制作图片特效

Step 4：将生成的栅格拖拉到合适大小。

Step 5：通过鼠标右键菜单或者样式的对话框启动器，打开"设置形状格式"窗口。

Step 6：单击"文本选项"，即选择设置对象前景。

Step 7：单击"文本填充"。

Step 8：单击"图片或纹理填充"，然后通过文件按钮选择合适的图片。

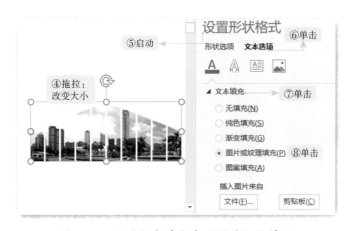

图4-70　通过文本填充实现图片栅格特效

高手进阶——综合文本框、艺术字特效，形状美化与特效

打开"PPT练习素材"中的"爱心公益-02.pptx"演示文稿，进行下列修改和美化工作：

1. 用"爱心公益-02素材"中的"图片1.jpg"图片，给幻灯片母版添加背景。

2. 在幻灯片2、9中，将"标题文字内容"的背景条图片

移到页面底端，插入一个同样大小的形状："星与旗帜"–"带型–上凸"。

3．将插入的带型作为"标题文字内容"的背景，并将其颜色改为原来的背景条颜色，无边框；"标题文字内容"采用某种文本效果。

4．通过形状工具编辑形状，减小插入的带型两端的开口。

5．将原标题背景条图片压扁后用到幻灯片母版中，使其他页底端都有这条红色的条带。

6．用"爱心公益–02素材"中的图片2~7，改变第3页中的小六边形的背景，并将其边框调整为深蓝、3磅宽。

线上学习更轻松

4.5 动画与多媒体

动画是指对象进入、强调或退出幻灯片的动作，使用动画会让幻灯片内容的先后次序得到更好的体现。

多媒体一般可以在演示文稿中插入音频或视频对象，增强幻灯片的感染力。

4.5.1 幻灯片对象的动画方式

设置对象的动画方式非常简单。以4.4.8中按一定版式组合的图片组为例说明如下。

1. 添加动画

操作步骤

Step 1：选中对象。

Step 2：单击"动画"选项卡"动画"选项下拉列表。

Step 3：在列表中选中一种动画效果，也可单击"更多进入效果""更多强调效果"或者"更多退出效果"等功能，获得更多效果。

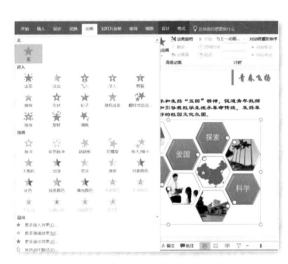

图4-71 幻灯片对象添加动画

2. 动画的控制

（1）动画是按次序显示对象的手段，是在演示中通过动作、色彩等变化强调对象，在合适的时候让对象退出的方法。

（2）在选中动画效果后PowerPoint会立即可视化地演示动画效果，便于用户设计，也可以在"动画窗格"中点击"播放"观看全部效果。

（3）选中动画后，可以设置"效果选项"，如图4-72所示，每一种动画都有不同的选项，用于定义动画的具体模式，例如，"飞入"，默认是从底部飞入，我们常常需要改为从左侧或者右侧飞入。

图4-72 动画选项

（4）而动画的"持续时间"控制了动画的快慢，每一种动画默认持续时间不同，调长时间，则动画变慢，反之变快。

（5）多个相似对象需要定义同一种动画模式时，可以用"动画刷"，即在定义了一个对象的动画后，用"动画刷"将这个对象的动画模式赋予其他对象。

（6）由多个对象组合起来的一个大对象，其动画选项可以定义动画效果是将组合的大对象作为一个对象来演示还是整批发送，整批发送是将各个组件都按照同一种动画模式一齐做出相同的动作，也可选择逐个开始。

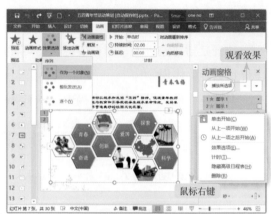

图4-73　组合对象的动画效果选项以及动画次序设置

（7）单击"动画窗格"按钮，可以打开动画设置浮动窗，在其中可以通过拖拉的方式设置动画先后次序，或者在右键菜单中改变动画如何开始，删除动画效果等。

（8）动画默认的开始条件为"单击"，还可以换成"从上一项开始"，即紧跟上一项，这样，在上一项动画结束后，选定的动画会自动开始，或者设置开始时间，在上一项结束后几秒钟内开始。

（9）可以"添加动画"，即给一个对象加上多个动画效果，叠加一种或多种动画到对象上，例如，对象退出的方式等。

（10）"动画窗格"还设置了"播放"按钮以便设计时进行模拟观察，当然，也可单击状态栏上的"幻灯片放映"按钮观看实际动画效果。

4.5.2　插入音频及音频设置

音频可以给幻灯片带来音乐或其他声音，使幻灯片更为引人入胜。我们分别讨论插入音频文件的方法和播放设置。

1. 插入音频文件

操作步骤

Step 1：单击"插入"选项卡"媒体"组的"音频"功能，选择"PC上的音频"，系统弹出"插入音频"窗口。

Step 2：在"插入音频"窗口选择合适的音频文件，双击，即可将此音频插入到幻灯片中。

说明：

1. 目前PPT文档已经支持大多数音频文件格式，甚至包括了AAC、M4A、MP3和FLAC格式的音频。

2. 除了插入保存在硬盘上的音频以外，还可以当场录制音频，插入到幻灯片中。

3. 插入的音频文件，可以进行多种设置，配合幻灯片的演示。

图4-74　在幻灯片中插入音频

2. 音频设置

插入音频文件后，默认情况下幻灯片即显示一个隐形的小喇叭，如图4-75所示。

操作步骤

Step 1：选中喇叭，即可对其进行各种设置。

Step 2：在功能选项卡中单击"播放"标签，打开"播放"选项卡。

Step 3："开始"设置："开始"有三个选项——"在单击序列中""自动"和"单击"，默认为"在单击序列中"，即音频的播放被放到幻灯片动画控制序列之中，在序列中，排在前面的动画演示完再次单击（或向下滚动）时，才会播放音频。当然，如果没有隐藏喇叭，则单独单击喇叭也可以直接播放音频，然后，由于音频播放已被放置在"单击序列"之中了，所以，在通过单击控制动画，到了音频的播放次序时，音频会被重新播放。将"开始"选项设置为"自动"，则在打开本幻灯片，并在"动画窗

图4-75　音频播放设置

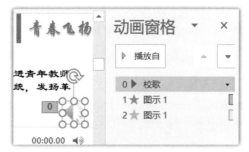

图4-76　剪裁音频

格"中将音频播放拖到动画序列的最前面，显示为"0 ▶歌名"时，进入幻灯片，即会自动播放。

Step 4：播放设置：选中"跨幻灯片播放"，即切换到下一张幻灯片时，音频播放不会停止。如果选中"循环播放"，则音频播放到结尾依旧会自动循环播放。所以，如果在整个PPT文档放映过程中需要背景音乐，则将这两个选项都选中，"放映时隐藏"则是在播放时将"喇叭"隐藏起来，不易受到鼠标的影响，"播放完毕返回开头"与"循环播放"恰好相反，即播完了将指针返回开头，但停止，不再播放。

Step 5：音量控制，可以选择低、中等、高、静音。

Step 6：音频编辑：点击"剪裁音频"，系统弹出"剪裁音频"窗口，如图4-76所示，可以设置只播放其中一段，还可以设置音频淡入淡出的时间。

Step 7：音频样式：选择"无样式"可以去除所有的播放选项，同时，将音频播放放入"播放序列"之中，即恢复到音频插入时的状态。"在后台播放"则是最简单的设置为"自动""跨幻灯片播放""循环"和"放映时隐藏"的方法，点击后，插入的音频会作为整个演示文稿的背景音频被重复播放。

高手进阶——配置幻灯片对象的动画模式和演示文稿背景音乐

"神舟十号"发射成功，并完成与"天宫一号"对接等任务，全国人民为之振奋和鼓舞，小苏作为航天城中国航天博览馆讲解员，受领了制作"神舟十号飞船的简介"的演示幻灯片的任务，请你根据"PPT练习素材"文件夹下的"神舟十号素材.docx"里的素材，帮助小苏完成制作任务，具体要求如下：

1．演示文稿中至少包含七张幻灯片，要有标题幻灯片和致谢幻灯片，幻灯片必须选择一种主题，要求字体和色彩搭配合理、美观大方，幻灯片的切换要用不同的效果。

2．标题幻灯片的标题为【"神舟十号"飞船简介】，副标题为【中国航天博览馆北京 二〇一三年六月】。内容幻灯片选择合理的版式，根据素材中对应标题"概况、飞船参数与飞行计划、飞船任务、航天员乘组"的内容各制作一张幻灯片，"精彩时刻"制作两到三张幻灯片。

3．"航天员乘组"和"精彩时刻"的图片均存放在考生文件夹下，航天员的简介可根据幻灯片的篇幅情况进行精简，播放时文字和图片要有动画效果。

4．为演示文稿配置合适的背景音乐。

5．将演示文稿保存为"神舟十号.pptx"。

4.6 审阅与批注

审阅是一个对PPT演示文稿进行批注，在不改变幻灯片本身内容的基础上由编撰者或者团队成员给出"应答式"意见的功能。批注主要指编撰者对幻灯片内容进行说明，给出进一步意见的支持性文字。审阅与批注的方法与Word文档的审阅批注类似，在此仅简单介绍添加和答复方法，其他不再详述。

审阅与批注在放映时均不会被显示，添加审阅和批注的方法如图4-77所示。

操作步骤

Step 1：单击"审阅"标签，打开"审阅"选项卡。

Step 2：单击"新建批注"功能按钮，系统则打开"批注"浮动窗。

Step 3：在"批注"浮动窗内，新建或者答复批注，根据需要进行编辑。

备注是对幻灯片内容的注释性文字，备注不会在放映时出现，只是有利于演讲者排练之用。添加备注的方法是点击状态栏中的"备注"，系统即会打开"单击此处添加备注"的附加备注窗，然后用户添加备注即可。

图4-77　添加审阅和批注

4.7 切换与放映

切换是指放映过程中前一张幻灯片退出和后一张幻灯片进入时的效果，合理的切换设置可以为演示文稿增色。

另一方面，PowerPoint还为演示文稿放映提供了周到的安排。

4.7.1 幻灯片的切换方式

设置切换方式的方法如图4-78所示。

操作步骤

Step 1：单击功能选项卡"切换"标签，系统打开"切换"选项卡。

Step 2：在"切换到此幻灯片"列表中选择一种，可以点击向下滚动按钮选择其他的切换模式，也可点击下拉列表按钮打开所有的切换方式。

说明：

1．切换方式除了指设置幻灯片切换的视觉效果以外，还包括添加声音，可以是设置单次发声或者设置循环发声。

2．每一种切换效果都有其默认的按秒计算的持续时间，例如04.40即持续4.4秒，这一时间决定了效果的速度，如果我们需要效果更快，减少这一时间即可，反之亦然。

3．默认的切换幻灯片（或下一个动画）的方法是单击鼠标，滚动鼠标滚轮或者在键盘上单击任意键亦可切换。

4．设置自动换片时间：按"分钟:秒"计算，例如，设置"1:12.30"

图4-78 设置幻灯片切换效果

图4-79 按"节"应用幻灯片切换效果

代表1分12.3秒，设置后，无须单击鼠标或点击键盘，幻灯片即会按设置时间自动切换，自动播放。注意，这里"单击鼠标时"和"设置自动换片时间"是多选项，因此存在三种情况：第一种，单选"单击鼠标时"，如上面第3项的介绍；第二种，单选"设置自动换片时间"，则幻灯片按设定时间自动切换，单击鼠标不会导致幻灯片切换，但是，鼠标滚轮和键盘任意键仍然可以触发切换动作；第三种，二者都选中，则单击鼠标即会触发换片（或下一个动画），而不单击鼠标或者不进行点击键盘等操作，幻灯片将按照设定时间自动切换。

注意：换片计时器会受到幻灯片放映"排列计时"和"录制放映"的影响。

关于自动放映，我们在4.7.2中还会详细讨论。

5．上述讨论的各种设置，默认都是对当前幻灯片进行的，即设置的切换效果仅对当前幻灯片有效。但是，请注意，PowerPoint对幻灯片效果的管理是按照"节"的形式进行的，如果我们在导航栏单击"节"名称，然后单击"应用到全部"，则上述设置效果被应用到本节的全部幻灯片，如图4-79所示；如果不选中"节"，则单击"应用到全部"时，设定效果会被应用到整个演示文稿的所有幻灯片。

4.7.2　幻灯片放映

制作PPT文稿的主要目的就是放映，即通过投影仪或其他显示设备将文稿中的幻灯片播放出来。可以说，PPT文稿放映的目的多于被打印后用于阅读。启动PPT演示文稿放映的途径有两个：第一，"放映"选项卡的"开始放映幻灯片"组中的"从头开始""从当前幻灯片开始""联机演示"和"自定义幻灯片放映"；第二，状态栏中的"幻灯片放映"或者"快

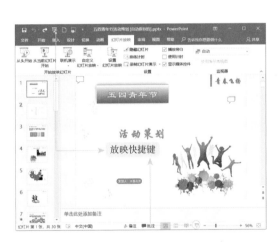

图4-80　幻灯片放映快捷键

速访问工具栏"中的"幻灯片放映"，这相当于"从当前幻灯片开始"放映。

说明：

1．联机演示是微软提供的一项"视频会议"服务，需要在微软会员之间进行演示，接收方在浏览器中观看，演示效果受网络带宽和浏览器对媒体格式是否支持的影响。

2．关于"自定义幻灯片放映"，可以选择PPT文稿中的某些幻灯片进行放映，而不必选择全部幻灯片。

3．"快速访问工具栏"中的"幻灯片放映"也许需要通过自定义"快速访问工具栏"才会显示，自定义的方法是在其上点击鼠标右键后选择"自定义"，然后选择即可。

4.7.3 放映设置与自动放映

总的来讲,一个演示文稿的放映场景有以下几种。

场景一:以讲课、做报告、演讲为代表的手动控制放映,整个放映过程与切换完全由报告人通过激光笔、鼠标或键盘控制,一般从头到尾放映,有时需要在幻灯片前后切换。

场景二:以产品展示、布景等为代表的自动放映,这些情况下一般不需人为控制放映过程和切换,放映和切换自动进行。

场景三:按照某种彩排过程进行的放映,这种场景既可以是报告或演讲,也可以是自动放映,但是,在放映过程中会出现某些彩排的元素,如旁白或操作路径等。

场景四:一方面,幻灯片按照某种预定时间进行放映演示,另一方面,观众(或者演讲者)可以进行前进或者后退操作。这显然是一种交流与自动放映合并的"友好"应用场景模式。

设置方式介绍如下。

1. 设置幻灯片放映

如果仅仅是按上述场景一的方式进行放映,绝大多数情况下是不需要进行"设置幻灯片放映"工作的,按照默认方式进行放映即可。但是,如果需要以其他方式进行放映,则需要进行设置。改变放映方式的设置方法如图4-81所示。

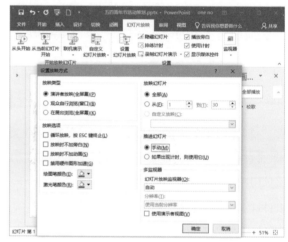

图4-81 幻灯片放映设置

操作步骤

Step 1:单击"幻灯片放映"标签。

Step 2:单击"设置幻灯片放映"按钮,系统弹出"设置放映方式"窗口。

Step 3:在"设置放映方式"窗口中进行放映方式设置。

说明:

"放映类型"有三个选项:

第一,缺省(指系统默认状态)为"演讲者放映(全屏幕)",这是全屏放映,鼠标、键盘皆可操作切换。这显然是针对上述第一种场景所设计的。

第二,"观众自行浏览(窗口)",这是窗口式浏览,鼠标、键盘皆可操作切换。这种放映类型显然是为上述第四种场景而准备的。

第三,"在展台浏览(全屏幕)",按照4.7.1所讲的"幻灯片切换"所确定的切换时间,或者"排练计时"所记录的时间进行自动放映、切换,键盘、鼠标操作无效,只有Esc键可以退出放映。显然，这是针对上述第二、第三种场景所设计的放映模式。

下面，我们详细介绍第二种和第三种放映类型。

2. 观众自行浏览（窗口）

"观众自行浏览（窗口）"类型的放映是专为交流演示场景所设计的，此时，浏览窗口没有强制全屏模式，用户可以通过键盘或者鼠标操作放映切换，而且没有用户操作时，幻灯片按照"计时器"的设置进行切换。

说明：

1. 这种情况"放映选项"一般选择"循环放映，按ESC键终止"，这样，放映会自动循环，而不至于放映完后就终止。

图4-82　"观众自行浏览"类型放映设置

2. "推进幻灯片"的"计时器"可以在"切换"选项卡设置自动换片时间（如小图所示），或者预先进行"排练计时"生成计时器。

重要提示

在某些演示场所，由于放映操作对观众开放，所以，必须注意保存好原演示文稿。然后，在文件操作页面将文件"标记为最终版本"，不允许修改。这样，可以避免普通用户在操作时有意无意地对演示文稿进行修改，造成不良影响。

当然，被标记为最终状态的文稿，拥有修改权限的用户还是能去除标记，进行修改的。

图4-83　标记为最终状态后，幻灯片不可再编辑

3. 自动放映

自动放映一般是针对演示、布景等无须人工干预的情况。其设置如图4-84所示。

说明：

1. 可以看到，采用这种放映类型时，系统自动将"放映选项"设置为"循环放映，按ESC键终止"，且不允许修改。

2. "推进幻灯片"也自动被设置为采用计时，请注意，这里有两种情况：第一，如图4-84左下角小图所示，换片方式如果选中了计时器，哪怕换片时间为零，

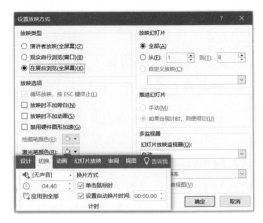

图4-84　"在展台浏览"放映类型设置

放映都会按照这一计时器正常进行；第二，如果换片方式中没有选中"设置自动换片时间"，则放映在第一张幻灯片后即停止，不会继续放映。此时，在整个演示文稿播放期间，除了可以按Esc键退出放映，点击鼠标和按键盘其他键不会带来任何影响。

4. 排练计时与录制幻灯片演示

"排练计时"本质上就是用演示排练的方式，设置每一页幻灯片的放映切换时间。其工作模式如下：

（1）单击"排练计时"，系统即开始从首页放映演示文稿，同时，在屏幕左上角会出现一个"录制"浮动窗。

（2）"录制"浮动窗如图4-86所示，包含"下一项""暂停""计时器"和"重复"等控制功能。通过操作这些控

图4-85　启动排练计时

制功能，即可控制每一张幻灯片中每一个对象的动画速度和幻灯片切换速度。在录制完成后（或者录制中途按Esc键退出时）系统弹出询问窗口，显示幻灯片放映共需多少时

图4-86　"录制"浮动窗

间，询问是否保留排练中的计时，如果保留，则各张幻灯片的切换时间都因此而改变。

图4-87　保存排练计时，幻灯片切换时间被改变

（3）设置"排练计时"后，再次自动放映演
示文稿时，幻灯片的动作和时间即会按照排练模式
放映。

（4）单击"录制幻灯片演示"，系统弹出如
图4-88所示的选择窗。如果只选择"幻灯片和动
画计时"，则与"排练计时"完全相同。如果同时
选择"旁白、墨迹和激光笔"，则系统会启动录音
机，录制放映过程中的环境音，并记录放映过程中
的墨迹。

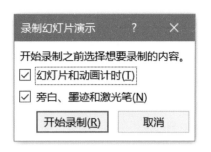

图4-88 "录制幻灯片演示"窗口

注意：进行"录制幻灯片演示"操作时要慎重，因为这一操作会将演示过程录制下
来，自动放映时会将录制中的声音及其他操作重新放映出来。

4.7.4 跳转与放映快捷键

1. 幻灯片之间跳转

幻灯片之间的跳转既可以是相关内容幻灯片之间的跳转，也可以是目录与"节"之
间的跳转。实现幻灯片跳转有两种方式：第一，通过动作按钮实现；第二，通过超链接
实现。

（1）通过动作按钮跳转

通过"动作按钮"插入放映跳转的方法，如图4-89所示。

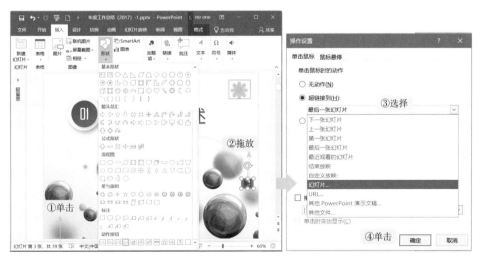

图4-89 通过动作按钮设置实现幻灯片跳转

Step 1：单击"插入"选项卡中"形状"下拉列表中"动作按钮"组的某一按钮，

例如，按钮■。

Step 2：在幻灯片的适当位置拖放出选中的动作按钮，此时，系统弹出"操作设置"窗口。

Step 3：在"操作设置"窗口中选择"超链接到"的位置，可以看到，超链接甚至可以链接到其他PPT演示文稿或者其他文件。

Step 4：单击"确定"。

这样设置后，当放映到本页幻灯片时，单击设置的"动作按钮"，幻灯片即会按设置跳转到需要的位置。

（2）通过超链接跳转

操作步骤

Step 1：在幻灯片中加入一个操作控制对象，例如，一个文本框，或者是有一定视觉效果的图形形状（可以在其中添加提示性文字），甚至是一张有特色的图片，如本例中所示即是一个蓝色的"目录"按钮。

Step 2：在这一操作控制对象上点击鼠标右键，或者切换到"插入"选项卡。

Step 3：在鼠标右键菜单中单击"超链接"，或者在"插入"选项卡中单击"链接"功能，系统弹出"插入超链接"配置窗口。

Step 4：在"插入超链接"窗口中选择"本文档中的位置"，此时，窗口右侧还可预览超链接的幻灯片。

Step 5：单击"确定"。

这样设置后，同样，当放映

图4-90　通过超链接配置实现幻灯片跳转

到本页幻灯片时，单击设置的操作控制对象，幻灯片即会按设置跳转到需要的位置。

2. 放映快捷键

Office 2010以后的版本，在PPT演示文稿放映过程中，系统都会在左下角内置一组快捷键，方便用户操控。

这些快捷键中有的会给用户带来令人惊喜的操作效果，由于篇幅的关系，在此不再详述。

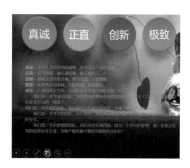

图4-91　放映快捷键

温馨提示

最后必须说明的是，对所有的演示文稿而言，技术与特效始终是为内容服务的，而且，一个PPT文件中，不宜使用过多的特效与效果，否则，可能适得其反。

朴实的风格胜过花哨的炫技，内容的丰富与深刻胜过任何高明的特效。当然，适当的特效会增强某些内容的展示效果。所以，重要的演示都需要经过反复推敲、修改和完善。

高手进阶——综合配置幻灯片动画与放映

"天河二号超级计算机"是我国独立自主研制的超级计算机系统，2014年6月再登"全球超算500强"榜首，为祖国再次争得荣誉。作为北京市第××中学初二年级的物理老师，李晓玲老师决定制作一个关于"天河二号"的演示幻灯片，用于学生课堂知识拓展。请你根据考生文件夹下的素材"天河二号素材.docx"及相关图片文件，帮助李老师完成制作任务，具体要求如下：

1. 演示文稿共包含10张幻灯片，标题幻灯片1张，概况2张，特点、技术参数、自主创新和应用领域各1张，图片欣赏3张（其中一张为图片欣赏标题页）。幻灯片必须选择一种设计主题，要求字体和色彩搭配合理，美观大方。所有幻灯片中除了标题和副标题，其他文字的字体均设置为"微软雅黑"。演示文稿保存为"天河二号超级计算机.pptx"。

2. 第1张幻灯片为标题幻灯片，标题为"天河二号超级计算机"，副标题为"2014年再登世界超算榜首"。

3. 第2张幻灯片采用"两栏内容"的版式，左边一栏为文字，右边一栏为图片，图片为素材文件夹下的"Image1.jpg"。

4. 以下的第3、4、5、6、7张幻灯片的版式均为"标题和内容"。素材中的黄底文字即为相应页幻灯片的标题文字。

5. 第4张幻灯片标题为"二、特点",将其中的内容设为"垂直块列表"SmartArt对象,素材中红色文字为一级内容,蓝色文字为二级内容。并为该SmartArt图形设置动画,要求组合图形"逐个"播放,并将动画的开始设置为"上一动画之后"。

6. 利用相册功能为素材文件夹下的"Image2.jpg"至"Image9.jpg"8张图片"新建相册",要求每页幻灯片有4张图片,相框的形状为"居中矩形阴影";将标题"相册"更改为"六、图片欣赏"。将相册中的所有幻灯片复制到"天河二号超级计算机.pptx"中。

7. 将该演示文稿分为4节,第一节节名为"标题",包含1张标题幻灯片;第二节节名为"概况",包含2张幻灯片;第三节节名为"特点、参数等",包含4张幻灯片;第四节节名为"图片欣赏",包含3张幻灯片。每一节的幻灯片均为同一种切换方式,节与节的幻灯片切换方式不同。

8. 除标题幻灯片外,其他幻灯片的页脚显示幻灯片编号。

9. 设置幻灯片为循环放映方式,如果不点击鼠标,10秒钟后自动切换至下一张幻灯片。

零壹快学微信小程序
扫一扫,免费获取随书视频教程

第 5 章

OFFICE

通用功能

为了节省篇幅，我们将Office中三个重要的通用功能：超链接、格式刷和SmartArt图形，放到最后合并讲解。这里讨论的方法，在Office的办公组件Word、Excel和PowerPoint中均适用，因此，举例时，我们就以Word为主进行说明。

5.1 超链接的使用

超链接是Office文档中某一段文字、对象与其他相关段落、文档或者网址的链接。它主要用于电子文档中，一般在显示和打印时表现为蓝色字体加下划线，但是，打印文档中看不到超链接。

在编辑界面上，用鼠标接触具有超链接的文字或对象时，系统会显示链接位置，并提示"按住Ctrl并单击可访问链接"。在PowerPoint幻灯片放映过程中，点击有超链接的文字或对象，系统会立即打开超链接。

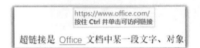

在文字或对象上加入超链接有两个途径，正如在4.7.4讨论幻灯片跳转添加超链接的方法一样，在选中需要添加超链接的文字或对象以后，第一，通过鼠标右键菜单添加超链接；第二，通过"插入"选项卡"链接"功能添加超链接，二者的图标均为。

例如，在一段文字中，对"广东人民出版社"加入超链接。

操作步骤

Step 1：选中需要添加超链接的文字或对象。

Step 2：点击鼠标右键，选择"链接"功能，或者单击"插入"标签。

Step 3：单击右键菜单或者"插入"选项卡的"链接"功能，系统打开"插入超链接"窗口。

Step 4：在"插入超链接"窗口中，输入相关的网址或者文档中的相关位置，即为选定文字或对象设置了超链接。

说明：

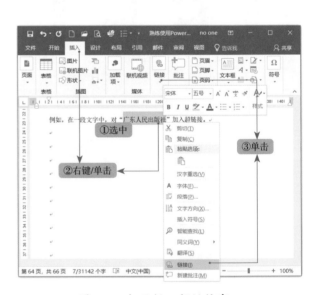

图5-1　打开插入超链接窗口

1．可以看到，超链接既可以是"现有文件或网页"，也可以是"本文档中的位置"，还可以是"新建文档"或者"电子邮件地址"。

2．当选择"现有文件或网页"时，直接点选文件，或者输入网址（粘贴最方便）即可；而且，Office给出了方便的查找范围选项，这样，打开链接时，系统就会打开现有文件或网站。

图5-2　设置超链接

3．选择"本文档中的位置"时，系统会以树形结构打开本文中的标题和书签，选择即可。

4．选择"新建文档"，系统即切换到新建文档选项，主要是确定文件夹和输入新建文档名称，注意，新建文档可以带扩展名，这样，默认程序会立刻打开新建文档以便于编辑。

5．选择"电子邮件地址"，可以输入电子邮件地址和右键主题，打开链接时即会激活系统默认电子邮件管理系统进入新建邮件状态。

6．最直接的超链接的使用，是键入或者粘贴一个网址（如http://www.gdpph.com/），然后按回车键，系统即会自动生成对该网址的超链接。

7．Excel工作簿的超链接与Word类似，不再详述。

8．PowerPoint中的超链接可以提供幻灯片之间的跳转，而PowerPoint演示文稿由于本身是用于演示的，因此，链接及动作设计稍微复杂一点，可以分为：第一，普通超链接；第二，动作按钮型超链接。分别讨论如下。

第一，普通超链接

操 作 步 骤

Step 1：选中任意对象，可以是一个专门设计的按钮型形状图形，也可以是一个文本框。

Step 2：单击"插入"选项卡中"链接"组里的"链接"功能；或者单击鼠标右键菜单中的"超链接"功能（图5-3左侧小图）。系统弹出"插入超链接"窗口。

Step 3：在"插入超链接"窗口中选择本文件的位置，并选中适当的幻灯片，当然选择时也可将超链接定位到现有文档或者某个网址。

Step 4：单击"插入超链接"窗口的"确定"按钮。

对于PowerPoint演示文稿，这样设定后，在编辑时超链接是不会被启动的，只有在文稿被放映时，才可根据设置的超链接进行跳转。

图5-3　PowerPoint中普通超链接的设置

第二，动作按钮型超链接

PowerPoint专门设计了一组形状，称为"动作按钮"，我们可以利用动作按钮设置放映时对以下两种动作的响应：第一，单击；第二，悬停。如图5-4所示。

图5-4　PowerPoint中动作按钮型超链接的设置

操 作 步 骤

Step 1：单击"插入"选项卡"形状"功能中的某一个"动作按钮"。

Step 2：在幻灯片页面上的合适位置拖拉生成该按钮，在按钮上单击鼠标右键。

Step 3：单击鼠标右键菜单中的"超链接"，系统弹出"操作设置"窗口。

（说明：选中任何对象后，单击"插入"选项卡"链接"组的"动作"功能，也可打开"操作设置"窗口，即动作对任何对象均有效。）

Step 4：设置单击鼠标或者鼠标悬停动作的超链接跳转。

另外，在任何文字或对象上插入的超链接都可方便地删除或者加以修改，只需在具有超链接的文字或对象上点击鼠标右键，选择相关功能即可。

5.2 格式刷

格式刷是将某些段落或对象的格式快速设置到别的段落或对象的工具，即是一个格式复制工具。格式刷能将相同格式（例如：颜色、字体样式和大小，以及边框样式）快速应用到多个文本或图形。格式刷可从一个对象复制所有格式，并将其应用到另一个对象上，可以将其理解为格式的复制和粘贴。

Office的三个重要办公组件Word、Excel和PowerPoint都有工作方式完全相同的格式刷。

有两个位置可启动格式刷：第一，跟随式迷你菜单中的"格式刷"功能；第二，"开始"选项卡"剪贴板"组的"格式刷"功能。如图5-5所示。

图5-5 启动格式刷的两种方法

操作步骤

Step 1：选择具有需要复制格式的文本、形状、图片或工作表单元格等对象。

Step 2：在选中的对象上单击鼠标右键，在右键跟随式迷你菜单中单击（或双击）"格式刷"，或者单击（或双击）"开始"选项卡的"剪贴板"组中的"格式刷"功能。

这样，格式刷就开始工作。格式刷启动后，鼠标指针会变为毛刷式。

使用格式刷时只需单击并拖动以选择文本、形状、图片或要设置格式的工作表单元格，然后释放鼠标按钮。

格式刷有两种工作模式：第一，由单击启动的单个式；第二，由双击启动的连续式。

单个式工作模式即启动后使用一次，只能刷单个对象；连续式工作模式可以刷多个对象，即将格式复制给多个对象，直

图5-6 利用格式刷将格式复制给其他文本

至按Esc键退出。

提示：

● Excel：若要快速复制一列或行的宽度到第二个列或行，选择第一列或行的标题，单击格式刷，然后单击第二个列或行的标题。如果列或行中包含合并的单元格，则不能复制宽度。

● PowerPoint：如果你已添加动画效果，你可以使用"动画"选项卡中的动画刷快速将动画复制到另一个对象或幻灯片。

● 启动格式刷的快捷键为Ctrl+Shift+C，应用格式刷的快捷键为Ctrl+Shift+V。

线上学习更轻松

5.3 SmartArt图形的使用

SmartArt本质上是一些预设的具有文本框、各类形状的组合式图形，而且，这些图形能够较好地进行格式和布局排列。这是Office为提高文档编撰效率和美观度而提供的丰富的快捷图形组织工具包。

在"插入"选项卡中选择SmartArt功能，系统即会弹出"选择SmartArt图形"窗口。

图5-7 主要的SmartArt图形分类

可以看到，SmartArt被分为"列表""流程""循环"等八大类，分别体现了各种图形分布关系。这里，我们对各类图形的基础应用介绍如下。

5.3.1 SmartArt的插入与转换

1. 直接插入

直接插入法可以说是Office各类对象插入文档最常用的方法，SmartArt也不例外。

操作步骤

Step 1：单击"插入"选项卡标签。

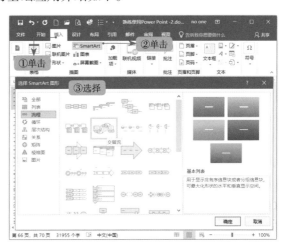

图5-8 直接插入SmartArt图形

Step 2：在"插入"选项卡中单击"SmartArt"功能，系统打开"选择SmartArt图形"窗口。

Step 3：在"选择SmartArt图形"选择窗中选择合适的图形，例如，插入表达一个过程的流程图，系统生成这一流程图的基本图形。

Step 4：在这个图形中添加需要

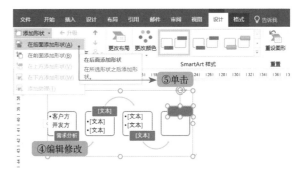

图5-9 SmartArt图形的编辑和添加

的文字，修改设置文字字体、子图形的大小等，即可插入需要的SmartArt流程图。

Step 5：如果需要添加形状，单击"设计"选项卡中的"添加形状"功能。

可以看到，Office给SmartArt提供了很多的设计调整功能，对于这些功能，我们将在5.3.2中给予简介。

2．文字转换

上述直接插入法需要录入编辑各个单元的文字，逐个添加更多的形状，是一种比较慢的建立SmartArt方法。有没有更为快捷的方法呢？

实际上，Office在PowerPoint中提供了一种转换文字为SmartArt的快捷方法。必要时，我们可以利用这一方法在PPT中建立较大的SmartArt图形，再通过"复制—粘贴"插入到Word或者Excel之中。

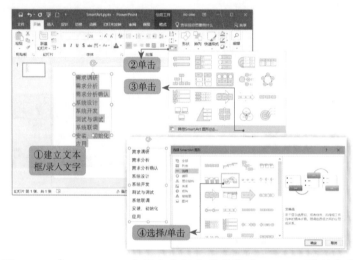

图5-10　在PowerPoint中将文本框文字转换为SmartArt图形元素

操 作 步 骤

Step 1：在PPT幻灯片中新建文本框，录入文字，每一项文字以回车键结束，选中这些文字。

Step 2：在"开始"选项卡中单击"转换为SmartArt图形"功能按钮。

Step 3：在下拉列表中选择常用的SmartArt图形，如果这个列表中没有需要的图形，可以单击"其他SmartArt图形"，系统弹出典型的"选择SmartArt图形"窗口。

Step 4：在"选择SmartArt图形"窗口选择合适的图形，单击，则系统将文本框中选中的文字转换成了SmartArt图形。

如果原文本框中是多层文字，系统还可将其自动转换为由多层结构单元组成的SmartArt图形，如图5-11所示。

图5-11　文字转换为SmartArt图形

5.3.2　SmartArt的设计与调整

Office允许对生成的SmartArt图形进行修改调整，调整的功能集中于SmartArt图形的"设计"选项卡中。主要功能有"更改布局（版式）""更改颜色""样式"等，我们以"更改布局（版式）"为例介绍如下。

操作步骤

Step 1：选中SmartArt图形。

Step 2：单击"设计"选项卡标签，打开SmartArt设计选项卡。

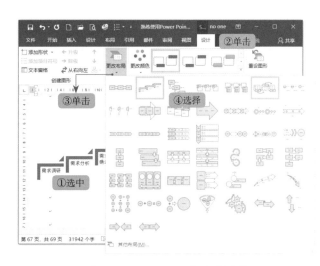

图5-12　SmartArt图形的调整

Step 3：单击"更改布局"功能按钮，系统下拉其他相关的SmartArt图形。

Step 4：用鼠标接触下拉窗中的图形模型，选中的需要更改的图形会相应发生同步变化，选择一个合适的图形，即可获得新的SmartArt图形。如图5-13所示。

图5-13　更改后的SmartArt图形布局

至于SmartArt的"更改颜色""样式""重设图形"等操作都是类似的，非常简捷。这里不再详述。

附录——Office 主要快捷键

表一　Word快捷键

快捷键	功能	快捷键	功能
Ctrl+N	创建新文档	Ctrl+S	保存文档
Ctrl+O	打开文档	Ctrl+W	关闭文档
Ctrl+A	选中所有对象	Ctrl+C	复制选中文本或对象
Ctrl+X	剪切选中的文本或对象	Ctrl+V	粘贴文本或对象
Ctrl+Z	撤销上一步操作	Ctrl+Y	重复上一操作
Ctrl+P	打印文档	Esc	取消操作
Ctrl+B	使字符变为粗体	Ctrl+D	打开"字体"对话框
Ctrl+U	为字符添加下划线	Ctrl+I	使字符变为斜体
Ctrl+Shift+>	增大字号	Ctrl+Shift+<	缩小字号
Ctrl+[	逐磅减小字号	Ctrl+]	逐磅增大字号
Ctrl+Shift+A	将所选字母设为大写	Shift+F3	切换字母大小写
Ctrl+Shift+K	将选中的小写字母转为大写	Ctrl+Shift+H	应用隐藏文字格式
Ctrl+Shift++	应用上标格式（自动间距）	Ctrl+=	转为下标格式
Ctrl+E	段落居中	Ctrl+Shift+Z	取消人工设置的字符格式
Ctrl+L	左对齐	Ctrl+R	右对齐
Ctrl+Shift+D	分散对齐	Ctrl+J	两端对齐
Ctrl+Shift+M	取消左侧段落缩进	Ctrl+M	左侧段落缩进
Ctrl+Q	取消段落格式	Ctrl+T	创建悬挂缩进
Ctrl+Shift+S	应用样式		
Ctrl+1	单倍行距	Ctrl+2	双倍行距
Ctrl+5	1.5倍行距	Ctrl+0	在段前添加一行间距
Ctrl+空格	删除字符格式	Shift+F1	打开窗格了解选择文字格式
Ctrl+Shift+C	复制格式	Ctrl+Shift+V	粘贴格式
Backspace	删除左侧的一个字符	Ctrl+Backspace	删除左侧的一个单词
Delete	删除右侧的一个字符	Ctrl+Delete	删除右侧的一个单词
Ctrl+Shift+空格	创建不间断空格	Shift+6	创建省略号
Shift+Enter	换行符	Ctrl+Enter	分页符
Ctrl+F	查找文字、格式和特殊项	Ctrl+H	替换文字

表二　Excel快捷键

快捷键	功能	快捷键	功能
Ctrl+N	创建新工作簿	Ctrl+S	保存文档
Ctrl+O	打开文档	Ctrl+W	关闭文档
Ctrl+A	选择当前区域的所有内容	Ctrl+C	复制所选文本或对象
Ctrl+X	剪切所选文本或对象	Ctrl+V	粘贴文本或对象
Ctrl+P	显示"打印"对话框	Shift+F11	插入新工作表
Ctrl+Page Up	移动到工作簿中的上一张工作表	Ctrl+Page Down	移动到工作簿中的下一张工作表
Shift+Ctrl+Page Down	选中当前工作表和下一张工作表		
Ctrl+Shift+Page Up	选中当前工作表和上一张工作表	Home	移动到行首或窗口左上角的单元格
Ctrl+Home	移动到工作表的开头	Ctrl+End	移动到工作表的最后一个单元格
Shift+F5	显示"查找"对话框	F4	重复上一次查找操作
End	打开或关闭结束模式	End+箭头键	移至下一个非空单元格
Ctrl+空格	选中整列	Shift+空格	选中整行
Ctrl+6	在隐藏、显示对象和显示对象占位符之间切换	Ctrl+Shift+*	选中活动单元格周围的当前区域
Ctrl+[	选取由选中区域的公式直接引用的所有单元格	Ctrl+]	选取包含直接引用活动单元格的公式的单元格
Alt+Enter	在单元格中换行	Ctrl+Enter	填充选中的单元格区域
Ctrl+Y	重复上一次操作	Ctrl+D	向下填充
Ctrl+R	向右填充	Ctrl+Shift+:	插入时间
Ctrl+;	输入日期	Shift+F3	显示"插入函数"对话框
Alt+=	使用SUM函数插入"自动求和"公式	Ctrl+Delete	删除插入点到行末的文本
Ctrl+Shift++	插入空白单元格	Alt+'	显示"样式"对话框
Ctrl+1	显示"单元格格式"对话框	Ctrl+2	加粗
Ctrl+3	应用或取消倾斜格式设置	Ctrl+4	加下划线
Ctrl+0	隐藏列	Ctrl+9	隐藏选中行
Ctrl+Shift+%	应用不带小数位的"百分比"格式	Ctrl+Shift+^	应用带两位小数位的"科学记数"数字格式
Ctrl+Shift+#	应用含年、月、日的"日期"格式	Ctrl+Shift+$	应用带两个小数位的"货币"格式
Ctrl+Shift+@	应用含小时和分钟的"时间"格式	Ctrl+Shift+）	取消选中区域内的所有隐藏列的隐藏状态

表三　PowerPoint快捷键

快捷键	功能	快捷键	功能
Ctrl+D	生成对象或幻灯片	Ctrl+M	插入新幻灯片
Ctrl+E	段落居中对齐	Ctrl+J	段落两端对齐
Ctrl+R	使段落右对齐	Ctrl+L	使段落左对齐
Ctrl+Shift++	应用上标格式	Ctrl+=	应用下标格式
Ctrl+F	查找内容	Ctrl+H	替换内容
Ctrl+G	组合对象	Ctrl+Shift+G	解除组合
Ctrl+Shift+>	增大字号	Ctrl+Shift+<	减小字号
Ctrl+T	小写或大写之间更改字符格式	Shift+F3	更改字母大小写
Ctrl+B	应用粗体格式	Ctrl+T	激活"字体"对话框
Ctrl+I	应用斜体格式	Ctrl+U	应用下划线
Ctrl+Shift++	应用上标格式（自动调整间距）	Ctrl+=	应用下标格式（自动调整间距）
Ctrl+Shift+V	粘贴文本格式	Ctrl+Shift+C	复制文本格式
Shift+F4	重复最后一次查找	Alt+N+P	插入图片
Alt+H+G+R	置于顶层	Alt+H+G+K	置于底层
Alt+H+G+F	上移一层	Alt+H+G+B	下移一层
Alt+H+G+A+L	选中的多个对象左对齐	Alt+H+G+A+R	选中的多个对象右对齐
Alt+H+G+A+T	选中的多个对象顶端对齐	Alt+H+G+A+B	选中的多个对象底端对齐
Alt+H+G+A+C	选中的多个对象水平居中	Alt+H+G+A+M	选中的多个对象垂直居中
F5	全屏放映	Esc	退出放映状态
B 或。（放映时）	黑屏或从黑屏返回幻灯片放映	W 或，（放映时）	白屏或从白屏返回幻灯片放映
S 或+（放映时）	停止或重新启动自动幻灯片放映	M（放映时）	排练时使用鼠标单击切换到下一张幻灯片
Ctrl+A（放映时）	重新显示隐藏的指针和将指针改变成箭头	Ctrl+P（放映时）	重新显示隐藏的指针或将指针改变成绘图笔
Ctrl+K（放映时）	插入超链接	Shift+Tab（放映时）	转到幻灯片上的最后一个或上一个超链接
E（放映时）	擦除屏幕上的注释	H（放映时）	到下一张隐藏幻灯片
T（放映时）	排练时设置新的排练时间	Ctrl+H（放映时）	立即隐藏指针和按钮
键入编号后按Enter（放映时）	直接切换到该张幻灯片	Ctrl+T（放映时）	查看任务栏